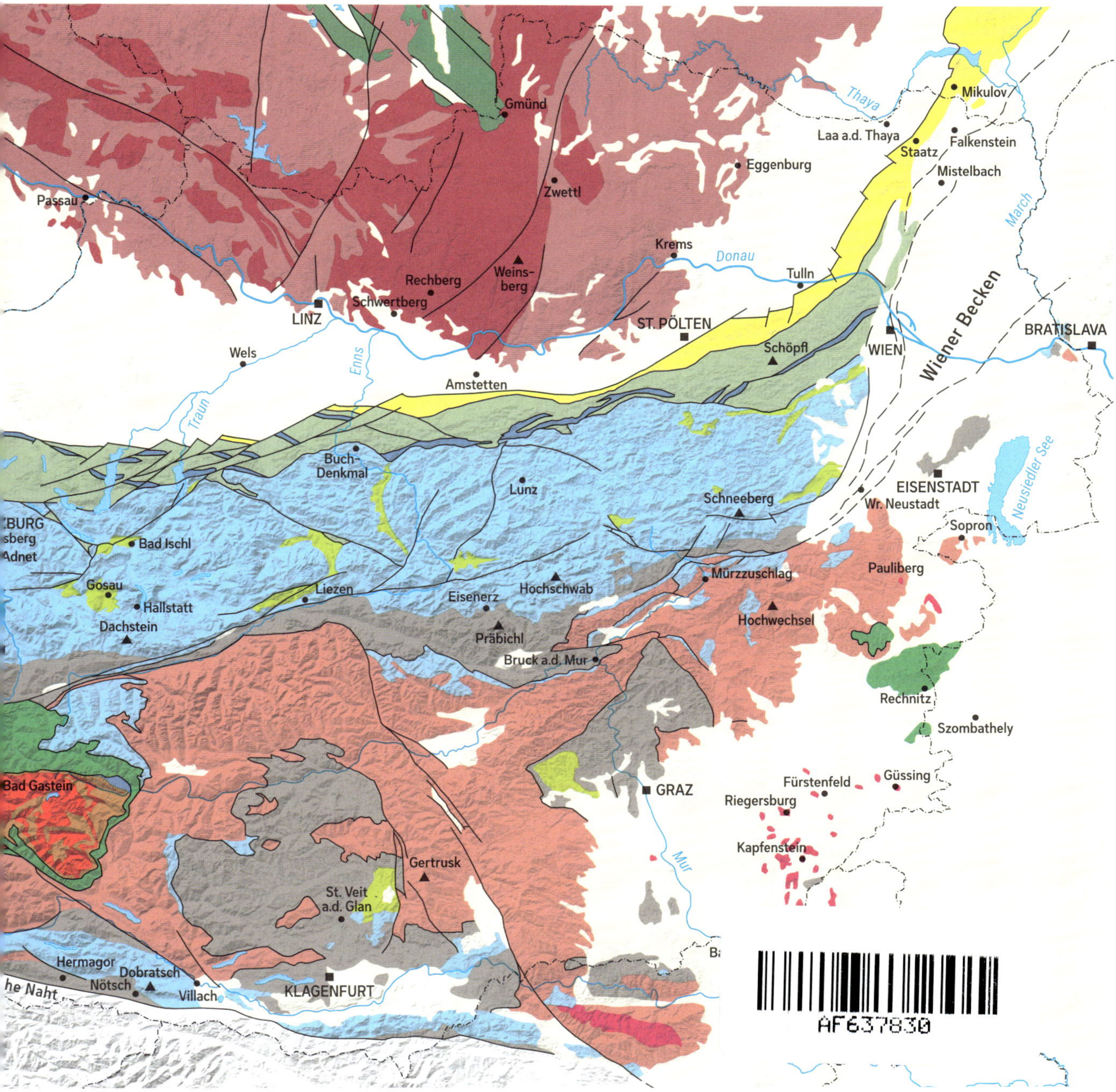

(Vereinfacht nach: Doben, K. et al. 1996: Geologische Karte von Bayern 1 : 500.000, Egger, H. et al. 1999: Geologische Karte von Österreich 1 : 2.000.000, Spicher, A. 1980: Tektonische Karte der Schweiz 1 : 500.000.)

Helvetikum (Gesteine der Europäischen Platte):

- Perm – Eozän
- Präkambrium – Karbon
- Karbon (Granitgneis)

Schuppenmolasse

- Oberes Eozän – unteres Miozän

Vorlandbecken und inneralpine Becken

- Oberes Eozän – oberes Miozän
- Oberes Miozän – Pleistozän (Magmatite)

Außeralpiner Bereich

- Brekzien des miozänen Asteroideneinschlag
- Oberkreide
- Trias – Jura
- Karbon (Granit)
- Metamorphes Präkambrium – Paläozoikum

Dem Andenken meines Lehrers und Freundes Herbert Stradner (1925–2022) gewidmet.

Hans Egger

Ostalpen-Saga

Die Biografie eines Gebirges

VERLAG ANTON PUSTET

Im Osten enden die Alpen am Wiener Becken. Diese 50 km breite Ebene ist die einzige Unterbrechung des Alpen-Karpaten-Gebirges zwischen Südfrankreich und dem Schwarzen Meer. Anders als diese klare Ostgrenze, ist die geografische Abtrennung der Ost- von den Westalpen nur eine gedachte Linie, die vom Bodensee südwärts durch das Rheintal und dann über den Splügenpass zum Comer See verläuft. Die geologischen Einheiten queren diese Linie unbeeindruckt. Um Zusammenhänge besser darstellen zu können, wird deshalb in diesem Buch auch dann und wann mit einem Auge über den Rhein nach Westen „geschielt", wie hier auf die Alpstein-Gruppe im Ostschweizer Kanton Appenzell.
Die Felswände und wuchtigen Berge, im Hintergrund der Altmann (2.436 m), bestehen vorwiegend aus Gesteinen, die in der frühen Kreide-Zeit (145–100 Millionen Jahre vor heute) entstanden sind.

Gasthaus Aescher-Wildkirchli

So wie das Ostende ist auch die südliche Begrenzung der Ostalpen eine scharfe Linie, die Periadriatische Naht. Die Gesteine entlang dieser großen Störungszone sind stark zertrümmert und wurden bevorzugt von der Erosion abgetragen. Dadurch entstanden Täler wie jenes der Gail in Osttirol und Kärnten, das die Ostalpen von den Südalpen trennt. Diese sind unter anderem durch mächtige Kalkgesteine aus der Devon-Zeit (419–359 Millionen Jahre vor heute) ausgezeichnet, von denen die schroffen Berge in der Umgebung des Wolayersees aufgebaut werden.

Foto: Gerald Köstl, Wikimedia Commons CC-BY-SA-3.0-AT

Inhalt

Vorwort ... 9

1. Teil Einleitung 10

1•1 Die Außerirdischen ... 13
1•2 Steinalt? ... 15
1•3 Versteinertes Leben ... 18
1•4 Deckengebirge ... 24
1•5 Unser rastloser Planet ... 28

2. Teil Präkambrium bis Trias 34

1.400–201 Millionen Jahre vor heute

2•1 Präkambrium- bis frühe Karbon-Zeit ... 40
2•2 Späte Karbon- bis Trias-Zeit ... 50

3. Teil Jura bis mittleres Eozän 76

201–40 Millionen Jahre vor heute

3•1 Frühe Jura- bis frühe Kreide-Zeit ... 80
3•2 Späte Kreide-Zeit ... 110
3•3 Paläozän- bis mittlere Eozän-Zeit ... 142

4. Teil Spätes Eozän bis Pliozän 168
40 – 2,6 Millionen Jahre vor heute

4•1 Späte Eozän- bis frühe Miozän-Zeit ... 173
4•2 Mittlere Miozän- bis Pliozän-Zeit ... 194

5. Teil Pleistozän und Holozän 224
2,6 – 0 Millionen Jahre vor heute

5•1 Pleistozän-Zeit ... 230
5•2 Holozän-Zeit ... 246

Danksagung ... 267
Glossar ... 268
Orts- und Personenregister ... 273
Literaturauswahl ... 277
Geologische Zeittafel ... 285

Vorwort

An amerikanischen Universitäten werden bei vielen Lehrveranstaltungen sogenannte Trigger-Warnungen ausgesprochen, um zu verhindern, dass die Studierenden mit Inhalten konfrontiert werden, die ihre Gefühle verletzen könnten. Vielleicht sollte ich an den Anfang dieses Buches auch so eine Warnung setzen. Denn auch heutzutage glauben viele Menschen wortwörtlich den biblischen Schöpfungsbericht. So waren nach einer Umfrage des Gallup-Instituts (gallup.com) 40 % der Bewohner der USA im Jahr 2019 der Ansicht, dass vor ein paar tausend Jahren irgendein göttlicher Zauberkünstler den Himmel, die Erde und die Lebewesen nacheinander aus seinem Zylinder gezogen hätte. Ganz zuletzt, als Höhepunkt und Krone des ganzen Hokuspokus, wäre dann noch der Mensch als Gottes Ebenbild aus dem Hut gekrochen. Seit damals wäre die göttliche Schöpfung unverändert und alles noch so wie am sechsten Tag.

Wer das glauben will, soll es ruhig glauben, aber dann besser nicht weiterlesen. Denn hier geht es um das geologische Weltbild, in dem Götter und Wunder keinen Platz haben und der Mensch nur eine von vielen Säugetierarten ist. Dieses Weltbild beruht auf Beobachtungen und Fakten, die von Naturwissenschaftlern in den letzten 200 Jahren gesammelt wurden und zeigt eine dynamische Erde, auf der nichts unverrückbar und ewig gültig ist. Die Lage der Kontinente und Ozeane und die Umweltbedingungen auf der Erde ändern sich ständig, genauso wie die Tier- und Pflanzenwelt, die sich an die neuen Gegebenheiten anpassen muss.

Ebenso haben auch Gebirge ein Haltbarkeitsdatum und bestehen nicht für alle Ewigkeit. Sie bilden sich dort, wo Erdkrustenplatten zusammenstoßen. Verwitterung und Abtragung sorgen dafür, dass selbst das höchste Gebirge wieder von der Landkarte verschwindet. Was wir heute als Gebirge sehen, ist nur das, was die Erosion vorerst übriggelassen hat. Mit der Oberfläche dieser Erosionsrelikte beschäftigt sich die Geografie (boshafte Geologen spotten daher manchmal, dass die Geografie die oberflächliche Betrachtung der Erdoberfläche sei), während die Geologie den Innenbau des Gebirges, die beteiligten Gesteine und die Ursachen und den Ablauf der Gebirgsbildung untersucht.

Das Gebiet des heutigen Österreich wurde schon vor rund 330 Millionen Jahren von einem Hochgebirge durchzogen. Letzte bescheidene Reste dieses Variszischen Gebirges sind die Hügellandschaften des Mühl- und Waldviertels. Variszische Gesteine setzen sich aber weit in den Untergrund der Alpen hinein fort, an deren Aufbau sie massiv beteiligt sind. Sie wurden in diesem jüngeren Gebirge, das sich vor rund 40 Millionen Jahren langsam zu heben begann, „recycelt" und buchstäblich wieder aufgewärmt.

Mehr als tausend Millionen Jahre waren nötig, um alle Bestandteile der großartigen Gebirgslandschaft der Ostalpen zu bilden, die unübersehbar Teil des österreichischen Nationalstolzes sind. Das kommt nicht nur in der gern gebrauchten Bezeichnung „Alpenrepublik" zum Ausdruck, sondern auch in der Bundeshymne, die gleich in der ersten Zeile das „Land der Berge" würdigt. Jenseits von Aberglauben, Kitsch, Pathos und Heimattümelei will dieses Buch die Ostalpen als das zeigen, was sie sind: ein geologisch hochkompliziertes Gebirge mit einer immens langen und abwechslungsreichen Biografie. Diese gibt uns eine Vorstellung, was auf der Erde alles möglich ist, jenseits der kurzen Spanne der menschlichen Überlieferung und verdeutlicht die Statistenrolle, die uns bei diesen Vorgängen zukommt.

Die Existenz des modernen Menschen begann vor rund 300.000 Jahren und macht nur ein paar Tausendstel Prozent der gesamten bisherigen Erdgeschichte aus, die vor rund 4.600.000.000 Jahren einsetzt. Ungefähr genauso lange wird die Erde nach uns noch durch das All eiern, und die Existenz unserer Art wird schlussendlich nur ein ganz winziger und unwichtiger Teil der Erdgeschichte gewesen sein. Doch für die kurze Zeitspanne seines eigenen Lebens hat jeder von uns das Privileg, als denkendes Wesen die ungeheure Vielfalt unseres Planeten zu bestaunen und zumindest ansatzweise zu verstehen. Die großartige Landschaft der Alpen ist ein guter Platz, dieses Privileg zu nützen.

Eines der erstaunlichsten geologischen Naturdenkmale der Alpen ist die sagenumwobene Steinerne Agnes im Lattengebirge bei Bad Reichenhall. Aus einem rund 200 Millionen Jahre alten Dolomitgestein aus der späten Trias-Zeit hat die Erosion eine einzigartige 15 m hohe Skulptur geschaffen. Dem Volksglauben nach soll diese eine zu Stein erstarrte Sennerin sein, eine Art bayerische Frau Lot, die von Gott für ihren unmoralischen Lebenswandel bestraft wurde (aus: Egger 2017).

1. Teil

Einleitung

Die große Familie der Ammonoideen existierte von der Devon-Zeit bis zum Ende der Kreide-Zeit, also über einen Zeitraum von 350 Millionen Jahren. Sie waren Verwandte der heutigen Tintenfische und kamen weltweit in den Ozeanen vor. Das hier abgebildete Massenvorkommen der Art *Dactylioceras athleticum* aus dem Unterjura stammt nicht aus den Alpen, sondern aus der Fränkischen Alb in Bayern.

Mit acht anderen Meteoriten gehört der 15 kg schwere Ybbsitz-Meteorit (hier ein originalgetreuer Abguss) zu den ältesten in den Ostalpen gefundenen Steinen.

Um den Aufbau von Gesteinen zu untersuchen, werden nur wenige Hundertstel Millimeter dicke, durchsichtige Gesteinsplättchen (Dünnschliffe) im Mikroskop betrachtet. Oft erinnern diese Dünnschliffe an abstrakte Bilder. Der Dünnschliff des Ybbsitz-Meteoriten zeigt Querschnitte winziger Kugeln aus Silikatmineralen. Diese Kügelchen werden Chondren genannt und sind typisch für Steinmeteorite, die deshalb auch Chondrite heißen (Foto: Ludovic Ferrière, Naturhistorisches Museum Wien).

1•1 Die Außerirdischen

„Jessas-Marant-Josef!“, wird der Arbeiter Franz Pittrich auf dem Heimweg vom Wirtshaus entsetzt aufgeschrien haben, als die nebelige Nacht plötzlich sekundenlang taghell erleuchtet war. Danach wieder Finsternis, Geknatter wie von Gewehrschüssen, Gedröhne und Getöse wie von einem nahenden Flugzeug, schließlich ein dumpfer Aufprall, der den Spuk beendete. Das alles geschah am 5. November 1932, einem Samstag, in Prambachkirchen, einem kleinen Ort etwa 30 Kilometer westlich von Linz. Franz Pittrich war um 21:55 Uhr Zeuge von etwas geworden, das nur wenigen Menschen zu erleben vergönnt ist: dem Fall eines Meteoriten. Der etwa zwei Kilogramm schwere, vom Himmel gefallene Stein wurde am nächsten Tag in einem Acker gefunden, wo er ein 30 cm tiefes Loch geschlagen hatte. Heute ist dieser aufsehenerregende Besucher aus dem All im oberösterreichischen Landesmuseum in Linz zu bewundern.

Noch spektakulärer war ein anderer Meteoritenfall in Oberösterreich, der sich am Nachmittag des 20. November 1768 in Mauerkirchen ereignete, zehn Kilometer südöstlich von Braunau am Inn. Hier schlug ein 21 kg schwerer Brocken auf, der größte Meteorit, der bis jetzt auf dem Gebiet des heutigen Österreich entdeckt wurde. Augenzeugen berichteten von einer Art Kanonendonner, bevor sich der extraterrestrische Gast einen Dreiviertelmeter tief in den Acker des Kleinhäuslers Georg Bart bohrte. Da das Innviertel damals zu Bayern gehörte, wird der größte Teil dieses Meteoriten als besonderes Prunkstück im Museum „Reich der Kristalle“ der Münchner Mineralogischen Staatssammlung aufbewahrt.

Elisabeth Kirchner (1935–2023), Professorin für Mineralogie an der Universität Salzburg, erkannte im Jahr 1979 als Erste die Bedeutung des Ybbsitzer Funds.

Dass abstürzende Meteore beobachtet und die vom Himmel gefallenen Steine anschließend auch gefunden werden, ist die Ausnahme. Aus den Ostalpen sind nur sieben solcher Fälle dokumentiert. Zwei weitere Meteorite wurden zufällig entdeckt, einer sogar von einem Geologen, der im Jahr 1977 am Nordhang des Prochenbergs in den niederösterreichischen Kalkalpen bei Ybbsitz buchstäblich über einen dieser Außerirdischen stolperte. Neidische Kollegen – eh schon wissen – erinnerten damals natürlich sofort an das Sprichwort von den Bauern, die angeblich die größten Kartoffeln ernten. Aber wer hätte schon damit gerechnet, dass der rostig-braune Stolperstein ausgerechnet ein Meteorit ist? Der gute Mann erkannte die Bedeutung seines Funds nicht, nahm aber eine kleine Probe des seltsamen Steins mit. Zwei Jahre später gelangte dieses Bruchstück durch einen Zufall zu der Salzburger Mineralogin Elisabeth Kirchner, die anhand von Dünnschliffuntersuchungen schnell herausfand, was es damit auf sich hatte. Natürlich machte sich der Kollege, der die Probe gesammelt hatte, sofort wieder auf zum Fundort, jedoch – Himmel-Herrgott-Sakrament! – ausgerechnet dort war eine neue Forststraße gebaut worden. Doch wieder winkte ihm das Glück: Der fast 15 kg schwere Meteorit lag noch an Ort und Stelle, nämlich auf der Böschung des neuen Wegs. Hätte man diesen einen Meter weiter in den Hang hineingebaut, wäre der Meteorit von Ybbsitz für immer verloren gewesen. So aber fand er nach einer Reihe schier unglaublicher Zufälle seinen Ehrenplatz im Naturhistorischen Museum in Wien, das eine der bedeutendsten Meteoriten-Sammlungen der Welt beherbergt.

Zeitgenössische Darstellung des Meteoritenfalls von Mauerkirchen im Jahr 1768 (aus Raab & Reiter, 2017).

Himmlischer Steinschlag

Wie der weitaus größte Teil der bisher weltweit entdeckten Meteorite sind auch die neun in den Ostalpen gefundenen Stücke, die zusammen etwa 50 kg wiegen, Steinmeteorite. Diese sogenannten Chondrite bestehen vor allem aus den Mineralen Olivin und Pyroxen, die beide zu den Eisen-Magnesium-Silikaten gehören. Zusätzlich enthalten die Chondrite auch etwas Nickeleisen. Fast ausschließlich aus Eisen bestehende Meteorite sind dagegen sehr selten und machen weniger als 5 % Prozent aller weltweiten Meteoritenfunde aus. Aber immerhin gehört zu diesen Eisenmeteoriten der größte jemals entdeckte Meteorit, der 60 Tonnen auf die Waage bringt und im Jahr 1920 auf dem Gelände der Hoba-Farm in Namibia aufgespürt wurde.

Trotz der verhältnismäßig geringen Zahl der Meteoritenfunde ist die Erde, wie wir heute wissen, einem ständigen Bombardement von Materie aus dem Weltall ausgesetzt. Jeden Tag steuern rund hundert Tonnen extraterrestrischen Materials unseren Planeten an. Das meiste davon verglüht in der Atmosphäre und leuchtet manchmal vorher als Sternschnuppe auf. Nur größere Brocken, etwa ab der Größe eines Fußballs, sind am Himmel als Feuerball oder Meteor sichtbar. Die Leuchtspur entsteht durch die elektrische Aufladung der Luft bei der Bewegung des Himmelsteins. Ein solches Spektakel, das etwa eine halbe Minute dauerte, erregte zuletzt am frühen Morgen des 19. November 2020 Aufsehen in Österreich. Der Großteil dieses etwa 270 kg schweren „Sternenbrösels", das sich mit einer Geschwindigkeit von etwa 14 km pro Sekunde bewegte, verdampfte in der Erdatmosphäre. Nach achtmonatiger intensiver Suche gelang es, ein 233 g schweres Stück des Meteoriten, die berühmte „Nadel im Heuhaufen", auf dem Gebiet der steirischen Gemeinde Kindberg zu finden.

Die Geschichte der Erde wird neu geschrieben

In früheren Jahrhunderten dachte man, Meteorite seien Steine, mit denen der liebe Gott die Erde bombardiere, oder man glaubte, ein weit entfernter Vulkanausbruch habe diese Steine in den Himmel geschleudert, von wo sie herunterregneten. Heute wissen wir, dass fast alle auf der Erde auftreffenden „himmlischen Steine" aus dem zwischen Jupiter und Mars gelegenen Asteroidengürtel stammen, ein paar kommen aus dem Kuipergürtel außerhalb der Bahn des Neptuns, und nur ganz, ganz selten treffen uns Meteorite, die vom Mars oder vom Mond stammen.

Asteroide sind Kleinplaneten, die gemeinsam mit ihren größeren Verwandten, den Planeten, um die Sonne kreisen. Anders als die großen Planeten haben sich die Asteroiden seit der Entstehung unseres Sonnensystems nicht oder kaum verändert. Deshalb liefern sie viele Antworten auf Fragen, die Anfänge unserer Welt betreffend. Sie sind die ursprünglichste Materie des Sonnensystems und ihr Alter entspricht der Entstehungszeit unseres Universums, das demnach vor etwa 4,6 Milliarden Jahren entstanden ist. Aber wieso wissen wir das so exakt?

Mit der Altersbestimmung von Gesteinen beschäftigt sich die Geochronologie, an deren Beginn eine Publikation der Physiker Ernest Rutherford und Frederick Soddy steht, die im Jahr 1903 zum ersten Mal auf die Möglichkeit hinwiesen, Minerale und damit auch Gesteine mit Hilfe von radioaktiven Elementen zu datieren. Die erste tatsächliche absolute Altersbestimmung von Gesteinen wurde 1907 von Bertram Boltwood durchgeführt. Dank dieser Methode konnte die Geschichte der Erde und des Lebens neu geschrieben werden.

1•2 Steinalt?

Noch am Ende des 19. Jahrhunderts hatte niemand auch nur den Schimmer einer Ahnung vom wahren Alter der Erde. Aus der Abkühlung von Erde und Sonne hatte William Thomson (1824–1907), der führende Physiker seiner Zeit und wegen seiner wissenschaftlichen Verdienste zum Lord Kelvin geadelt, im Jahr 1899 das Alter der Erde mit 20 Millionen Jahren berechnet. Die Rechnung ist mathematisch einwandfrei, aber dennoch falsch, denn Lord Kelvin wusste noch nicht, dass es eine Energiequelle gibt, die im Erdinnern wie in einem Atomkraftwerk pausenlos Wärmeenergie produziert. Zwar hatte der französische Forscher Antoine Henri Bequerel bereits 1896 die Radioaktivität entdeckt, aber ihre Bedeutung als Wärmequelle wurde erst einige Jahre später erkannt. Berücksichtigt man diese Wärme, steigt das zur Erklärung der jetzigen Erdtemperatur erforderliche Alter drastisch an.

Im Jahr 1905 erklärte Albert Einstein mit seiner legendären Formel ($E = m \cdot c^2$) die radioaktive Strahlung als die Umwandlung von Masse in Energie. Bereits zwei Jahre zuvor hatte der neuseeländische, aber in England lehrende Physiker Ernest Rutherford eine entscheidende Eigenschaft des radioaktiven Zerfalls entdeckt. Er erkannte, dass sich die Menge und damit auch die radioaktive Aktivität eines instabilen Elements in einer ganz bestimmten Zeit auf die Hälfte reduziert. Jedes radioaktive Element hat also eine eigene charakteristische Halbwertszeit, die konstant ist. Manche Halbwertszeiten liegen im Bruchteil einer Sekunde, andere wiederum betragen mehrere Milliarden Jahre. Kennt man die Halbwertszeit des betreffenden Elements, kann aus dem Verhältnis von Ausgangsmaterial zu Zerfallsprodukt die Dauer des Zerfallsprozesses und damit das Entstehungsalter des Minerals oder Gesteins berechnet werden.

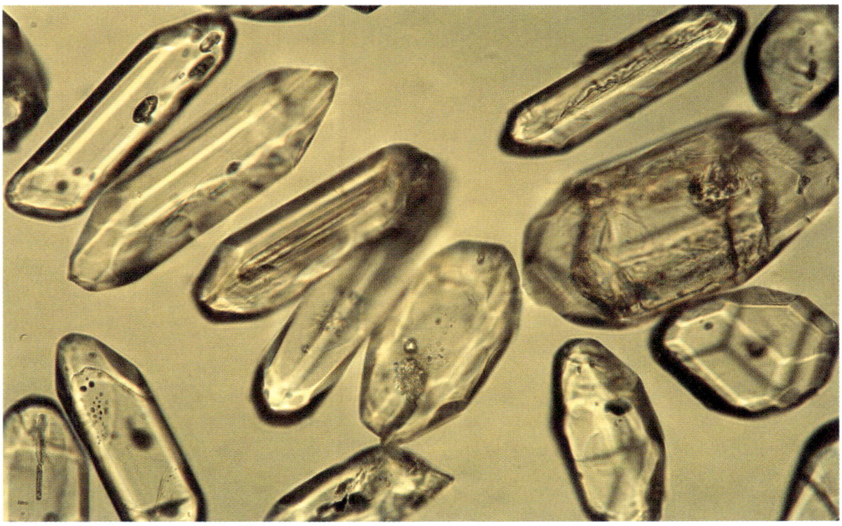

Zehntelmillimeter große Zirkonkristalle unter dem Durchlichtmikroskop. Solche Mini-Kristalle gehören zu den wichtigsten Hilfsmitteln bei der Altersbestimmung von magmatischen und metamorphen Gesteinen.

Ach, du liebe Zeit!

Über 40 verschiedene radiometrische Zerfallsreihen werden benutzt, um Gesteine oder organisches Material zu datieren. Beispielsweise wird organisches Material aus den letzten 60.000 Jahren meist mit der Radiokarbonmethode untersucht. Das kurzlebige Kohlenstoffisotop ^{14}C hat eine Halbwertszeit von nur 5.730 Jahren. Es wird in der Atmosphäre ständig neu gebildet und von Pflanzen und Tieren aufgenommen. In lebenden Organismen ist das Verhältnis des nicht radioaktiven Kohlenstoffs ^{13}C zu ^{14}C konstant. Nach dem Tod beginnt die „Atomuhr" zu laufen, weil kein neues ^{14}C mehr gespeichert werden kann und die Menge des vorhandenen ^{14}C gemäß der gegebenen Halbwertszeit stetig abnimmt. Eine andere für die Altersbestimmung wichtige Zerfallsreihe ist die Umwandlung von Uran-235 in Blei-207, die eine Halbwertszeit von 700 Millionen Jahren hat. Sie taugt für Altersbestimmungen, die bis zum Beginn der Erdgeschichte zurückreichen.

Clair Cameron Patterson (1922–1995), ein Geochemiker aus den USA, optimierte die Uran-Blei-Datierungsmethode und bestimmte damit Anfang der 1950er-Jahre das Alter des Canyon-Diablo-Meteoriten auf 4,55 Milliarden Jahre. Da Meteorite aus dem Asteroidengürtel aus weitgehend unverändertem Material aus der Anfangszeit unseres Sonnensystems bestehen, war mit dieser Datierung auch das Rätsel um das Alter unserer Erde und der anderen Planeten geklärt.

Mit der Uran-Blei-Datierungsmethode konnten auch die bisher ältesten auf der Erde gefundenen Minerale entdeckt werden. Das sind Zirkon-Kristalle aus Westaustralien mit einem Alter von 4,4 Milliarden Jahren. Zirkon ist besonders gut brauchbar für die Altersbestimmung, weil er immer geringe Mengen von Uran enthält und zudem noch ein überaus robustes Mineral ist, das bekannt ist für seine Härte und Beständigkeit. Daher ist es oft auch dort noch erhalten, wo andere Minerale schon längst wieder aufgeschmolzen oder auf andere Weise verschwunden sind.

Und jetzt: Her mit den Klunkern!

Weil Zirkon durchsichtig oder zumindest durchscheinend ist und einen diamantähnlichen Glanz aufweist, ist er auch ein begehrter Schmuckstein. Um die Begeisterung der Geologen zu wecken, braucht es aber keine großen Klunker, sondern es reichen schon sandkorngroße Zirkonkristalle, wie sie häufig in granitischen Gesteinen oder daraus umgelagert in Sedimentgesteinen vorkommen.

Um an den Zirkon zu kommen, wird das Gestein in einem Backenbrecher zu Sand zerkleinert und daraus in verschiedenen Arbeitsgängen Zirkonkristalle angereichert. Dieses Konzentrat betrachtet man unter dem Mikroskop, pickt mit einer Nadel einzelne Zirkonkristalle heraus und beschießt diese in einem Massenspektrometer mit einem Laserstrahl. Dabei werden Atome des Kristalls freigesetzt und daraus die Anteile von Uran und Blei gemessen. In wenigen Minuten können die Spezialisten so das Alter eines Zirkons ermitteln.

Mit dieser Methode wurde auch das Alter des Dobra-Gneises bestimmt, des ältesten je in Österreich gefundenen Gesteins. Wer vom außerhalb des Ortes gelegenen Bahnhof hinein in die kleine Waldviertler Stadt Allentsteig wandert, kommt nach etwa 700 m an einem links der Straße gelegenen Steinbruch vorbei. Von dort stammen die Gesteinsproben, für die Dieter Gebauer und Gertrude Friedl ein Alter von rund 1,38 Milliarden Jahren ermittelten. Bei diesem Alter handelt es sich um die Entstehungszeit des Granits, der das Ausgangsgestein für den Dobra-Gneis war. Ungefähr eine Milliarde Jahre später, in der Karbon-Zeit, wurde der Granit durch die Metamorphose bei der sogenannten variszischen Gebirgsbildung in einen Gneis umgewandelt.

Das älteste bekannte Gestein Österreichs ist der Dobra-Gneis, für den in einem Steinbruch bei Allentsteig im niederösterreichischen Waldviertel ein Alter von 1,38 Milliarden Jahre bestimmt werden konnte (Bildbreite ca. 1 m).

Relativ alt, relativ jung

Schon lange vor der Möglichkeit das absolute Alter von Gesteinen messen zu können, versuchte man Ordnung in die Erdgeschichte zu bringen und zumindest die relativen Altersbeziehungen innerhalb von Gesteinsabfolgen zu ermitteln. Dabei geht es insbesondere um die Frage: Was ist älter, was ist jünger?

Wenn die Lagerung von Sedimenten nicht nachträglich gestört wurde, ist es ziemlich trivial: Sedimente lagern sich Schicht um Schicht parallel zur Erdoberfläche ab, die ältesten Schichten liegen unten, die jüngsten ganz oben. Dieser Grundsatz, dass das Jüngere immer auf dem Älteren liegt, wurde zum ersten Mal von Nicolaus Steno (1638–1686) aus Kopenhagen formuliert und heißt Lagerungsgesetz oder stratigrafisches Grundgesetz. Die Stratigrafie schließt von der Abfolge der Gesteinsschichten auf die Reihenfolge ihrer Entstehung. Das funktioniert natürlich nur, wenn die ursprüngliche Abfolge nicht durch nachträgliche Bewegungen der Erdkruste gestört worden ist.

Aber selbst, wenn keine solchen Bewegungen die Gesteinsabfolge „über den Haufen geworfen" haben, ist deswegen noch lange nicht gesagt, dass die übereinanderliegenden Schichten kontinuierlich und gleichmäßig nacheinander abgelagert worden sind. Tatsächlich kommt es immer wieder vor, dass in einem Gebiet aus verschiedenen Gründen einige Zeit lang gar keine Sedimentation stattfindet oder dass bereits abgelagerte Sedimente durch Erosionsphasen wieder entfernt werden. Werden solche „Schichtlücken" nicht erkannt, scheint der Ablauf der Erdgeschichte dubios, ähnlich wie ein Roman, in dem einige Seiten oder ganze Kapitel fehlen. Plötzlich wimmeln lauter neue Gestalten durch die Geschichte und es ist unklar, wer sie sind und woher sie so plötzlich auftauchen.

1•3 Versteinertes Leben

Für die sichere Bestimmung der richtigen Altersabfolge von Gesteinsschichten braucht es neben dem Lagerungsgesetz daher weitere Hilfsmittel. Hier sind vor allem die Fossilien zu nennen, im Gestein erhaltene Überreste und Spuren vergangenen Lebens. Unter dem Einfluss des antiken Philosophen und Naturforschers Aristoteles wurden Fossilien im Mittelalter als „Naturspiele" betrachtet, die sich im Urschlamm spontan gebildet hätten. Diese Auffassung ließ sich gut mit christlichen Vorstellungen verbinden, da laut Bibel, Gott zuerst die Erde in ihrer heutigen Form und erst dann die Lebewesen geschaffen hatte. Nach dieser Logik war es unmöglich, dass im Gestein Reste von Lebewesen erhalten wären.

Natternzungen

Manchen „Naturspielen" wurden im Mittelalter magische Fähigkeiten zugesprochen, sie fanden Verwendung als Amulette oder als Anzeiger von Gift. Ein Beispiel dafür sind die Glossopetren oder Zungensteine, grau glänzende Einschlüsse, die in manchen Gesteinen häufig vorkommen. Sie wurden in kunstvollen Arrangements, sogenannten „Natternzungen-Kredenzen", auf die höfischen Festtafeln gestellt. War das Essen oder der Wein vergiftet, sollten die Natternzungen zu schwitzen beginnen.

Die Natternzungen-Kredenz in der Kunstkammer des Kunsthistorischen Museums in Wien besteht aus fossilen Haizähnen und vergoldetem Silber und wurde Mitte des 15. Jahrhunderts vermutlich in Nürnberg hergestellt. Höhe: 27 cm. Foto: KHM-Museumsverband

Auf dieser Steinplatte aus dem fränkischen Jura wurde unterhalb eines fossilen Fisches im Jahr 1543 ein lateinischer Text eingraviert, der auf die biblische Sintflut Bezug nimmt und frei übersetzt ungefähr so wiedergegeben werden kann:

„Dann steigt der allmächtige Vater voller Zorn vom hohen Himmel herab: Eine Flut schickend, versenkt er die Erde in den Wellen und die Oberwelt lässt er zur Unterwelt werden. Er bedeckt die Äcker und fruchtbaren Saaten und die schwere Arbeit der Zugtiere wird vernichtet: Gräben werden gefüllt und die leeren Flüsse schwellen an. Und alle Arten von Haus- und Wildtieren gibt er dem Tode preis." **(Übersetzung: Raimund Sulz)**

Foto: Naturhistorisches Museum Wien (Inv: 1880C0017_995)

Drei solcher Tafelaufsätze aus dem 15. Jahrhundert sind erhalten geblieben, zwei in Wien, einer in Dresden. Erst Anfang des 17. Jahrhunderts wurde durch den italienischen Botaniker Fabio Colonna erkannt, dass es sich bei den Glossopetren um fossile Haizähne handelt. Durchgesetzt hat sich dieses Wissen aber erst ein halbes Jahrhundert später, als der zuvor erwähnte Nicolaus Steno den Kadaver eines im Mittelmeer gefangenen Hais untersuchte und eindringlich auf die Ähnlichkeit zwischen Haizähnen und versteinerten Natternzungen hinwies.

Opfer der Sintflut

Schon ab dem 16. Jahrhundert wurde das Vorhandensein von Resten früheren Lebens im Gestein nicht mehr abgestritten. Zu deutlich waren die Spuren. Um nicht in Schwierigkeiten zu kommen – damals war jeder Zweifel an der biblischen Schöpfungsgeschichte ja eine strafwürdige Ketzerei – wurden Fossilien jetzt als Opfer der Sintflut betrachtet und galten sogar als zusätzliche Beweise für deren Existenz und die Richtigkeit der Bibel.

Diese Vorstellung wird durch ein Objekt aus dem Naturhistorischen Museum in Wien verdeutlicht. Auf einer Steinplatte aus Solnhofen im Altmühltal in der Fränkischen Alb ist ein fossiler Fisch aus der Jura-Zeit deutlich zu erkennen. Im Jahr 1543 wurde auf dieser Platte ein lateinischer Text eingraviert. Meine Kenntnisse des Lateinischen sind nicht sehr groß, daher war es Glück, dass hier Raimund Sulz in die Bresche sprang. Er übersetzte den kurzen Text und konnte sogar seine Herkunft ermitteln. Der Text stammt von der spätantiken Dichterin Faltonia Betitia Proba, die im 4. Jahrhundert antike Verse neu montierte, um damit die christliche Botschaft zu vermitteln. Ein solcher zusammengestoppelter Text wird Flickengedicht oder Cento genannt. Der Ausschnitt aus dem „Cento Probae" auf unserer Tafel stammt im Wesentlichen aus der „Aeneis" des römischen Dichters Vergil.

Die Kombination dieses Textes mit dem Fossil zeigt, dass der Fisch als ein Relikt der Sintflut betrachtet wurde. Ertrunken kann er wohl nicht sein, sondern wahrscheinlich dachte man, er sei beim Rückzug der Flut liegengeblieben.

Irgendwie schien es ja auch logisch, dass während der großen Flut, die alles bedeckte, Meeresgetier sogar auf den Berggipfeln hauste. Nach den Berechnungen des irischen Bischofs James Ussher (1581–1656), die auf den Zeitangaben im Alten Testament beruhen, wäre die Erde im Jahr 4004 v. Chr. erschaffen worden und die Sintflut hätte im Jahr 2349 v. Chr. stattgefunden. Alle Fossilien und alle Gesteine mit Fossilien hätten demnach dasselbe Alter von rund 4.000 Jahren. Die Berechnungen von Ussher aus dem Jahr 1650 wurden später von anderen Autoren geringfügig geändert, aber in ihrem Kern als richtig angesehen.

Alte Sünder

Ein Problem aller Sintflut-Gläubigen war und ist, dass gemeinsam mit den massenhaft auftretenden sonstigen Fossilien keinerlei Überreste von Menschen gefunden wurden, obwohl der liebe Gott ja gerade diese Kreaturen mit seiner Flut ersäufen wollte. Als im Jahr 1726 bei Öhningen am Bodensee ein ungefähr ein Meter langes Skelett entdeckt wurde, war daher der Jubel groß, schien es doch, der letzte und entscheidende Beweis für die Sintflur wäre damit gefunden worden. Eiligst gab der zu seiner Zeit hochberühmte Züricher Arzt und Naturforscher Johann Jakob Scheuchzer (1672–1733) ein Flugblatt heraus, in dem er über den aufregenden Fund „des Beingerüsts eines bei der Sintflut ertrunkenen Menschen" berichtete. In der im Jahr 1732 (bzw. nach Scheuchzer „im Jahr 4081 nach der Sintflut") publizierten Kupfer-Bibel wurde dieser „alte Sünder" von Scheuchzer auch bildlich dargestellt.

Ehrlich gesagt: Solche Ärzte wie Scheuchzer, die einen Menschen nicht von einem Salamander unterscheiden können, möchte man heutzutage nicht gern konsultieren. Denn genau das war der „alte Sünder": das Skelett eines Riesensalamanders! Aber das erkannte erst im Jahr 1811 der ebenfalls aus der Schweiz stammende Georg Kuefer (1769–1832), der in Paris lebte und sich Georges Cuvier nannte. Der Salamander, der vor rund 14 Millionen Jahren in der Miozän-Zeit lebte, bekam von ihm den schönen Namen *Andrias scheuchzeri*. Später wurden auch in Österreich die Überreste mehrerer fossiler Exemplare dieser Tierart entdeckt, deren Verwandte heute noch in China und Japan ihr Dasein fristen.

Ein Mastodon im Porzellanladen

So wie Nicolaus Steno als „Vater der Stratigrafie", könnte man Georges Cuvier als „Vater der Paläontologie" bezeichnen, also der Lehre vom vergangenen Leben. Nicht etwa, weil er die wahre Natur von *Andrias scheuchzeri* erkannte, sondern weil er bereits im Jahr 1796 über einen Urelefanten, ein sogenanntes Amerikanisches Mastodon, berichtet und dabei klargestellt hatte, dass es sich um den Vertreter einer ausgestorbenen Tiergruppe handelt. Für uns klingt das heute nach keiner großen Sache, aber tatsächlich trampelte dieses Mastodon mit aller Wucht durch den klerikalen Porzellanladen. War es doch nach der kirchlichen Lehrmeinung verboten zu behaupten, dass Tier- oder Pflanzenarten aussterben können. Das Aussterben von Lebewesen, die als Teil der göttlichen Schöpfung gesehen wurden, hätte ja bedeutet, dass diese Schöpfung mangelhaft und Gott ein Pfuscher wäre. Blasphemie! Schon für viel harmlosere Behauptungen konnte man wegen Gotteslästerung auf dem Schafott landen, nachdem einem bei lebendigem Leib zuvor vorsorglich die Zunge abgeschnitten worden war. Diese Behandlung erfuhr am 1. Juli 1766 der zwanzigjährige Chevalier de La Barre, der es gewagt hatte, angesichts einer Fronleichnamsprozession nicht den Hut zu ziehen. La Barre war das letzte Todesopfer der christlichen Inquisition in Frankreich, das als erstes Land Europas im September 1791 den Strafbestand der Blasphemie abschaffte.

Erst danach konnten auch die Geologen das schon längst Offensichtliche aussprechen: Tier- und Pflanzenarten haben ein beschränktes Haltbarkeitsdatum, das für manche Arten länger ist, für andere kürzer. Mit dem Wissen um das zeitlich beschränkte Vorkommen von Lebewesen war der Grundstein gelegt für die neue Wissenschaft der Biostratigrafie, als deren Begründer der britische Landvermesser William Smith (1769–1839) gilt.

Abbildung des „armen Sünders" aus der im Jahr 1732 publizierten Kupfer-Bibel von Johann Jakob Scheuchzer. Die Knochen stammen von einem Riesensalamander, der vor 14 Millionen Jahren in der Miozän-Zeit lebte. Foto: ETH Zürich (doi.org/10.3931/e-rara-11654).

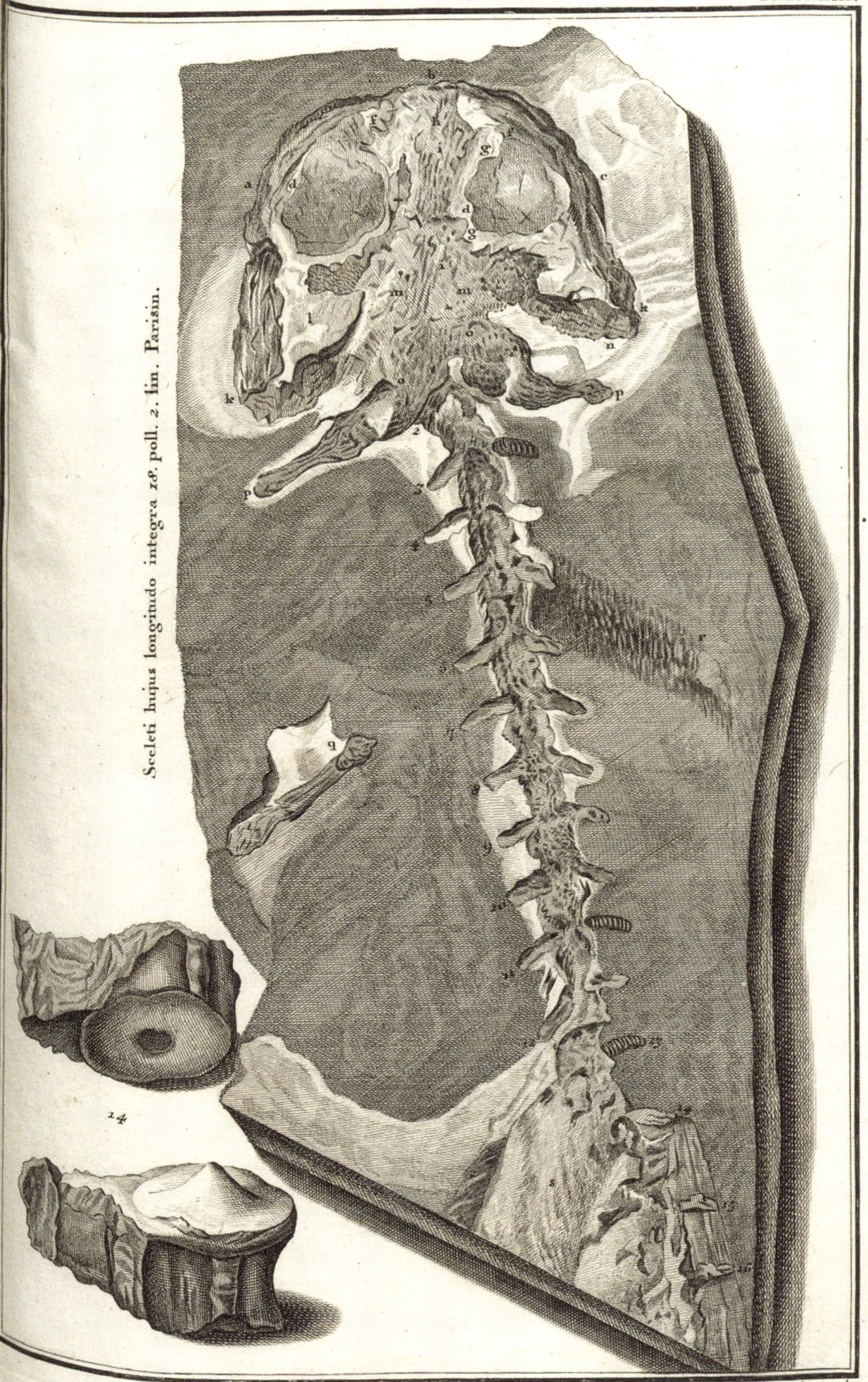

Sceleti hujus longitudo integra 18. poll. 2. lin. Parisin.

I. A. Corvinus sculp.

Die erste geologische Karte

Smith war in England beim Bau von Schifffahrtskanälen beschäftigt, wofür viele Hundert Kilometer lange Geländeeinschnitte geschaffen wurden. Durch diese Einblicke in den Untergrund erkannte Smith, dass sich Gesteinsschichten aufgrund ihrer Beschaffenheit und ihres Fossilinhalts identifizieren und über weite Strecken korrelieren lassen. Fossilien sind also eine Art Etikett, auf dem die Entstehungszeit des Gesteins vermerkt ist. Kommen im Gestein beispielsweise Ammoniten der Gattung *Psiloceras* vor, längst ausgestorbene Verwandte der heutigen Tintenfische, so ist das gleichbedeutend mit einem Schild, auf dem „unterster Jura" steht. Da *Psiloceras* weltweit auftritt, in Österreich genauso wie in China, Neuseeland oder Argentinien, lassen sich damit Gesteine von der Basis des Jura nicht nur regional, sondern rund um den Globus einstufen und vergleichen.

Mit Hilfe der Biostratigrafie können Sedimentgesteine aus den letzten 500 Millionen Jahren, also ungefähr aus den letzten 12 % der Erdgeschichte, gegliedert werden. Vorher gab es kein oder nicht genug höherentwickeltes Leben, um damit Zuordnungen zur Ablagerungszeit treffen zu können. Für William Smith reichten die letzten 500 Millionen Jahre aber völlig aus. Mit biostratigrafischen Methoden konnte er einzelne Gesteinseinheiten korrelieren und ihre Vorkommen auf einer Landkarte eintragen. Jede Gesteinsart hat darin ihre eigene Farbe oder Signatur. In zwanzigjähriger Arbeit entstand so die erste geologische Karte der britischen Insel, die erste moderne geologische Karte überhaupt! Sie erschien im Jahr 1815, und Smith wanderte zunächst für einige Zeit ins Gefängnis, weil er sich mit seinem Vorhaben finanziell übernommen hatte. Erst später, aber immerhin noch zu seinen Lebzeiten, wurde er rehabilitiert und empfing die verdiente Anerkennung für seine unglaubliche Leistung, ein ganzes Land im Alleingang geologisch kartiert und einen völlig neuen Blick auf die Erde eröffnet zu haben.

Erzherzog Johann

Im gleichen Jahr, in dem Smith seine Karte publizierte, reiste der österreichische Erzherzog Johann durch England, um sich dort vor allem über die Fortschritte bei der Suche, Gewinnung und Verarbeitung von Rohstoffen zu informieren. Dabei sah er auch Smiths Karte, die ihm die wirtschaftliche Bedeutung der geologischen Kartierung bewusst machte. Nach seiner Rückkehr nach Österreich erteilte er der von ihm gegründeten Forschungsstätte „Joanneum" in Graz den Auftrag, eine „Gebirgskarte der Steiermark" anzufertigen. Diese wurde im Jahr 1829 fertiggestellt und gedruckt und gilt als erste geologische Karte auf dem Gebiet der Alpen. Sie steht am Beginn der systematischen geologischen Erforschung Österreichs, für die in weiterer Folge im Jahr 1849 die Geologische Reichsanstalt gegründet wurde. Wenigstens damals hatte Österreich in den Erdwissenschaften die Nase ziemlich weit vorn! Dennoch wurde eine der grundlegendsten Erkenntnisse zum Aufbau der Alpen ein Stück weiter westlich, in der Schweiz, gemacht. Und zum Ärger der Schweizer war es kein Eidgenosse, sondern ein Franzose, der den entscheidenden Geistesblitz hatte.

Psiloceras planorbis aus basalen Jura-Schichten der Glasenbachklamm südlich von Salzburg. *Psiloceras* war eine der wenigen Ammonitengattungen, die das Massensterben am Ende der Trias-Zeit überlebten. Die meisten der zahlreichen Ammonitenarten, die in der Jura- und Kreide-Zeit die Meere bevölkerten, stammen von *Psiloceras* ab (Originalgröße).

Münchner Ehrenbürger und Geologe

Carl Wilhelm von Gümbel (1823–1898)

Aus Ammon (1899)

Der frühere deutsche Bundespräsident Theodor Heuss berichtet in seinen Kindheitserinnerungen („Vorspiele des Lebens") von einem Treffen mit seinem Großonkel im Jahr 1895. Heuss war damals 11 Jahre alt (zitiert nach Sperling, 2001): *„... ich habe noch einen deutlichen Eindruck von ihm gewonnen und gemerkt, dass man ‚berühmt' sein kann, auch wenn man einem Gnomen ähnlicher sieht als einem Helden: ein unscheinbares altes Männlein mit einem Paar munter flinken und gescheiten Augen in dem dichtbehaarten Gesicht."*

Der drollige Gnom, an den sich Heuss hier erinnert, war Ehrenbürger der Stadt München, königlicher Geheimer Rat, Oberbergdirektor und Vorstand des königlichen Oberbergamtes und Leiter der Anstalt für die geognostische Landesaufnahme. Sein Name: Prof. Dr. Carl Wilhelm von Gümbel.

Gümbel war der erste Leiter des im Jahr 1850 gegründeten staatlichen geologischen Dienstes in Bayern. Die Bedeutung der „geognostischen Landesdurchforschung" für die Rohstoffgewinnung, die Baugrunduntersuchung und die Wasserversorgung der Ballungsräume war damals gerade erst erkannt worden. In ganz Europa entstanden geologische Staatsdienste und Bayern war ganz vorne mit dabei, nach Großbritannien (1835), Irland (1845), Portugal (1848), Spanien (1849) und Österreich (1849).

Nach seiner Ernennung ging Gümbel mit Feuereifer ans Werk und entwickelte eine geradezu unglaubliche Arbeitswut, die bis zu seinem Tod nicht nachließ. Als er in seinem 76. Lebensjahr im Dienst verstarb, war fast die Hälfte der Fläche des Königreichs Bayern auf modernen geologischen Karten im Maßstab 1:100.000 dargestellt. Und neben den Karten hatte er eine Fülle anderer Publikationen zu unterschiedlichsten erdwissenschaftlichen Themen verfasst. Sein Hauptwerk sind zweifellos die vier umfangreichen Bände der „Geognostischen Beschreibung des Königreichs Bayern". Der erste, fast tausend Seiten starke Band ist den bayerischen Alpen gewidmet, denen Gümbels besonderes Interesse galt.

Die Ehrenbürgerschaft von München wurde Gümbel für seine Verdienste um die städtische Wasserversorgung verliehen. Noch heute bezieht die Stadt München den größten Teil des Trinkwassers über eine Leitung aus den großen Quellen im oberen Mangfalltal nördlich des Tegernsees. An der Planung dieser Wasserversorgung, die im Jahr 1883 in Betrieb ging, war Gümbel maßgeblich beteiligt. Das saubere Wasser aus dem Alpenvorland ersetzte einen großen Teil der vorher benützten Hausbrunnen, die oft verunreinigt waren und in der Stadt zum Ausbruch von Typhus- oder Cholera-epidemien geführt hatten.

Gümbel verfolgte die neuesten Entwicklungen der Erdwissenschaften stets mit großem Interesse. Als im Jahr 1865 in einer englischen Fachzeitschrift über einen aufsehenerregenden Fossilfund in Kanada berichtet wurde, regte ihn das zu eigener Suche nach dem *Eozoon* in Bayern an. *Eozoon*, was übersetzt „Tier der Morgenröte" bedeutet, sollte das älteste Fossil überhaupt sein. Warum sollte etwas, das in Kanada vorkam, nicht auch in Bayern vorhanden sein? Tatsächlich wurde Gümbel in Ostbayern fündig und stellte das *Eozoon bavaricum* im Jahr 1866 bei einem Vortrag an der Bayerischen Akademie der Wissenschaften vor. Im gleichen Jahr berichtete Charles Darwin in der vierten Auflage (S. 371) seines Buches über die „Entstehung der Arten" schon über das in Kanada gefundene *Eozoon canadense*, für ihn ein eindeutiger Beweis, dass das Leben auf der Erde bereits viel länger existierte als bis dahin angenommen worden war. Hier war wahrscheinlich auch der Wunsch der Vater des Gedankens, denn in seiner Evolutionstheorie geht Darwin von einer einzigen Stammform für alles Leben aus und mit dem *Eozoon* schien eben diese Form gefunden worden zu sein.

Obwohl viele hochrangige Wissenschaftler von der organischen Natur des *Eozoons* überzeugt waren, stellte sich durch intensive mikroskopische Untersuchungen bald heraus, dass es sich dabei um kein Fossil, sondern ein metamorphes Gestein, einen sogenannten Ophikalzit, handelt. Wissenschaft heißt eben an allem und jedem zu zweifeln, selbst an dem, was von den „Päpsten" verkündet wurde.

1•4 Deckengebirge

Eine geologische Wallfahrt

Eine unscheinbare kleine Felswand, die Lochsite im Schweizer Kanton Glarus, ist ein Wallfahrtsort für Geologen aus aller Welt. Um zur Lochsite zu pilgern, folgt man vom Bahnhof Schwanden im Linthal etwa eine halbe Gehstunde lang den Markierungen entlang der Straße nach Elm. Bei einem Parkplatz stehen Tafeln, auf denen die Bedeutung der Lochsite erklärt wird, und eine elegant geschwungene Holzbrücke führt über die Straße zur Felswand auf der nördlichen Talseite. Der untere Teil der Lochsite besteht aus ungefähr 50 Millionen Jahre alten Meeresablagerungen aus der Eozän-Zeit, darüber liegt der sogenannte Verrucano, das sind Sandsteine und Konglomerate aus der Perm-Zeit mit einem Alter von ungefähr 260 Millionen Jahren. Ältere liegen hier also auf jüngeren Gesteinen!

Im 19. Jahrhundert kannten die Geologen natürlich nicht das absolute Alter dieser Gesteine, aber sie wussten, dass der Verrucano an anderen Orten immer tief unter den eozänen Schichten liegt. Wieso war das im Glarner Land genau verkehrt? Eine Antwort auf diese entscheidende Frage fand Marcel Bertrand (1847–1907) von der berühmten Bergbauuniversität École des Mines in Paris. Er erkannte im Jahr 1884 als Erster, dass diese Lagerungsverhältnisse am besten mit Überschiebungen zu erklären sind. Demnach sind die permischen Gesteine viele Kilometer weit auf das Eozän geglitten. Verblüffend und geradezu unglaublich: Die Erdkruste ist so mobil, dass viele Quadratkilometer große und mehrere Kilometer dicke Gesteinsplatten, sogenannte Decken, übereinander geschoben werden können wie ein Stapel Spielkarten!

Blick vom Erbser Stock nach Osten auf die Tschingelhörner in den Glarner Alpen. Hier setzt sich die Überschiebung der Lochsite fort und ist weithin sichtbar. Die markanten Bergspitzen, die bis zu 2.849 m hoch sind, werden von Gesteinen aus der Perm-Zeit aufgebaut. Diese liegen mit einer scharfen Grenze auf helleren Kalksteinen aus der Jura- und Kreidezeit. Unter den Kalken befinden sich wieder die Sandsteine aus der Eozän-Zeit.

Die Lochsite ist ein heiliger Ort für alle, die sich von Geologie begeistern lassen. Auf jungem Eozän (untere Bildhälfte) liegt altes Perm, eindrücklicher lässt sich die Existenz tektonischer Decken nicht zeigen.

Das Tauern-Fenster

Und einige Jahre später war es dann wieder ein Franzose, nämlich Pierre Termier (1859–1930), der den Bau der Ostalpen mit Hilfe der Deckentheorie interpretierte. Ausgerechnet in den Hohen Tauern des Alpenhauptkamms glaubte er, tiefere Decken erkannt zu haben, die ringsum von höheren Decken umgeben sein sollten. Das sogenannte Tauern-Fenster war geboren und lebt bis heute! Termier präsentierte seine Vorstellung beim Internationalen Geologenkongress in Wien im Jahr 1903, und diesmal ärgerten sich wahrscheinlich die Österreicher, dass sie da nicht selbst draufgekommen sind. Vielleicht blieb deswegen die Existenz großräumiger Deckenüberschiebungen auch weiterhin umstritten und wurde noch 60 Jahre lang angezweifelt, bis Fossilfunde in den Hohen Tauern und die in den Ostalpen durchgeführten Tiefbohrungen der Erdölindustrie endlich eindeutige Beweise für den Deckenbau der Ostalpen lieferten.

Urgestein?

Die am Aufbau der Erde beteiligten Gesteine lassen sich zu drei großen Gruppen zusammenfassen. Sedimentgesteine entstehen durch die Verfestigung von Ablagerungen, die sich auf der Erdoberfläche, entweder auf dem trockenen Land oder am Grund von Gewässern, abgesetzt haben. Magmatische Gesteine bilden sich, wenn heiße, glutflüssige Gesteinsschmelzen (Magmen) abkühlen und aushärten. Erstarrt das Magma noch in der Erdkruste, entstehen plutonische Gesteine wie der Granit. Gelangt das Magma als Lava an die Erdoberfläche, wird es zu einem vulkanischen Gestein wie Basalt. Wenn Sedimentgesteine oder magmatische Gesteine in große Tiefen gelangen, wo hohe Drucke und Temperaturen herrschen, werden sie durch Mineralneu- und -umbildungen in metamorphe Gesteine umgewandelt. Aus dem Granit wird dann ein Gneis und aus dem Basalt ein Diabas.

Was wir heute magmatische und metamorphe Gesteine nennen, wurde vor allem im 19. Jahrhundert oft als „Urgestein" bezeichnet, weil man dachte, es wäre ein Produkt der ältesten Erdgeschichte. Durch Altersdatierungen wissen wir, dass magmatische und metamorphe Gesteine zu allen Zeiten der Erdgeschichte entstanden sind, also nicht „uriger" sind als die Sedimentgesteine. Manchmal überlebten sogar Fossilien die Metamorphose, wie das vielleicht berühmteste Fossil der Ostalpen, ein Ammonit aus dem Tiroler Zillertal. Dort wurden im Jahr 1939 in einem Steinbruch bei Hochstegen Blöcke für eine Seitenmauer der Landstraße gewonnen. Als die Mauer stand, bemerkten die Straßenbauer das Fossil, erkannten seine Bedeutung und verständigten das geologische Institut der Universität Innsbruck. Der Block wurde aus der Mauer genommen und der Ammonit geborgen. Genaugenommen ist es gar kein Ammonit, sondern nur ein Abdruck, und der ist ziemlich verzogen. Trotzdem konnten ihn die Spezialisten der Gattung *Perisphinctes* zuordnen, die nur in der späten Jura-Zeit lebte. Die Gesteine der Zentralalpen sind also keinesfalls „Urgesteine", wenngleich manche Wanderführer und Presseartikel diesen Begriff immer noch gern aus der Mottenkiste hervorholen, sondern Gesteine, die bei den Deckenbewegungen weit hinunter in die Erdkruste gelangten und sich dort veränderten.

Dieser Abdruck eines Ammoniten aus dem Zillertal war der erste Beweis für Oberjura im Tauernfenster. Er ist am Institut für Geologie der Universität Innsbruck ausgestellt. Foto: Andrea Ebenhöfer

Tiefbohrungen in den Ostalpen

Im Mittelalter schöpften Mönche der Kartause Gaming natürlich austretendes Erdöl mit einer Gänsefeder von der Oberfläche eines wassergefüllten Beckens ab und verarbeiteten es zu Heilsalben. In der Nähe dieses Ölaustritts wurde im Jahr 1966 in den niederösterreichischen Kalkalpen die erste Tiefbohrung in den Ostalpen von der Österreichischen Mineralölverwaltung (ÖMV) angesetzt. Die 3.000 m tiefe Bohrung Urmannsau traf zwar auf kein wirtschaftlich lohnendes Ölvorkommen, war aber wissenschaftlich interessant: Unter den Gesteinen der Nördlichen Kalkalpen, die mehr als 200 Millionen Jahre alt waren, lagen viel jüngere Gesteine. Wie an der Lochsite war dieser Stapel von Gesteinsplatten nur durch Überschiebungen erklärbar. Nun waren selbst die hartnäckigsten Skeptiker vom Deckenbau der Alpen überzeugt.

Seither bestätigten viele weitere Bohrungen, die bei der Suche nach Erdöl und Erdgas in den Untergrund der nördlichen Ostalpen vordrangen, den Deckenbau. Hunderte Kilometer weit waren die Decken transportiert und übereinandergestapelt worden. Diese Bewegungen begannen vor etwa 100 Millionen Jahren in der Kreide-Zeit und endeten erst vor etwa 18 Millionen Jahren in der Miozän-Zeit. So erstaunlich diese gewaltige Aktivität in den Alpen und anderen Deckengebirgen auch ist, ist sie doch nur ein winziger Teil eines viel größeren, ja weltumspannenden Geschehens, das erst in den 1960er-Jahren erkannt und Plattentektonik genannt wurde. Auch die Entdeckung der Plattentektonik ist eng an tiefe Bohrungen geknüpft, die allerdings nicht an Land durchgeführt wurden, sondern im Meer, oft sogar in der Tiefsee. Sie veränderten unsere Vorstellung von der Erde vollständig, die erst dadurch als dynamischer Planet mit beweglichen Kontinenten erkannt wurde.

In meterlangen Holzkisten verstaut, lagern viele Kilometer von Bohrkernen aus den Ostalpen in den Magazinen der Ölfirmen. Für weitere Untersuchungen werden sie sorgsam aufbewahrt.

1•5 Unser rastloser Planet

Der erste Österreicher an Bord der „Glomar Challenger" war im Jahr 1970 Herbert Stradner von der Geologischen Bundesanstalt in Wien. „Nanno-Herb", so sein Spitzname, war einer der Pioniere bei der Erforschung winziger fossiler Meeresalgen.

Das Internationale Tiefsee-Bohrprogramm (Deep Sea Drilling Project) ist eines der bisher größten und aufwendigsten wissenschaftlichen Projekte in der Geschichte der Menschheit. Es begann im Jahr 1968 und läuft unter dem Namen IODP (International Ocean Discovery Program) bis heute fort. Diese Tiefseebohrungen brachten eine Fülle neuer Ergebnisse, unter anderem den erstaunlichen Befund, dass sich die Zusammensetzung der Erdkruste unter den Ozeanen völlig von jener der Kontinente unterscheidet.

Unter der Sedimentbedeckung besteht der Boden der Ozeane vor allem aus Basalt, während Granit die kontinentale Kruste aufbaut. Basalt und Granit sind magmatische Gesteine, d.h. sie sind aus Gesteinsschmelzen entstanden. Der dunkel gefärbte Basalt ist reich an schweren, magnesium- und eisenhaltigen (mafischen) Mineralen, der helle Granit dagegen enthält vor allem Minerale, die aus leichtem Silizium und Aluminium bestehen (sialische Minerale). Daher unterscheiden sich die Dichten von Basalt ($3{,}0\,g/cm^3$) und Granit ($2{,}6\,g/cm^3$) und ihre anderen physikalischen Eigenschaften. So sind basaltische Schmelzen heißer und dünnflüssiger als granitische Schmelzen. Basaltische Schmelzen treten deshalb oft als Lava an der Erdoberfläche aus, während die zähflüssigeren granitischen Schmelzen meist innerhalb der Erdkruste steckenbleiben und dort auskristallisieren. Der so entstandene Granit kann später durch die Erosion allmählich freigelegt werden und gelangt dann erst lange Zeit nach seiner Entstehung ans Tageslicht.

Der Mikropaläontologe Fred Rögl war im Jahr 1973 mit an Bord, als vor der antarktischen Küste gebohrt wurde. Fred arbeitete zunächst in Zürich und dann während des Großteils seiner Karriere am Naturhistorischen Museum in Wien (Foto: Alice Schumacher).

Botschafter aus der Tiefe

Das Wissen um die räumliche Zweiteilung der Erdkruste in ozeanische und kontinentale Bereiche war ein riesiger Fortschritt im Verständnis vom Aufbau der Erdkugel. Aber wie dick ist diese Kruste und was ist darunter? Bereits im Jahr 1798 hatte der Engländer Henry Cavendish mit Hilfe des Gravitationsgesetzes berechnet, dass die mittlere Dichte der Erde 5,5 g pro Kubikzentimeter beträgt, also viel höher ist als jene von Granit und Basalt, den häufigsten Gesteinen an der Erdoberfläche. Das Erdinnere muss daher aus überaus schwerem Material bestehen.

Einen Hinweis darauf, was dort unten los ist, liefern uns die auffälligen „Olivinbomben", bis zu faustgroße gelbgrüne „Knödel", die in vulkanischem Auswurfmaterial enthalten sein können. Der Name „Olivinbombe" ist irreführend, denn neben dem vorherrschenden Silikatmineral Olivin kommen darin auch noch andere Minerale (Pyroxene und Spinelle) vor. Bei den Bomben handelt es sich also eigentlich nicht um das Mineral Olivin, sondern um olivinreiche Gesteine, die als Peridotite bezeichnet werden. Aus der Mineralzusammensetzung der „Peridotitbomben" können ihre

Entstehungsbedingungen berechnet oder experimentell ermittelt werden. Entscheidend ist dabei das Vorkommen von Spinell, denn dieses Mineral belegt, dass die Peridotite unter Druck entstanden sind, wie er in Tiefen zwischen 60 km und 85 km unter der Erdoberfläche herrscht. Beim Aufstieg des Magmas wurde dort, im oberen Erdmantel, der Peridotit unvollständig aufgeschmolzen, und Trümmer davon bei heftigen explosiven Ausbrüchen bis an die Erdoberfläche geschleudert. In Österreich wurden derartige Bomben in der Pliozän-Zeit ausgeworfen, als es vor 4,8 Millionen Jahren ein Vulkan im heute oststeirischen Kapfenstein ordentlich krachen ließ.

Peridotite bauen den unter der Erdkruste gelegenen oberen Erdmantel auf. Dort, wo die Kruste dünn ist, in den Ozeanbecken, treten Peridotite schon in geringen Tiefen von etwas über 5 km auf, daher kommt dort das Mineral Spinell nicht vor. Entlang von Bruchflächen kann das Meerwasser durch die dünne Kruste bis zum Peridotit gelangen, wird dabei stark erhitzt und reagiert mit dem umgebenden Gestein. Dabei kommt es zur Umwandlung und Neubildung von Mineralen, wodurch der Peridotit in Serpentinit umgewandelt wird. Dieses meist intensiv grün gefärbte Gestein ist also ein Umwandlungsgestein (metamorphes Gestein), das aus dem Erdmantel stammt. Entlang von Bewegungsflächen in der dünnen ozeanischen Kruste kann es an die Oberfläche gelangen. Vorkommen von Serpentinit sind daher gute Hinweise auf die Lage ehemaliger Ozeanbecken.

Das Zentimeter große hellgrüne „Olivinbömbchen" wurde in der Pliozän-Zeit vor 5 Millionen Jahren im Gebiet des heutigen oststeirischen Kapfenstein bei einem explosiven Vulkanausbruch ausgeworfen.

Serpentinite, wie hier in Gstadt bei Waidhofen an der Ybbs, sind umgewandelte (metamorphe) Peridotite aus dem oberen Erdmantel (aus Egger 2020).

Die Ortschaft Kapfenstein in der Südoststeiermark steht auf einem alten Vulkankegel. Dieser besteht aus Auswurfmaterial (Tuff), das der Vulkan bei heftigen explosiven Ausbrüchen vor rund 5 Millionen Jahren in die Luft schleuderte.

Im Blindflug unterwegs

Abgesehen von den Peridotiten, beziehungsweise den aus ihnen entstandenen Serpentiniten, haben wir keinen direkten Zugang zum unter der Erdkruste vorkommenden Gestein. Bohren geht nicht, denn um zum Erdmittelpunkt zu kommen, müsste man 6.370 km tief hinunter. Da ist es ernüchternd, dass das tiefste Bohrloch der Erde gerade einmal nur 12 km tief ist. Es wurde auf der Halbinsel Kola im Norden Russlands gebohrt und es kostete 26 Jahre und die Überwindung zahlloser technischer Schwierigkeiten, um in diese Tiefe zu gelangen.

Wenn wir wissen wollen „was die Welt im Innersten zusammenhält", helfen uns Bohrungen nicht viel weiter. Zur Veranschaulichung können wir uns einen Flug von Wien nach Mumbai in Indien vorstellen. Die Strecke dieser 6.370 km langen Reise ist gleich lang wie der Erdradius. Auf den ersten 12 Kilometern der Reise, das entspricht der Tiefe der Kola-Bohrung, haben wir gute Sicht. Aber dann, noch vor Erreichen des burgenländischen Luftraums, geraten wir für den Rest der Reise in die Wolken, sind im Blindflug unterwegs und bekommen von den überflogenen Landschaften und Meeren nichts zu sehen. Glücklicherweise haben moderne Flugzeuge ein Radar, mit dem sie trotzdem navigiert werden können.

Das Radargerät sendet elektromagnetische Wellen aus. Diese durchdringen die Wolken, werden von im Nebel verborgenen Objekten reflektiert und kommen als „Echo" zurück zum Flugzeug. Da die Geschwindigkeit der Wellen bekannt ist, kann aus der Zeit bis zum Eintreffen des Echos die Entfernung des unsichtbaren Objekts berechnet werden.

Ähnlich wird bei der Erkundung des Innenbaus des Globus gearbeitet. Diesmal sind es Erdbebenwellen, die den entscheidenden Hinweis liefern. Nach einem Erdbeben wabern diese Wellen durch das Erdinnere und bewegen sich dort umso schneller, je höher die Dichte des Materials ist. Dort, wo Gesteinsschichten unterschiedlicher Dichte zusammentreffen, wird ein Teil der Wellen reflektiert, an die Erdoberfläche zurückgeschickt und ihr Signal mit Seismometern aufgefangen. So lassen sich ihre Fortpflanzungsgeschwindigkeiten ermitteln und daraus Rückschlüsse auf den inneren Aufbau der Erde ziehen.

Wenn wir den Tüfteleien der Geophysiker glauben – und es gibt keinen Grund, das nicht zu tun – dann ist der Querschnitt eines hartgekochten Eis ein fast maßstabsgerechtes Modell für den Innenaufbau der Erde. Die dünne harte Eierschale entspricht der Lithosphäre, das Eiweiß dem Erdmantel und der Dotter dem Kern.

Erdkern

Wie schon vorher (s. S. 28) erläutert, ist die mittlere Dichte der Erde höher als die Dichten der Erdkruste und des Erdmantels. Daher muss der Erdkern aus einem sehr dichten Material bestehen. Vermutlich handelt es sich dabei um Eisen mit Beimengungen von Nickel, eine Zusammensetzung wie sie auch Eisenmeteorite zeigen. Der äußere Erdkern ist flüssig und bewegt sich um den festen inneren Kern. Durch die Bewegung der elektrisch leitfähigen Eisenschmelze entsteht wie in einem Dynamo ein elektromagnetisches Feld, in dem Nord- und Südpol von Zeit zu Zeit ihre Positionen tauschen.

Ein großer Eisberg ragt wesentlich höher aus dem Wasser als ein kleiner, weil der Auftrieb eines schwimmenden Körpers umso größer ist, je mehr Flüssigkeit er verdrängt. Dieses Prinzip der Isostasie erklärt auch die Entstehung von Gebirgen, weil dort die Erdkruste besonders dick ist und daher stärker gehoben wird als die Umgebung (aus Egger & Wessely 2014).

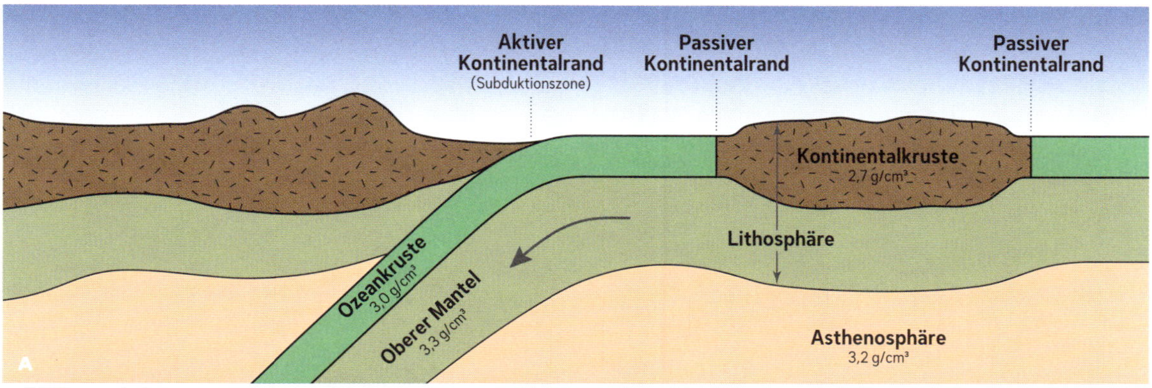

A Die Lithosphäre besteht aus der Erdkruste und dem oberen Erdmantel und „schwimmt" auf der Asthenosphäre.

B Wenn basaltische Lava am Boden eines Gewässers austritt, bildet sich die typische Kissenlava. Sie besteht aus schlauchförmigen Strängen, die runde Querschnitte zeigen. Zwischen der Lava liegen oft helle Sedimente, wie das Foto vom Black Beach auf der indonesischen Insel Bali exemplarisch zeigt. Aufgrund der riesigen Größe der Ozeanbecken ist Basalt das häufigste Gestein der Erdkruste.

C Granit ist das zweithäufigste Gestein und der Hauptbestandteil der kontinentalen Kruste. Das Foto zeigt ca. 300 Millionen Jahre alten Weinsberger Granit aus dem Mühlviertel, der für seine großen weißen Feldspäte bekannt ist.

Von den Umpolungen des Erdmagnetfelds wissen wir, weil sie in den Gesteinen gespeichert sind, die oft geringe Mengen magnetisierbarer Minerale enthalten. Vor der Verfestigung des Gesteins richten sich diese Körnchen nach dem Magnetfeld aus und diese Orientierung wird „eingefroren", wenn die Schmelze zu einem magmatischen Gestein oder das Sediment zu einem festen Sedimentgestein verfestigen. Dadurch ist in diesen Gesteinen eine Art Kompass eingebaut, der nicht nur die Ausrichtung des Erdmagnetfelds anzeigt, sondern auch auf welcher geografischen Breite sich das Gestein zur Zeit seiner Entstehung befand. Mit diesen Untersuchungen beschäftigt sich die Paläomagnetik, die einzige Methode, mit der die Bewegungen der Kontinentalplatten rekonstruiert werden können.

Erdmantel

Die Grenze zwischen Erdkern und Erdmantel liegt ungefähr 2.900 km tief unter der Erdoberfläche. Nach den gemessenen Geschwindigkeiten der seismischen Wellen besteht der untere Erdmantel, der bis in eine Tiefe von 660 km reicht, aus sehr kompaktem Material. Als dominierendes Mineral wird dort das eisen- und magnesiumhaltige Silikat Perowskit vermutet, das mengenmäßig somit das häufigste Mineral der Erde ist, obwohl es an der Erdoberfläche nicht ins Gewicht fällt. Über dem unteren Erdmantel liegt die Asthenosphäre, die bei Beanspruchung viskos reagiert, vielleicht am besten vergleichbar mit einem zähflüssigen Honig. Und darauf folgt ab einer Tiefe von 200 km der obere Erdmantel, der, wie wir schon wissen, aus Olivin reichem Peridotit besteht. Der obere Erdmantel bildet gemeinsam mit der Erdkruste die Lithosphäre.

Erdkruste

Die durchschnittliche Dicke der schweren ozeanischen Kruste beträgt etwa 7 km, während die leichte kontinentale Kruste meist zwischen 30 und 40 km dick ist. Die größte Dicke erreicht die kontinentale Kruste in Gebirgsregionen, so ist sie unter dem Hochplateau von Tibet etwa 70 km dick, unter den Alpen immerhin 55 km.

Als Erklärung für den Zusammenhang zwischen Höhenverteilung und Krustendicke gilt das archimedische oder isostatische Prinzip: demnach ist der Auftrieb eines schwimmenden Körpers umso größer, je mehr Flüssigkeit er verdrängt. Deswegen ragt ein großer Eisberg wesentlich höher aus dem Wasser als ein kleiner, und daher ragen dicke Erdkrustenteile höher in den Himmel als dünne. Die „Flüssigkeit", auf der die Lithosphäre als ein Mosaik starrer Platten schwimmt, ist die zähflüssige Asthenosphäre.

Plattentektonik

Die Lithosphärenplatten sind relativ zueinander ständig in Bewegung. Die Platten können zerbrechen, auseinanderdriften, seitlich aneinander vorbeigleiten oder zusammenstoßen. Eine ziemlich komplizierte Angelegenheit also, bei der die Erdkruste deformiert wird, wobei eine Vielzahl von Strukturen entsteht. Die Lehre vom Aufbau der Erdkruste wird in der Geologie als Tektonik bezeichnet.

Die Bewegungen der Lithosphärenplatten werden durch die Hitze aus dem Erdkern in Gang gehalten, die vor allem aus dem Zerfall radioaktiver Elemente stammt. Der Wärmetransport aus dem Erdinneren erfolgt über aufsteigende Strömungen, durch welche die Lithosphärenplatten auseinandergeschoben werden. An diesen auseinanderstrebenden Plattengrenzen treten basaltische Laven in großer Menge am Meeresboden aus und bilden untermeerische Gebirgszüge. Mit einer Länge von 65.000 km ist dieses zusammenhängende System von mittelozeanischen Rücken das längste Gebirge der Erde, gegen das sich die Alpen winzig ausnehmen, die sich zwischen dem Ligurischen Meer und dem Wiener Becken auf einer Länge von „nur" 1.200 km erstrecken. An Stellen besonders hoher Lavaproduktion (z.B. in Island) ragen die höchsten Gipfel der mittelozeanischen Rücken über den Meeresspiegel.

Obwohl die Lithosphärenplatten entlang der mittelozeanischen Rücken ständig in die Breite wachsen, wird die Erde nicht größer. Es muss daher an anderen Stellen Lithosphäre vernichtet werden. Das geschieht entlang der sogenannten aktiven Kontinentalränder, wo schwere ozeanische Lithosphärenplatten unter leichtere kontinentale Platten abtauchen und im Erdmantel verschwinden. Dieses Abtauchen wird auch als Subduktion bezeichnet. Subduziert wird nur die ozeanische Kruste. Aus diesem Grund gibt es unter den heutigen Ozeanen keine Kruste, die älter als 200 Millionen Jahre ist. Die kontinentale Kruste besteht dagegen zum überwiegenden Teil aus Gesteinen, die zwischen einer und fast vier Milliarden Jahre alt sind.

Durch die Subduktion ozeanischer Lithosphäre können Ozeanbecken völlig eliminiert werden, sodass schließlich zwei Platten mit kontinentaler Lithosphäre zusammenstoßen. Kollisionen kontinentaler Lithosphärenplatten sind die eigentliche Geburtsstunde von Kettengebirgen wie den Alpen. Wie zwischen den Backen eines Schraubstocks werden in der Knautschzone zwischen den Platten die Gesteine gefaltet und als Decken übereinandergestapelt. Als Folge der Überschiebungen weist die kontinentale Kruste in Kollisionszonen eine viel größere Dicke auf als in anderen Gebieten. Diese Krustenverdickung führt zur isostatischen Hebung der Kollisionszonen, wodurch Gebirge wie die Alpen entstehen.

Das Hörnli (2.496 m) bei Arosa im Ostschweizer Kanton Graubünden ist ein einzeln stehender 50 m hoher Felsen, der zur Gänze aus 150 Millionen Jahre alter Kissenlava besteht. Diese entstand in der Jura-Zeit auf dem Boden des längst verschwundenen Penninischen Ozeans. Das Werden und Vergehen dieses Ozeanbeckens war der eigentliche Auslöser für die Entstehung des heutigen Hochgebirges der Alpen.

2. Teil

Das Höllengebirge in Oberösterreich besteht aus mitteltriassischem Wettersteinkalk, der ehemals der Boden eines seichten Tropenmeeres war. Die heutige Oberfläche des Gebirges ist ein Ergebnis späterer Erosion.

Präkambrium bis Trias

1.400–201 Millionen Jahre vor heute

Gleich zu Beginn ein Geständnis: Über die Verteilung der Ozeane und Kontinente in den ersten 4.000 Millionen Jahren der Erdgeschichte gibt es nur vage oder gar keine Vorstellungen. Daher wird auf diese „mystische Vorzeit", das Präkambrium, hier kaum weiter eingegangen. Absolute Altersbestimmungen haben zwar gezeigt, dass in den Ostalpen und ihrem Umland präkambrische Gesteine vorkommen, die bis zu 1.400 Millionen Jahre alt sind, ihre Herkunft und Entstehungsgeschichte liegen aber weitgehend im Dunkeln. Erst mit dem Phanerozoikum, das die letzten 540 Millionen Jahre und damit nur etwas mehr als ein Zehntel der gesamten Erdgeschichte umfasst, wird das Bild etwas klarer.

Das Phanerozoikum beginnt mit der ältesten Einheit des Paläozoikums, dem Kambrium. Damals lagen rund um den Südpol ausgedehnte Landgebiete des Großkontinents Gondwana, den man sich als riesige Sand- und Steinwüste vorstellen kann, da das Leben noch nicht das Festland erobert hatte. Außerdem waren, bedingt durch die Lage am Pol, große Teile Gondwanas von Gletschern bedeckt. Ein ödes, leeres, kaltes Land, von dessen Nordrand sich ein Teil ablöste, der sich als eigener kleiner Kontinent Avalonia auf die Reise nach Norden machte.

Zwischen Gondwana und Avalonia entstand der Rheische Ozean, der vor etwa 450 Millionen Jahren seine größte Breite erreichte, die etwa jener des heutigen Atlantiks entsprach. Damals beendete Avalonia seine große Reise, weil es mit dem Kleinkontinent Baltica zusammenstieß. Weitere Kontinentalblöcke gesellten sich hinzu und bildeten schließlich ab der frühen Silur-Zeit den großen Kontinent Laurussia. Im nördlichen Vorland der Ostalpen ist im westlichen Niederösterreich ein kleiner Teil der Böhmischen Masse, das Moravikum, ein winziger Rest dieses Kontinents.

Weitwanderer

Nach der Bildung Laurussias verschmälerte sich das Rheische Ozeanbecken allmählich, weil nun auch Gondwana und mehrere von ihm losgelöste Kleinkontinente nach Norden wanderten. Zu diesen wanderlustigen Erdkrustenteilen gehörten auch solche, die jetzt am Aufbau der Ostalpen und ihrer Umgebung maßgeblich beteiligt sind. Sie begannen ihre Wanderung auf einer geografischen Breite, die etwa jener der heutigen Südspitze Südamerikas entspricht. Die Reise dieser Gesteine dauerte rund 100 Millionen Jahre bis in die Karbon-Zeit und führte rund 4.000 Kilometer weit bis knapp südlich des Äquators. Dann war das Rheische Ozeanbecken verschwunden und Gondwana und Laurussia fingen an, sich zum neuen Superkontinent Pangäa zu vereinigen.

Beim Zusammenstoß von Gondwana und Laurussia wurden in der Kollisionszone große Erdkrustenteile als Decken übereinandergestapelt. Reste dieses Deckenbaus sind heute noch in der Böhmischen Masse in Niederösterreich erkennbar. Über das vorher erwähnte Moravikum wurde das viel stärker metamorphe Moldanubikum geschoben. Daher liegen jetzt Gesteine, die ehemals ganz weit unten in der Erdkruste steckten, auf solchen, die in viel geringerer Tiefe entstanden sind. Also genau umgekehrt wie es sein sollte und diese verkehrte Welt ist nur mit einem Deckenbau erklärbar, der das Unterste nach oben kehrte.

Zu den hochmetamorphen Gesteinen des Moldanubikums gehören die hellen, in erster Linie aus Quarz und Feldspat aufgebauten Granulite aus dem Dunkelsteiner Wald. Ihr Ausgangsmaterial, vermutlich Vulkangesteine oder Sedimente, wurde zunächst mehr als 50 km tief in die Erdkruste versenkt und dort bei sehr hohem Druck und hoher Temperatur metamorph. Später brachten sie tektonische Bewegungen wieder näher an die Erdoberfläche, wo sie von der Erosion freigelegt wurden.

Schloss Schönbühel im niederösterreichischen Donautal steht auf einem Granulitfelsen des Dunkelsteiner Walds.

Aus Feldspat und Quarz aufgebauter Granulit aus dem Dunkelsteiner Wald bei Göttweig.

Weinsberger Granit mit typischen großen Feldspatkristallen im Naarntal (Oberösterreich).

Alpines Recycling

Der Deckenstapel, der sich infolge des Zusammenpralls von Gondwana und Laurussia gebildet hatte, begann sich zu heben und bildete schließlich das Variszische Gebirge. Spuren dieses einstigen Hochgebirges lassen sich noch heute quer durch Europa über den Schwarzwald und das französische Zentralmassiv bis zur spanischen Meseta verfolgen. Aber auch alle in den Ostalpen vorkommenden Gesteine, die älter sind als 320 Millionen Jahre, waren schon am Aufbau des Variszischen Gebirges beteiligt und wurden ab der mittleren Kreide-Zeit für den Alpenbau recycelt. Neben stark metamorphen Gesteinen und Sedimentgesteinen gehören dazu auch zahlreiche Granite, die aus 800 °C heißen Gesteinsschmelzen entstanden, die von unten in den variszischen Deckenstapel eindrangen. Einige Kilometer tief in der Erdkruste kühlten diese Schmelzen langsam aus und verfestigten sich zu hartem Granit, der erst viel später durch die Verwitterung und Abtragung der darüberliegenden Gesteine an die Erdoberfläche gelangte.

Die größte dieser Intrusionen ereignete sich zwischen 330 und 320 Millionen Jahre vor heute, am Übergang von der frühen in die späte Karbon-Zeit. Durch die Abkühlung dieser Schmelze entstand der Weinsberger Granit, der heute im Wald- und Mühlviertel eine Fläche von rund 1.000 km^2 einnimmt. Der markante Weinsberger Granit mit seinen bis zu 10 cm langen Feldspatkristallen ist nur ein Beispiel für viele Granite aus der Karbon-Zeit im Mühl- und Waldviertel, zu denen auch feinkörnige Varietäten wie der Mauthausener und der Schremser Granit gehören. Granite des Variszischen Gebirges kommen auch in den Zentralalpen vor, wo sie durch spätere Metamorphose in den sogenannten Zentralgneis umgewandelt worden sind. Dieser baut berühmte Berge der Hohen Tauern auf wie den Hohen Sonnblick (3.106 m) oder den Großvenediger (3.662 m). Durch dieses alpine Recycling bauen Teile des ehemaligen Variszischen Gebirges einige der höchsten Gipfel der heutigen Ostalpen auf!

Am Weg von Zöbing (Niederösterreich) zur Kamptalwarte auf dem Heiligenstein findet man die 300 Millionen Jahre alten Zöbinger Schichten, die aus Abtragungsschutt des Variszischen Gebirges bestehen.

Berg, Land, Meer

Vor rund 300 Millionen Jahren, am Ende der späten Karbon-Zeit, war vom ehemaligen Variszischen Hochgebirge nur mehr ein Hügelland übrig. So gründlich arbeitet die Erosion! Zusätzliche Unterstützung bekam sie durch Bewegungen der Erdkruste, bei denen sich langgestreckte, aber nur wenige Kilometer breite Becken einsenkten. In diesen grabenartigen Senken sammelte sich der Abtragungsschutt der umgebenden Landschaft, der von Flüssen herangebracht und verteilt wurde. Zwischen den aktiven Fließrinnen, deren Verlauf sich häufig änderte, gab es in dieser Flusslandschaft Schwemmland, das nur bei Hochwasser überflutet wurde, und Altarme und Sümpfe mit einer reichen Vegetation. Deswegen schalten sich zwischen den von den Flüssen abgelagerten Schottern, Sanden und Tonen auch Kohlevorkommen ein wie jenes von Zöbing im niederösterreichischen Kamptal. Dort liegen ungefähr 1.000 m dicke Sedimentschichten aus der jüngsten Karbon- bis mittleren Perm-Zeit direkt auf stark metamorphen Gesteinen des Moldanubikums.

Die Überbleibsel des Variszischen Gebirges im heutigen Mühl- und Waldviertel befinden sich bereits im nördlichen Vorland der Ostalpen und waren von den bei der Bildung dieses Gebirges ablaufenden Vorgängen nur mehr randlich betroffen. Anders jene Teile des Variszischen Gebirges, die etwa weiter südlich lagen und noch in den ostalpinen Deckenbau miteinbezogen sind. Die Erdkruste in diesen Gebieten begann sich ab der Perm-Zeit stark abzusenken, sodass sie etwa ab Beginn der Trias-Zeit vor 250 Millionen Jahren unter dem Meeresspiegel lagen. Pro Jahrtausend senkte sich der Boden dieses seichten Schelfmeeres um wenige Zentimeter ab, doch gleichzeitig lagerte sich darauf eine Sedimentschicht ab, die diese Absenkung ausglich. Deshalb vertiefte sich das Meer nicht, sondern auf seinem Boden entstanden über 50 Millionen Jahre hinweg die bis zu 3.000 m dicken triassischen Kalk- und Dolomitablagerungen, die ungefähr ein Drittel der Oberfläche der heutigen Ostalpen aufbauen.

2•1 Präkambrium- bis frühe Karbon-Zeit

Frühes Leben

Die Frage, wann die ersten mehrzelligen Lebewesen auf der Erde erschienen sind, beschäftigte die Wissenschaft schon im 19. Jahrhundert intensiv, wie der Streit um das heftig diskutierte „Tier der Morgenröte" zeigt (s. S. 23), bei dem es sich dann doch nur um eine Gesteinsstruktur handelt. Eine ganz ähnliche Diskussion ist gegenwärtig um längliche und kreisrunde Formen („Gabonionta") entbrannt, die in 2.000 Millionen Jahre alten Gesteinen im zentralafrikanischen Gabun vorkommen. Auch hier ist umstritten, ob es sich tatsächlich um Überreste einstigen Lebens handelt.

Unbestritten ist, dass es bereits im ausgehenden Präkambrium mehrzellige Tiere gab, die seit ihrer ersten Entdeckung in Namibia und Australien in vielen Teilen der Erde gefunden wurden. Das älteste mit bloßem Auge sichtbare Fossil dieser Ediacara-Fauna ist etwa 580 Millionen Jahre alt. Ob diese Makrofossilien von Lebewesen stammen, die mit den heutigen Tierstämmen verwandt waren oder ob es sich um völlig andere Formen des Lebens handelte, also eine Art ersten Versuch, der sich nicht durchsetzen konnte, ist immer noch unklar.

Eine geradezu explosive Entwicklung des Lebens markiert den Beginn des Kambriums vor 540 Millionen Jahren. Diese „kambrische Explosion" geht auch auf das erstmalige Auftreten von Schalen und anderen Hartteilen zurück, die viel eher fossil erhalten bleiben als das Weichteilgewebe. Dennoch stammen die ältesten, sicher erkennbaren Makrofossilien der Ostalpen nicht aus dem Kambrium, sondern aus der mittleren Ordovizium-Zeit und sind etwa 450 Millionen Jahre alt. Mit 430 Millionen Jahren nur etwas jünger sind fossile Molluskenschalen aus dem Salzburger Ort Dienten. Mit diesen Fossilien konnte Franz Hauer 1847 erstmals in den Ostalpen Ablagerungen aus der Silur-Zeit nachweisen. Ganz in der Nähe, bei der Entachenalm in Maria Alm, entdeckte man später weitere interessante Fossilien, nämlich sogenannte Graptolithen.

Graptolithen aus der Silur-Zeit von der Entachenalm bei Hinterthal in der Gemeinde Maria Alm (Salzburg), Haus der Natur.

Erdgeschichte im Spiegel europäischer Geschichte

Joachim Barrande (1799–1883)

Dass Fossilien oder Mineralien zu Ehren verdienter Geologen benannt werden, ist nicht ungewöhnlich. Aber ganze Stadtviertel? Da gibt es meines Wissens nur einen einzigen Fall, und der ist umso interessanter, als der so Geehrte gar kein Bürger des betreffenden Landes war. Trotzdem erhielt im Jahr 1928 der Prager Stadtteil Barrandov seinen Namen nach dem französischen Geologen Joachim Barrande. Irgendeinem dahergelaufenen Fossilienklauber wäre wohl kaum eine solche Ehre widerfahren. Und noch etwas ist eigenartig: Wieso ist dieser Kerl ausgerechnet im kleinen niederösterreichischen Ort Lanzenkirchen begraben, ungefähr fünf Kilometer südlich von Wiener Neustadt? Und wieso sind auf diesem Dorffriedhof etliche französische Adelige bestattet?

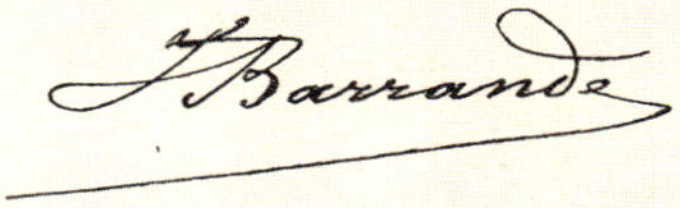

Antwort auf diese Fragen gibt das benachbarte Schloss Frohsdorf, wo von 1836 bis 1883 der Herzog von Chambord (1820–1883) residierte. Sein Großonkel, der französische König Ludwig XVI. war 1792 abgesetzt und 1793 geköpft worden. Darauf folgte die erste Republik und 1804 mit der Krönung Bonapartes zum Kaiser Napoléon das Erste Kaiserreich. Nach dem Sturz Napoleons übernahmen 1814 wieder die Bourbonenkönige das Ruder in Frankreich, aber nur bis zur Julirevolution von 1830, die sie endgültig aus dem Land fegte. Der letzte ihrer Könige war Charles X., ein Bruder von Ludwig XVI. und der Großvater des eigentlich als Thronfolger vorgesehenen Henri de Chambord.

Die Bourbonen zogen 1830 mit ihrem Hofstaat zunächst nach Schottland und von dort weiter in die Habsburger-Monarchie, nach Prag, wo sie 1832 ankamen. Mit in ihrem Tross war Joachim Barrande als Erzieher des Thronfolgers, dem er zeitlebens verbunden bleiben sollte. Trotzdem blieb Barrande in Prag zurück, als die Bourbonen 1836 nach Lanzenkirchen umzogen, wo Schloss Frohsdorf für fast 50 Jahre Sitz ihrer Exilregierung wurde.

Während seiner Studienzeit in Paris hatte Barrande sich mit den Werken Georges Cuviers beschäftigt. Es war daher eigentlich kein Wunder, dass in Prag sein Interesse für Fossilien neu erwachte, da er sie in großen Mengen in der Umgebung der Stadt sammeln konnte. So wurde er zum Pionier der Erforschung der Fauna des Prager Paläozoikums. In diesen zwischen 520–380 Millionen Jahre alten Ablagerungen entdeckte und benannte Barrande an die 4.000 fossile Tierarten und brachte sie in eine stratigrafische Ordnung. Die Dokumentation dieser gewaltigen Arbeit erfolgte auf den fast 7.000 Seiten eines 22-bändigen Werks („Système silurien du centre de la Bohême"). Der riesige Umfang dieser Monografie macht sie bis heute zu einer der größten wissenschaftlichen Leistungen, die je im Alleingang geschaffen wurden. Noch erstaunlicher wird dieses einzigartige Werk, wenn man bedenkt, dass Barrande schon mehr als 50 Jahre alt war, als der erste Band erschien!

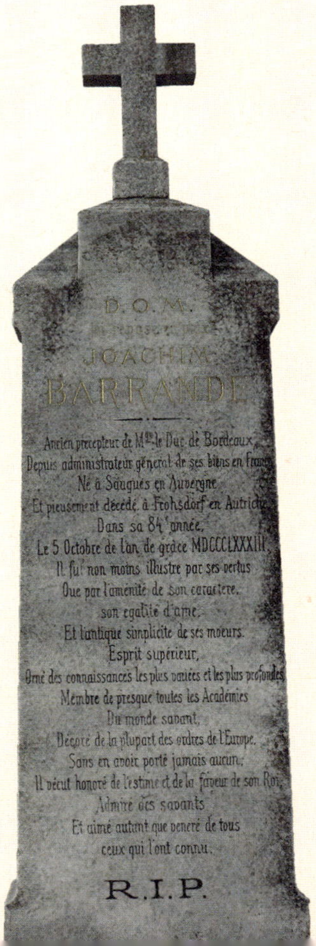

Die Herausgabe dieses Mammutwerks war nur dank der finanziellen Unterstützung durch den Herzog von Chambord möglich. Als der Herzog 1883 schwer erkrankte, reiste Barrande auf Besuch zu seinem treuen Freund. Gleich nach dessen Tod erkrankte auch Barrande, starb auf Schloss Frohsdorf und wurde in Lanzenkirchen bestattet. Sein Grab wird bis heute von der Österreichischen Geologischen Gesellschaft erhalten und anlässlich seines 200. Geburtstages zuletzt restauriert. Bei diesem Anlass waren nicht nur die österreichischen Geologen vertreten, sondern auch hochrangige Delegationen aus Frankreich und der Tschechischen Republik waren angereist, um dieses herausragenden Forschers zu gedenken.

Die Aussicht von der Pronebenalm (1.274 m) reicht von den „Grasbergen" der Grauwackenzone bis zu den „Steinbergen" der Nördlichen Kalkalpen, die hier aus den Trias-Kalken des Hochkönigs (2.941 m) bestehen. Schon im 2. Jahrtausend vor unserer Zeitrechnung bauten die Kelten in den paläozoischen Sedimentgesteinen rund um den Salzburger Ort Mühlbach Kupfererz ab.

Dieser bronzezeitliche Bergbau geriet in Vergessenheit und erst im 19. Jahrhundert wurden die Kupferlagerstätten neu entdeckt und bis zum Jahr 1977 ausgebeutet. Vermutlich öffneten sich schon bei der Variszischen Gebirgsbildung in den Sedimentgesteinen aus der Silur-Zeit lange Bruchspalten, in denen sich aus heißen Lösungen das Erz absetzte.

Graptolithen gehörten rund 80 Millionen Jahre lang, von der späten Kambrium- bis in die frühe Devon-Zeit, zu den artenreichsten Meeresorganismen. Da viele ihrer Arten nur für kurze Zeit auf der Erde lebten, – manche von ihnen waren schon nach einer Jahrmillion wieder Geschichte, – lassen sich mit ihnen paläozoische Gesteine hervorragend in Abschnitte untergliedern, die jeweils unterschiedliche, zeitlich aufeinander folgende Graptolithen enthalten.

Am besten konserviert sind die zarten Überreste von Graptolithen in feinkörnigen Gesteinen, deren Schichtflächen sie wie fein gestrichelte Zeichen bedecken. Sie wirken wie geheimnisvolle Botschaften einer längst vergangenen Welt. Daher auch ihr aus dem Griechischen hergeleiteter Name, der übersetzt *Schriftstein* bedeutet. Tatsächlich sind die Graptolithen Überreste von koloniebildenden Tieren, von denen jedes in einer eigenen becherförmigen Wohnröhre lebte. Diese bestand aus einer Substanz, die dem Keratin ähnlich war, aus dem unsere Haare und Nägel bestehen. Die Wohnröhren waren zu Kolonien verbunden, die wie kleine Laubsägeblätter aussahen und manchmal spiralig eingedreht waren. Abgesehen von einigen wenigen festsitzenden Arten trieben die Graptolithen in großer Zahl in den Meeresströmungen, die für ihre weltweite Verbreitung sorgten.

Dienten und Maria Alm liegen in der Grauwackenzone, deren paläozoische Gesteine den ursprünglichen Untergrund der Nördlichen Kalkalpen bildeten. Durch die Deckenbewegungen bei der Entstehung der Alpen liegt die Grauwackenzone heute südlich der Kalkalpen und da sie im Gegensatz zu diesen vorwiegend aus leichter verwitterbaren Gesteinen aufgebaut ist, sind ihre Geländeformen weniger schroff und stärker bewachsen. In Tirol und Salzburg nennt man diese Erhebungen daher „Grasberge“, um sie von den benachbarten „Steinbergen“ der Nördlichen Kalkalpen zu unterscheiden. Besonders eindrücklich zeigt sich der Unterschied zwischen Gras- und Steinbergen am Südrand der Salzburger Kalkalpen.

Auf 40 Etagen wird am Erzberg bei Eisenerz (Steiermark) das Eisenerz Siderit abgebaut. Der Blick vom Polstergipfel nach Westen zeigt die riesigen Dimensionen des Bergbaus, hinter dem die Nördlichen Kalkalpen in die Höhe ragen.

Paläozoische Schätze

Auch wenn paläozoische Kalk- und Dolomitgesteine in den Grasbergen der Grauwackenzone viel weniger markant in Erscheinung treten als in den Nördlichen Kalkalpen, so haben sie doch erhebliche wirtschaftliche Bedeutung: Karbonatgesteine aus der Devon- und frühen Karbon-Zeit enthalten die größten ostalpinen Eisen- und Magnesiumlagerstätten. Die weltweit bedeutendste Lagerstätte der Eisenkarbonate Siderit und Ankerit ist der steirische Erzberg (1.465 m), wo aktuell jedes Jahr etwa 3 Millionen Tonnen Erz mit einem durchschnittlichen Gehalt von etwas mehr als 30 % Eisen abgebaut werden. Ungefähr ein Sechstel des für die heimische Stahlproduktion benötigten Eisens kommt derzeit vom Erzberg. Das vor allem für Feuerfestprodukte gebrauchte Magnesiumkarbonat Magnesit wird in einigen steirischen Bergwerken und in Hochfilzen in Tirol gewonnen. Wie das „Österreichische Montanhandbuch 2022“ stolz zu berichten weiß, liegen die ostalpinen Magnesitbergwerke mit der Gewinnung von jährlich mehr als 800.000 t Magnesit an der 5. Stelle der weltweiten Produzenten.

Für die Entstehung dieser Eisen- und Magnesit-Lagerstätten gibt es zwei verschiedene Theorien. Die eine geht von einer Bildung der Erzanreicherungen bei oder knapp nach der Ablagerung der Sedimente aus, die andere von einer viel späteren Umwandlung des ursprünglichen Kalkgesteins durch heiße wässerige Lösungen, die in das Gestein eindrangen. In jedem Fall fand die Erzanreicherung in den im ostalpinen Paläozoikum reichlich vorkommenden Kalk- und Dolomitgesteinen statt, die in der Devon- und frühen Karbon-Zeit auf dem Boden eines tropischen

Schelfmeeres entstanden waren. Dieses umspülte die Ränder eines kleinen Kontinents, der einst am Südpol seine Reise begonnen hatte und sich nun rund 2.000 km südlich des Äquators befand, ungefähr auf der gleichen geografischen Breite wie das heutige Madagaskar.

In den Ostalpen wurden die ersten Fossilien aus der Devon-Zeit in Graz und Umgebung gefunden, wo paläozoische Karbonatgesteine häufig vorkommen. Wer in Graz vom Schlossbergplatz über den stufenreichen Kriegssteig hinauf zum Uhrturm steigt, kann in den Verschnaufpausen das graue devonische Dolomitgestein betrachten und darin mit etwas Glück und scharfem Blick sogar die verschwommenen Querschnitte von Korallen entdecken.

Die landschaftlich eindrucksvollsten Vorkommen von paläozoischen Seichtwasserkalken liegen schon außerhalb der Ostalpen und werden daher nur mit einem Foto am Beginn des Buches gewürdigt. Es sind die schroffen Berge des entlang der italienisch-österreichischen Grenze verlaufenden Gebirgszuges der Karnischen Alpen, die schon zu den Südalpen gehören.

Bärige Fossilsuche in Nötsch

Wie Muscheln haben auch Brachiopoden eine zweiklappige Schale. Aber das ist auch schon die einzige Gemeinsamkeit, denn sonst unterscheiden sich die Anatomien dieser beiden Tiergruppen ganz erheblich. Nicht nur, dass bei den Brachiopoden eine der beiden Klappen ein Loch hat, durch das ein fleischiger Stiel austritt, mit dem die Tiere auf dem Meeresboden verankert sind. Das wichtigste Merkmal der Brachiopoden oder Armfüßer sind tentakelbesetzte armartige Organe. Durch die Bewegung der Tentakel entsteht eine Wasserströmung, mit der Nahrungspartikel, in erster Linie winzige Algen, zum Mund geleitet werden.

Muscheln leben auch im Süßwasser, beim Fund eines Brachiopoden kann man dagegen sicher sein, dass es sich bei den Fundschichten um Meeresablagerungen handelt. In den jetzigen Meeren kommen Brachiopoden viel seltener vor als Muscheln, im Paläozoikum war es genau umgekehrt. Die meisten der etwa 30.000 fossilen Arten sind aus dem Paläozoikum bekannt, darunter auch *Gigantoproductus giganteus,* mit Schalendurchmessern von bis zu 30 cm der größte Brachiopode der Erdgeschichte. Diese Art war besonders häufig in der frühen Karbon-Zeit und ist in den Ostalpen aus den Ablagerungen von Nötsch im Kärntner Gailtal bekannt. Ungefähr 15 km westlich von Villach sind dort die fossilreichsten Meeresablagerungen des ostalpinen Karbons erhalten geblieben. Die Variszische Gebirgsbildung setzte vor etwa 320 Millionen Jahren der Ablagerung dieser

Der Blick vom Dobratsch nach Westen zeigt den Jakomini-Steinbruch bei Nötsch in Kärnten. Von dort stammen die faustgroßen Exemplare von *Gigantoproductus giganteus.*

Sedimente ein Ende, die deformiert und schließlich über den Meeresspiegel gehoben wurden.

Im großen Jakomini-Steinbruch zwischen Nötsch und Bleiberg-Kreuth werden die Schichten aus der Karbon-Zeit abgebaut und zu Gleisschotter und Straßensplitt zerkleinert. In den an den Steinbruch angrenzenden Wäldern gibt es entlang den Forststraßen einige Fossilfundpunkte, jedoch lenken dort gelbe Warnschilder mit der Aufschrift „Bärengebiet" die Aufmerksamkeit des Fossiliensammlers stark ab. Die Begegnung mit einem der hier lebenden Braunbären wird als einzigartiges Naturerlebnis angepriesen. Ohne undankbar oder ignorant scheinen zu wollen: statt auf einen wildlebenden Bären würde ich auf meinem Waldspaziergang lieber auf einen Brachiopoden treffen, auch wenn der schon 330 Millionen Jahre tot ist. Doch dann waren sie nicht zu übersehen, die frischen Abdrücke schrecklich großer Tatzen auf einem Schneefleck, der noch vom letzten Winter übrig war. Ohne Zweifel: Die Fossilsuche bei Nötsch ist ein bäriges Abenteuer!

Über den Granit

Um keine Fachidioten zu erzeugen, gehörten früher an den österreichischen Universitäten die naturwissenschaftlichen Institute zu den philosophischen Fakultäten. Auch für den erfolgreichen Abschluss eines Geologiestudiums mussten mehrere Vorlesungen und Seminare in Philosophie belegt und vor der Promotion zwei umfangreiche Prüfungen in diesem Fach bestanden werden. Erst dann durfte man sich Doktor der Philosophie nennen. Das entsprach einer langen österreichischen Tradition. Nobelpreisverdächtige Naturwissenschaftler wie die Physiker Ludwig Boltzmann (1844–1906) oder Ernst Mach (1838–1916) lehrten selbst Naturphilosophie an der Wiener Universität. Und auch einer unserer Philosophieprofessoren in Salzburg, Joseph Meurers (1909–1987), war Astrophysiker und Direktor der Wiener Sternwarte. Unter anderem hörte ich bei ihm die Vorlesung „Die Faust-Dichtung im abendländischen Denken", womit wir bei Johann Wolfgang von Goethe und dem Granit sind und einem erbitterten Streit, der die Wissenschaft lange in Atem hielt.

Im 2. Teil des „Faust" kommen in einer Szene der Walpurgisnacht, die auf dem Brocken spielt, einem Granitberg (!) des sächsischen Harzgebirges, die griechischen Naturphilosophen Anaxagoras und Thales zu Wort. Sie stehen hier stellvertretend für die Neptunisten und Plutonisten, deren unterschiedliche Ansichten über die Entstehung von Gesteinen am Beginn des 19. Jahrhunderts heftig aufeinanderprallten. Goethe gehörte zu den Neptunisten, den „Wassersüchtigen", die glaubten, dass Granit und alle anderen Gesteine Ablagerungen des Meeres wären. Heftig bekämpft wurde diese Meinung von den Plutonisten, den „Feueranbetern", die alle Gesteine auf magmatische Entstehung zurückführten, also auf durch Abkühlung erstarrte Gesteinsschmelzen. Diese scheinbar unversöhnlichen, strikten Vorstellungen, die damals die Gemüter bewegten, haben sich später relativiert, weil erkannt wurde, dass es sowohl Sedimentgesteine als auch magmatische Gesteine gibt.

Im Falle des Granits irrte Goethe, denn heute besteht kein Zweifel mehr, dass er aus Gesteinsschmelzen entsteht, die einige Kilometer tief in der Erdkruste erstarren. Das dauert einige Jahrmillionen und bei dieser langsamen Abkühlung bilden sich aus der Schmelze die für den Granit typischen Minerale Feldspat, Quarz und Glimmer, deren Kristalle zu einem körnigen Gefüge zusammenwachsen. Granit ist also mineralogisch nicht besonders kompliziert aufgebaut, allerdings schwanken die Anteile der beteiligten Minerale beträchtlich. So kann beispielsweise der Quarzgehalt von Graniten zwischen 20 % und 60 % betragen.

Zu den variszischen Graniten gehört auch der graue Eisgarner Granit, der zwischen Schrems und Gmünd im Waldviertel in mehreren Steinbrüchen abgebaut wird.

Ein weiterer Irrtum Goethes war die Vorstellung, Granit wäre das älteste Gestein überhaupt, das Urgestein oder „uranfängliche Gebirge", die „Grundfeste unserer Erde". Diese 1784 in der Studie „Über den Granit" veröffentlichte Meinung Goethes wurde bereits ein Jahr später durch die Beobachtungen des Engländers James Hutton (1726–1797) widerlegt. Sein Biograph John Playfair berichtet über eine Reise nach Schottland, auf der Hutton rötliche Granitgänge fand, die quer durch schwarze Sedimentgesteine verliefen und daher jünger sein mussten als diese Gesteine.

Heute wissen wir, insbesondere durch die Ergebnisse der absoluten Altersdatierung, dass sich Granit zu allen Zeiten der Erdgeschichte gebildet hat und nicht nur an deren Beginn. Granit ist der Hauptbestandteil der Erdkruste der Kontinente. Der Höhepunkt der Granitbildung im Variszischen Gebirge fand zwischen 350 und 310 Millionen Jahren vor heute innerhalb der Karbon-Zeit statt. Viele der granitischen Gesteine des Mühl- und Waldviertels entstanden damals, aber auch die Granite der Hohen Tauern, die durch eine spätere Metamorphose bei der Gebirgsbildung der Ostalpen in Gneise umgewandelt wurden.

Obwohl Granit ein Allerweltsgestein ist, sind manche seiner Erscheinungsformen noch rätselhaft. Dazu zählen die überaus seltenen Kugelgranite (Orbiculite), die im Mühl- und Waldviertel an wenigen eng begrenzten Stellen im Weinsberger Granit vorkommen. Zwar entstanden auch diese Kugelgranite durch die Abkühlung einer Schmelze und haben die gleiche Mineralzusammensetzung wie andere Granite, doch zeigen sie ein Gefüge mit bis zu faustgroßen Kugeln, die in einer Grundmasse eingebettet sind. Die Kugeln besitzen als Kern meist einen Feldspatkristall, der von konzentrischen Lagen umgeben wird. Welche speziellen Bedingungen herrschen müssen, damit sich bei der Abkühlung der granitischen Schmelze Kugeln bilden, entzieht sich unserer Kenntnis. Bei der Lösung dieses Rätsels beißt die Wissenschaft noch auf Granit.

Der 325 Millionen Jahre alte Kugelgranit (Orbiculit) aus Groß Gerungs im Waldviertel (Niederösterreich) ist eine spezielle Entwicklung des Weinsberger Granits.

Die Anstalt und der Exhibitionist

Eine zusammenfassende Darstellung über das Paläozoikum in Österreich verfasste Hans-Peter Schönlaub, später sogar Direktor der Geologischen Bundesanstalt in Wien. Als solcher schrieb er sich vor allem die Öffentlichkeitsarbeit auf die Fahnen, dennoch geschah der bemerkenswerteste öffentliche Auftritt in dieser Zeit ohne Zutun des Leiters der Anstalt.

Der 12. Februar 2002 war nicht nur ein Faschingsdienstag, sondern auch mein Geburtstag, weswegen in meiner Wohnung eine kleine Party stattfand. Das Abendessen war fertig und alle Gäste da, nur unsere Kollegin Susanne verspätete sich. Dafür hatten wir volles Verständnis, denn schließlich sollte sie direkt nach unserer Feier noch in derselben Nacht nach Fidschi abreisen, um eine Stelle an der „University of the South Pacific" in Suva anzutreten. Kein Wunder also, dass sie noch viel zu erledigen hatte.

Als Susanne schließlich doch eintraf, berichtete sie Unglaubliches. Gerade als sie mit ihren großen Koffern die Anstalt verlassen wollte, wäre sie am Eingangstor von zwei Polizisten aufgehalten worden. Wer sie sei und was sie hier mache? Sie habe hier gearbeitet und mache sich nun auf den Weg zu den Fidschi-Inseln. Die Polizisten hätten ungläubig geschaut und dann erklärt, sie müssten ins Haus, weil eine Anzeige wegen eines Exhibitionisten vorliege, der sich auf dem Dach herumtreibe. Selbstverständlich gewährte die eilige Susanne der Polizei Zutritt und sputete sich dann, zu unserer Party zu kommen.

Guter Witz! Natürlich glaubten wir Susanne kein Wort, aber die Geschichte war lustig und entschädigte uns fürs Warten. Außerdem bewunderten wir Susannes Fantasie: Ein Exhibitionist auf dem Dach der ehrwürdigen Anstalt! So etwas Verrücktes muss einem erst einmal einfallen. Hihi! Haha! Erst am nächsten Tag – Susanne saß schon im Flugzeug – stellte sich heraus, dass es den Zwischenfall wirklich gegeben hatte. Nur dass die Polizisten, nachdem sie zuvor in den Räumen des Palais mehrere feucht-fröhliche Faschingsrunden gesprengt hatten, den einsamen Exhibitionisten nicht auf dem Dach aufspürten, sondern in der alten Bibliothek des Fürsten Rasumofsky.

Hier ist ein kurzer Einschub nötig, betreffend das Gebäude, in dem die Anstalt damals residierte. Dieser affektierte Begriff ist hier angemessen, denn weltweit war kein anderer geologischer Staatsdienst in einem ähnlich vornehmen Gebäude untergebracht. Das Palais Rasumofsky hatte der russische Gesandte Andrej Kyrillovic Rasumofsky (1752–1836) Anfang des 19. Jahrhunderts als Privatresidenz erbauen lassen, die auch seine Bibliothek und die berühmte Kunstsammlung beherbergte. Rasumofsky war ein wichtiger Mäzen für viele bedeutende Künstler, darunter Ludwig van Beethoven, der im Palais einige Zeit arbeitete und dort mehrere seiner Kompositionen zur Uraufführung brachte. Nach Waterloo spielte der Fürst, ein erklärter Gegner Napoleons, eine wichtige Rolle beim Wiener Kongress. Für die daran teilnehmende Hocharistokratie veranstaltete er in den Prunksälen des Palais glanzvolle Feste.

Bald nach dem Tod Rasumofskys wurde das Palais an Fürst Alois II. von Liechtenstein verkauft, der seinen eigenen Palast in der Innenstadt gerade umbauen ließ und daher eine repräsentative Notunterkunft brauchte. Nach etwa einem Jahrzehnt zog der Fürst wieder um und vermietete das Palais Rasumofsky im Jahr 1851 an den österreichischen Staat, der hier die knapp zuvor neu gegründete kaiserliche Geologische Reichsanstalt einquartierte. Der Standort war als Übergangslösung gedacht, aber in Österreich haben Provisorien oft lange Bestand. Mit dem Kauf des Palais durch den Staat im Jahr 1873 wurde das Provisorium zum Definitivum, das bis zum Jahr 2000 hielt. Dann verscherbelte der Staat Österreich dieses einmalige Kulturgut um einen Spottpreis an private Investoren. Die Geologische Bundesanstalt übersiedelte 2005 aus dem Palais in einen gallegrünen Neubau mit undichtem Dach. Es sorgte für gehörigen Spott, dass der Dachschaden ausgerechnet die Direktion betraf, doch Ironie allein konnte den Niedergang nicht bremsen. Im Jänner 2023 verlor die einst ruhmreiche Anstalt ihre Eigenständigkeit und wurde Teil der „Geosphere Austria".

Nun aber zurück ins wunderschöne Palais und die prächtige fürstliche Bibliothek mit ihrem edlen Parkett und den Bücherschränken aus Kirschholz. In diesem vornehmen Ambiente vergnügte sich hinter riesigen Fenstern und vom Licht der Kronleuchter hell bestrahlt der Exhibitionist, der angeblich nur mit einer schwarzen Maske bekleidet war. Wie auch immer, jedenfalls waren seine Darbietungen für die Bewohner der gegenüberliegenden Häuser schockierend genug, um die Polizei zu verständigen. Bei deren Eintreffen hatte er allerdings seine gewagte Vorführung schon zu einem befriedigenden Abschluss gebracht und saß wieder sittsam hinter seinem Schreibtisch. Der bis zu seinem Auftritt unauffällige Mitarbeiter kündigte bald darauf seine Stelle an der Anstalt. Susanne blieb über ein Jahrzehnt auf den Fidschi-Inseln.

Es war übrigens nicht das erste Mal, dass die Anstalt ins Visier der Nachbarn geriet. Ein prominenter Anwohner war der Schriftsteller Robert Musil (1880–1942), der, bevor er vor den Nazis in die Schweiz fliehen musste, gegenüber dem Palais gewohnt hatte. In seinem „Nachlass zu Lebzeiten" berichtet er in der Prosaskizze „Triëdere" über seine Verwunderung darüber, dass schon lange vor Ende der Amtsstunden des staatlichen Instituts dort weit und breit kein Beamter mehr zu erblicken war. Schade, dass Musil mit seinem Fernrohr nicht Zeuge des exhibitionistischen Vorfalls wurde, der dann vielleicht sogar Eingang in die Weltliteratur gefunden hätte.

Das Palais Rasumofsky beherbergte von 1851 bis 2005 die Geologische Reichs- bzw. Bundesanstalt. Skizze von Rudolf von Alt (Wien-Museum, Inv. Nr. HMW 63421).

2•2 Späte Karbon- bis Trias-Zeit

Das Variszische Gebirge war die Naht, an der die vorherigen Einzelkontinente Gondwana im Süden und Laurussia im Norden seit der mittleren Karbon-Zeit zusammengeschweißt waren. Etwas später, in der Perm-Zeit, dockte im Osten noch Sibirien an, und an dieser Nahtstelle entwickelte sich das Ural-Gebirge. Damit war der neue Superkontinent Pangäa geboren, der alle Kontinente, die wir heute kennen – Afrika, Nord- und Südamerika, die Antarktis, Australien, Asien und Europa – in sich vereinte.

Pangäa erstreckte sich vom Nordpol bis zum Südpol und wurde vom Panthalassa-Ozean umgeben. Dieser bildete an der Ostseite des Superkontinents auf Höhe des Äquators eine riesige Einbuchtung. Die Ablagerungen dieses Meeres lassen sich von der indonesischen Insel Timor zehntausend Kilometer weit nach Westen bis zur Iberischen Halbinsel verfolgen. Das Gebiet der künftigen Ostalpen lag am Nordwestrand dieses gewaltigen Meeres. Und es waren Wiener Geologen, die erstmals die wahre Ausdehnung dieses Ozeans, der Tethys, erkannten, weil sie in diesem riesigen Gebiet immer wieder auf die gleichen Fossilien und Gesteine stießen.

Wüste Küste

Wie alle Gebirge war auch das Variszische Gebirge von Abtragung und Umlagerung des durch Verwitterung gelockerten Gesteins betroffen. Bereits etwa 15 Millionen Jahre nach Ende der Gebirgsbildung war in der späten Karbon-Zeit das Gebirge schon wieder weitgehend abgetragen, und in den Tälern und Senken begann neuerlich die Sedimentation. Diese jüngeren Sedimente wurden auf Gesteinen abgelagert, die bei der variszischen Gebirgsbildung deformiert und metamorph geworden waren.

Vor rund 250 Millionen Jahren, am Beginn der Trias-Zeit, lag das Gebiet der künftigen Ostalpen knapp nördlich des Äquators in einem seichten Meeresgebiet am Nordwestrand des Tethys-Ozeans (nach R. Blakey, deeptimemaps.com).

Die ostalpinen Gesteine der späten Karbon- bis mittleren Perm-Zeit entstanden auf einem Festland, dessen Klima zunehmend trockener und heißer wurde. Ab der späten Perm-Zeit begann das Meer den Südrand dieses wüstenhaften Landes allmählich zu überfluten. Zunächst drang das Meer nur zeitweise in flache Becken entlang der Tethys-Küste ein. Im heißen Klima verdunstete das Meerwasser und hinterließ Ausfällungen von Gips und Salz, die Verdunstungsgesteine oder Evaporite genannt werden. Das Wechselspiel von Überflutung und Verdunstung dauerte rund 10 Millionen Jahre an, von der späten Perm- bis in die frühe Trias-Zeit, und war der Ausgangspunkt für die Entstehung der ostalpinen Salz- und Gipsvorkommen, die vor allem in den Nördlichen Kalkalpen, aber auch im schweizerischen Helvetikum auftreten.

Tropische Lagunen

Die seichten Meeresbecken wären im Nullkommanichts völlig mit Sediment aufgefüllt und zum Festland geworden, hätte sich nicht ihr Untergrund ständig abgesenkt. Sedimentation und Absenkung hielten sich etwa die Waage, und so konnten über Jahrmillionen hinweg immer neue Salz- und Gipsschichten abgelagert werden. Im Lauf der Trias-Zeit verstärkte sich die Absenkung der Erdkruste entlang der Tethys-Küste, sodass sich schließlich über den vorherigen Salzbecken eine flache Meereslagune mit einem ausgedehnten Gezeitenbereich bildete. Ab der mittleren Trias-Zeit lagerte sich auf dem Boden dieses flachen Meeres hauptsächlich Kalkschlamm (Kalziumkarbonat) ab, der im Gezeitenbereich durch chemische Vorgänge oft in Dolomit (Kalzium-Magnesium-Karbonat) umgewandelt wurde.

Gegen das offene Meer hin war die Lagune von einem Riffgürtel gesäumt. Am Aufbau dieser Korallenriffe waren in der Mitteltrias-Zeit erstmals in der Erdgeschichte Steinkorallen maßgeblich beteiligt, die seit damals die wichtigsten Riffbilder geblieben sind. Eine Vorstellung des seichten Meeres, das in der Trias-Zeit Gebiete der künftigen Ostalpen bedeckte, geben gegenwärtig die Meeresgebiete vor der Ostküste Australiens oder vor der Küste Neukaledoniens.

Pro Jahrtausend senkte sich in der Trias-Zeit die Erdkruste am Westrand der Tethys um rund 10 cm ab und es bildete sich eine Kalk- oder Dolomitschicht von ungefähr gleicher Dicke. Innerhalb der zwanzig Millionen Jahre dauernden späten Trias-Zeit entstanden so Kalk- und Dolomitschichten mit der erstaunlichen Mächtigkeit von rund 2.000 m. Diese Karbonatgesteine bilden in den heutigen Ostalpen die Hauptmasse der Gesteine der Nördlichen Kalkalpen und des Drauzugs und bauen in den Südalpen die Dolomiten auf.

Das Meer vor der heutigen Südwestküste von Neukaledonien ist ein Miniaturmodell für den Ablagerungsraum der obertriassischen Gesteine der Ostalpen. An das Festland schließen ein Gezeitenbereich und eine seichte Lagune an, die durch ein Korallenriff weitgehend vom tieferen Meer abgetrennt sind.

Die häufigsten Fossilien von Schuppen- und Siegelbäumen aus der späten Karbon-Zeit sind Abdrücke der Stammoberfläche, wie hier von der Turracher Höhe (Steiermark). Sie zeigen rautenförmige Blattnarben, die nach dem Abfallen der Blätter auf dem Stamm zurückblieben. Bei den Schuppenbäumen (links) erinnern diese Blattnarben an Fischschuppen, daher der Name. Schuppen- und Siegelbäume gehörten zu den Bärlappgewächsen (Lycopsiden), die sich mit Sporen ausbreiteten. Sammlung des Stiftes St. Peter (Salzburg).

Späte Karbon- und Perm-Zeit

Seltsame Wälder

Vor 300 Millionen Jahren, in der späten Karbon-Zeit, waren die großen Landgebiete im Umkreis des Südpols weitflächig vergletschert. Trotz des kühlen globalen Klimas wuchsen rund um den Äquator und in den anschließenden gemäßigten Breiten die ersten großen Wälder der Erdgeschichte. Sie bestanden aus Bäumen, die völlig anders aussahen als jene, die wir heute kennen: bis zu 20 m hohe, mit den Farnen verwandte Schachtelhalme und doppelt so hohe Schuppen- und Siegelbäume waren die vorherrschenden Baumtypen. Anders als die Nadelbäume, von denen es damals nur wenige urtümliche Vertreter gab, und die Laubbäume, die erst viel später in der Erdgeschichte erschienen, gehörten die Schuppen- und Siegelbäume nicht zu den

Neuropteris sp. von der Stangalpe (Steiermark) sind die Blätter von Farnsamern. Diese waren neben den Nadelbäumen in der späten Karbon-Zeit die ersten Samenpflanzen der Erdgeschichte. Haus der Natur (Salzburg).

Samenpflanzen, sondern zu den Bärlappgewächsen (Lycopsiden), die sich mit Sporen ausbreiteten. Die bis zu 2 m dicken Baumstämme bestanden aus Holz. Was denn sonst, werden jetzt manche denken. Doch Holz war eine großartige neue Innovation der Natur, ein völlig neuer Baustoff, der das Höhenwachstum der Bäume erst möglich machte.

Die karbonzeitlichen Sumpfwälder bildeten die Grundlage für die Entstehung eines großen Teils der weltweiten Steinkohlevorkommen. Vermutlich spielte dabei aber nicht nur das üppige Pflanzenwachstum eine Rolle, sondern auch hervorragende Erhaltungsbedingungen für das neue Material Holz. Dieses verdankt seine Härte und Stabilität dem Stoff Lignin, der nur von Weißfäulepilzen zersetzt werden kann. Vermutlich gab es diese Pilze in der Karbon-Zeit noch nicht, sondern sie entstanden erst in der weiteren Evolutionsgeschichte des Lebens. Dimitrios Floudas und sein Team vermuten als wichtigste Ursache für die Bildung der riesigen Steinkohlevorkommen der Karbon-Zeit, dass Totholz damals nicht verrottete, weil es noch keine Spezialisten gab, die Holz zersetzen konnten.

Pflanzenfossilien

In den Ostalpen wurden Pflanzen und Kohlen aus der späten Karbon-Zeit an mehreren Stellen gefunden und manchmal auch bergmännisch abgebaut, beispielsweise rund um den Königsstuhl (2.336 m) im Grenzbereich der heutigen Bundesländer Salzburg, Kärnten und Steiermark. Aus den Bergwerken bei der Stangalpe und auf der Turracher Höhe stammen Pflanzenfossilien wie die verholzten Stämme von Schuppen- und Siegelbäumen, die gemeinsam mit riesigen Schachtelhalmen in Sumpfwäldern wuchsen. Auf benachbarten trockeneren Standorten fühlten sich dagegen die bis zu 7 m hohen Farnsamer oder Samenfarne wohl, eine heute längst ausgestorbene Gruppe der Samenpflanzen, die eine Krone aus bis zu 5 m langen gefiederten Blattwedeln besaßen.

Etwas jünger als diese Vorkommen sind die Pflanzenfossilien aus der frühen Perm-Zeit, die in den Gailtaler Alpen nördlich von Kötschach-Mauthen in Kärnten entdeckt wurden. Darunter das größte bisher in den Ostalpen gefundene Pflanzenfossil, ein fast 9 m langer Stamm eines Nadelbaums, eines sogenannten Cordaiten, der als Naturdenkmal oberhalb des Turbinenhauses des Kraftwerks Laas besichtigt werden kann. Er ist einer von mehreren Baumstämmen und Pflanzenabdrücken, die darauf hinweisen, dass das Klima vor 280 Millionen Jahren hier noch feucht genug war für das Überleben einer spärlichen Vegetation mit einzelnen bis zu 30 m hohen Nadelbäumen. Deren Stämme liegen heute kreuz und quer im Sandsteinfels, Karl Krainer von der Universität Innsbruck zufolge ein Hinweis auf Starkregen, deren Wassermassen die Stämme mitrissen, ablagerten und schnell in Sand eingebetteten. Das waren am Südrand Pangäas nicht die einzigen Naturkatastrophen in der frühen Perm-Zeit, vielmehr gab es zwischen 285 und 275 Millionen Jahre vor heute auch heftigen explosiven Vulkanismus, der in Südtirol den bräunlichen Bozener Quarzporphyr hinterlassen hat. Die heftigen Ausbrüche haben damals sicher auch das unmittelbar

Das größte Fossil der Ostalpen ist der fast 9 m lange Stamm eines urtümlichen Nadelbaums aus der frühen Perm-Zeit beim Kraftwerk Laas (Kärnten). Foto: Wiki commons (Raul de Chissota, ID He04)

Im Jahr 1872 bestimmte das Kaiserhaus den Geologen Ferdinand Hochstetter, damals Professor an der Technischen Hochschule in Wien, zum Privatlehrer des Kronprinzen Rudolf. Möglicherweise war das der Anstoß für ein neues Buch Hochstetters, das 1873 *„zum Anschauungs-Unterricht und zur Belehrung in*

Lith. von J. F. Schreiber in Esslingen.

Schule und Familie" erschien. Aus diesem Werk „Geologische Bilder der Vorwelt und Jetztwelt" stammt die Darstellung eines Kohlesumpfs aus der Karbon-Zeit. Sie zeigt verschiedene Arten von Siegel- und Schuppenbäumen, Schachtelhalme, Farne, Farnsamer, Ganoidfische und Panzerlurche.

Die strichlierte Linie markiert den Kontakt zwischen 400 Millionen Jahre alten Schichten aus der Devon-Zeit und den darauf liegenden 270 Millionen Jahre alten Präbichl-Schichten.

Die 270 Millionen Jahre alten Brekzien der Präbichl-Schichten im Polsterkar bestehen aus dem Gesteinsschutt einer Halbwüste.

benachbarte Gebiet betroffen, aus dem sich die späteren Ostalpen entwickelten. Auch heute ist der Bozener Quarzporphyr in den Ostalpen weit verbreitet, allerdings nur als Pflasterstein in unzähligen Hauseinfahrten und Fußgängerzonen.

Ausflug ins mittlere Perm

Wer Lust hat, sich die Hinterlassenschaften der mittleren Perm-Zeit anzusehen, macht das am besten vom steirischen Präbichl-Pass (1.226 m) aus. Von der Haltestelle des Busses, der zwischen Leoben und Eisenerz mehrmals täglich verkehrt, verläuft von der Passhöhe der Knappensteig zur Leobner Hütte und weiter hinauf auf den Gipfel des Polsters (1.910 m). Knapp vor der Leobner Hütte führt der Steig über eine Felsnase und zu einer Schlüsselstelle der Ostalpen-Geologie, deren Bedeutung schon seit mehr als einem Jahrhundert bekannt ist: Steil gestellte Kalkschichten aus der mittleren Devon-Zeit werden vom flachliegenden Konglomerat der Präbichl-Schichten aus der mittleren Perm-Zeit überlagert. Zwischen der Ablagerung dieser beiden Gesteine liegt ein immens langer Zeitraum von etwa 120 Millionen Jahren. Was ist hier passiert?

Die Geschichte geht ungefähr so: Das Ausgangsmaterial der devonischen Kalkschichten lagerte sich vor etwa 400 Millionen Jahren als weicher Schlamm auf einem ebenen Meeresboden ab. Mindestens 50 Millionen Jahre lang ging dort die Sedimentation noch weiter, bevor die variszische Gebirgsbildung die flachliegenden Schichten verformte und über den Meeresspiegel hob. Viele Millionen Jahre lang wurde das neue Festland von der Erosion abgetragen und die Sedimente aus der späten Devon- und frühen Karbonzeit entfernt. Nach dieser Abtragung begann auf der Landoberfläche in der mittleren Perm-Zeit wieder die Sedimentation. Beleg dafür sind die 270 Millionen Jahre alten Präbichl-Schichten, die in einer vegetationsarmen, von der Erosion bizarr zerfurchten roten Hügellandschaft abgelagert worden sind. Sie bestehen aus dem Abtragungsschutt älterer Gesteine, die als eckige Brocken in einem roten sandigen Bindemittel stecken. Derartige Brekzien (Fanglomerate) entstehen in wüstenhaften Gebieten, wenn die Wassermassen seltener, aber extrem heftiger Wolkenbrüche den durch die Verwitterung entstandenen Gesteinsschutt am Fuß der Hänge zusammenschwemmen oder Muren abgehen.

Die mittlere und späte Perm-Zeit war in ganz Europa und Nordamerika durch ausgesprochen trockenes Klima gekennzeichnet. Fanglomerate wie am Präbichl kommen in vielen Teilen der Ostalpen vor und werden als alpiner Verrucano bezeichnet. Neben den Brekzien kommen darin auch Sandsteine und Tonsteine vor, die oft rot gefärbt sind. Die

Rotfärbung geht auf fein verteilte Eisenverbindungen im Sediment zurück, die vom in der Luft enthaltenen Sauerstoff oxidiert wurden. Oder einfacher ausgedrückt: Es handelt sich um verrostetes Eisen. Rotfärbung kommt daher besonders häufig bei auf dem Festland gebildeten Sedimenten vor, während sie in Meeresablagerungen nur dann auftritt, wenn die Sedimentation sehr langsam vor sich geht, weil der Sauerstoffgehalt des Meerwassers viel geringer ist als jener der Luft. Nur wenn der Meeresboden sehr lange dem im Wasser gelösten Sauerstoff ausgesetzt ist, wird das Eisen auf der Sedimentoberfläche verrosten. Rot gefärbte Meeressedimente sind daher ein guter Hinweis darauf, dass sie überaus langsam entstanden sind und sich pro Jahrtausend nur wenige Millimeter Sediment auf dem Meeresboden abgesetzt hat.

Würziges aus der späten Perm-Zeit

Die Frage, ob sie denn gerne Steine essen, werden die meisten Menschen mit einem ungläubigen Blick quittieren, vielleicht auch mit einem vielsagenden Fingertippen an die Stirn. Doch auch diese Menschen streuen mir nichts, dir nichts eine Prise Salz aufs Frühstücksei oder in die Suppe, nur denken sie nicht daran, dass sie damit angewandte Mineralogie betreiben.

Das im Ostalpenraum verzehrte Speisesalz kommt in den meisten Fällen aus lokalen Lagerstätten, die zwischen der späten Perm- und der frühesten Trias-Zeit entstanden sind. Dieses Salz ist also rund 255 Millionen Jahre alt und damit zweifellos das älteste Lebensmittel, das wir zu uns nehmen. Nicht nur der einzigartige Geschmack machte diese Würzsteine schon in prähistorischer Zeit zu einer begehrten Handelsware. Lange Zeit war es auch das einzige Konservierungsmittel, um Nahrungsmittel für längere Zeit haltbar zu machen. Es verwundert also nicht, dass keine Mühe gescheut wurde, an den begehrten Rohstoff zu kommen und der Salzabbau in den Ostalpen schon vor gut 3.500 Jahren begann. Diese Bergwerke lagen in der Umgebung der heutigen Gemeinde Hallstatt in Oberösterreich. Außer bei Hallstatt gibt es bedeutende ostalpine Salzvorkommen bei Bad Reichenhall, Berchtesgaden, Hallein, Bad Ischl und Altaussee.

Die ostalpinen Salzlagerstätten, das sogenannte Haselgebirge, verdanken wir dem Meer, das in der späten Perm-Zeit küstennahe Gebiete der künftigen Ostalpen überflutete. Diese Gebiete befanden sich damals knapp nördlich des Äquators, auf einer geografischen Breite wie heute Dakar oder Khartum in Afrika. Entlang der Nordwestküste der Tethys drang die Flut über schmale Kanäle in flache Senken ein, in denen das Meerwasser im heißen Klima verdunstete. Dadurch erhöhte sich die Konzentration der gelösten Stoffe, die begannen auszufallen. Zuerst der Kalk, dann der Gips und schließlich das Salz, von dem am meisten im Wasser gelöst ist. Würde ein 600 m tiefes Meer völlig austrocknen, bliebe auf dem vorherigen Meeresboden eine etwa meterdicke Salzschicht zurück. Die Salzbecken der Perm-Zeit waren aber überaus seicht und das Wasser dort verdunstete rasch. In regelmäßigen Abständen wurden die Becken durch einströmendes Wasser nachgefüllt. Der vieltausendfache Wechsel von Verdunstung und neuer Wasserfüllung erzeugte die mächtigen ostalpinen Salzlager, die aber nur entstehen konnten, weil sich der Boden der Salzbecken kontinuierlich absenkte und so ständig Platz für neue Salzschichten geschaffen wurde.

Steinsalz aus dem Perm der Nördlichen Kalkalpen.

Überlebenskünstler

So wie im heutigen Toten Meer lebten in diesen Salzwasserseen keine Fische oder andere mehrzelligen Tiere oder Pflanzen. Einzig Bakterien konnten dort existieren und Helga Stan-Lotter von der Universität Salzburg fand sie im Salz aus der Perm-Zeit und erweckte sie zum Leben. Schwer zu glauben, dass diese Mikroorganismen 250 Millionen Jahre überlebt haben sollen. Aber bisher konnte auch niemand das Gegenteil beweisen.

Gardenosporites leonardii

20 µm

Diese Bakterien wurden erst knapp vor der letzten Jahrtausendwende entdeckt. Wegen des sonstigen Fehlens von Fossilien, war die Frage nach dem Alter der ostalpinen Salzlagerstätten bis in die 1950er-Jahre unbeantwortet geblieben. Erst dann fand Wilhelm Klaus (1921–1987) darin sehr gut erhaltene Pollenkörner von Nadelbäumen, die aus der späten Perm-Zeit und der frühesten Trias-Zeit stammen. Pollenkörner sind die Transportbehälter für das männliche Erbgut von Samenpflanzen, sehr widerstandsfähig und nur Bruchteile von Millimetern groß. Sie können vom Wind Hunderte Kilometer weit transportiert werden und sind daher oft auch in Meeressedimenten zu finden, wohin sie vom Festland her geweht werden. Der Pollen von Nadelbäumen ist mit einem besonderen „Flugapparat" ausgestattet, mit halbkugelförmigen Luftkammern, die auf dem eigentlichen Pollenkorn sitzen. Durch das größere Volumen bei geringerem Gewicht ist es für den Wind leichter, die Pollenkörner lange in der Luft zu halten. Wenn in den Ostalpen alle paar Jahre die Fichten blühen, ist manchmal zu sehen, wie der Wind riesige Pollenmengen als gelbe Wolken von den Bäumen fortträgt. Das ist der Pollen, der später als gelber Staub die Landschaft überzieht und wirklich überall ist, auch auf unserer Kleidung, auf unserer Haut und auf unseren Haaren. Außer diesem vom Wind verfrachteten Pollen gibt es auch solchen, der von Insekten verbreitet wird. Diese Art Blütenstaub haftet an uns und unserer Kleidung aber nur, wenn wir direkt mit der Pflanze in Kontakt gekommen sind. Dadurch sind diese Pollenkörner nicht nur für Insekten interessant, sondern auch für Kriminalisten, weil sie verraten können, wo sich jemand herumgetrieben hat.

Taeniaesporites labdacus stammt wie die anderen auf dieser Seite abgebildeten fossilen Pollenkörner von Nadelbäumen aus der Perm-Zeit (aus Draxler in Egger 2010).

20 µm

Der Mörderschreck

Wilhelm Klaus war ein international angesehener Paläobotaniker, der zur Zeit seiner Pollenstudien im Haselgebirge an der Geologischen Bundesanstalt in Wien arbeitete. Bei seinen Arbeiten im Salzkammergut verfügte er über kein Labor mit einem Abzug für die gefährlichen Flusssäuredämpfe, daher verlegte er diesen Teil der Probenpräparation kurzerhand in den Wald, wo er den Säurebehälter auf einen Baumstumpf stellte.

Illinites pemphicus

20 µm

Auch sonst war Klaus, bei dem ich noch eine Vorlesung besuchen durfte, unprätentiös und vielseitig. So hat er ganz nebenbei auch die forensische Palynologie begründet, indem er mithilfe verräterischen Blütenstaubs den entscheidenden Hinweis für die Aufklärung eines Mordes lieferte, der sich bei Wien im Jahr 1958 ereignet hatte. Das Problem bei diesem Mord war, dass man nicht wusste, wo der Mörder die Leiche versteckt hatte. Die Zusammensetzung des Pollens in den Schuhsohlen des mutmaßlichen Mörders deutete auf eine Pflanzengesellschaft, die in der weiteren Umgebung von Wien nur an einer einzigen Stelle vorkommt. Ausgerechnet dort hatte der botanisch ungebildete Mörder sein Opfer eingebuddelt! Dank der Palynologie und Wilhelm Klaus wurde die Leiche gefunden und der Mörder seiner gerechten Strafe zugeführt. Seit dieser erfolgreichen Mörderjagd zählt die forensische Palynologie in vielen Ländern zu den Standardmethoden bei der Aufklärung von Verbrechen aller Art.

Perm/Trias-Grenze

Vor rund 252 Millionen Jahren verschwanden innerhalb von etwa 50.000 Jahren drei Viertel der paläozoischen Tier- und Pflanzenarten. Dieses Massenaussterben, das größte in der bisherigen Geschichte des Lebens, markiert den Beginn einer neuen Ära, des Mesozoikums, das in die Perioden Trias, Jura und Kreide gegliedert wird.

Klar ist, dass die massive Auslöschung so vieler bisher erfolgreicher Lebensformen auf eine weltweite Umweltkatastrophe zurückgehen muss. Weniger klar ist, was diese Katastrophe auslöste. Hauptverdächtige in solchen Fällen sind oft extraterrestrische Himmelskörper, deren Einschlag auf der Erde ein verheerendes Desaster verursachen kann. Nichts deutet aber darauf hin, dass damals ein Asteroid die Erde verwüstet hätte. Daher ist die heute gängige Vermutung, dass die globale Lebenskrise auf das Konto gigantischer vulkanischer Aktivität ging. Genauer gesagt, sollen beim Ausfließen der bis zu 2 km dicken sibirischen Deckenbasalte, die eine Fläche von etwa 4.000.000 km^2 bedecken, riesige Mengen Kohlenstoffdioxid freigesetzt worden sein.

Der Kohlenstoffdioxid-Gehalt der Atmosphäre war damals etwa fünf Mal höher als heute und führte nicht nur zu einer globalen Klimaerwärmung, sondern auch zu einer so starken Versauerung der Ozeane, dass dort für viele Organismen ein Leben unmöglich war. Es dauerte mehrere Millionen Jahre, bis sich die Lebensbedingungen wieder verbessert hatten. Wie ungemütlich die frühe Trias-Zeit für viele Lebewesen war, zeigen zwei Beispiele: Nirgendwo auf der Erde sind aus dieser Zeit Kohlelagerstätten bekannt, weil offenbar die Bedingungen für das üppige Gedeihen von Pflanzen nicht gegeben waren. Und nirgendwo auf der Erde gab es im flachen Meer Korallenriffe. Solche bildeten sich erst wieder in der mittleren Trias-Zeit, als die Steinkorallen als neue Gruppe in der Erdgeschichte auftauchten, die bis heute die wichtigsten Riffbildner geblieben sind.

Internationaler Geologenkongress

In den Ostalpen ist die Perm/Trias-Grenze oft sehr lückenhaft entwickelt, weil hier nach der variszischen Gebirgsbildung zunächst für lange Zeit die Abtragung von Gesteinen vorherrschend war. In den südalpinen Karnischen Alpen, nämlich am Gartnerkofel in Kärnten, gibt es hingegen vollständige Gesteinsabfolgen, durch die eine 300 m tiefe Bohrung getrieben wurde. Anhand umfangreicher Untersuchungen der Bohrkerne konnten der amerikanische Geologe William Holser (1920–1999) und seine Mitarbeiter zeigen, dass sich die dort gewonnenen geochemischen Daten nicht mit einem Asteroideneinschlag erklären lassen. Geochemische Daten und Fossilien sind Hilfsmittel, um eine bestimmte stratigrafische Grenze zu bestimmen. Definiert ist so eine Grenze aber jeweils nur an einem einzigen Ort, dem GSSP (Global Stratotype Section and Point), der von einer Gruppe von Spezialisten nach umfangreichen Untersuchungen als weltweit gültiger Standard für diese Grenze vorgeschlagen wurde. Ob dieser Vorschlag angenommen wird, entscheidet eine Abstimmung im Rahmen eines Internationalen Geologenkongresses.

Der 1. Internationale Geologenkongress fand anlässlich der Pariser Weltausstellung im Jahr 1878 statt. Seither wird diese Veranstaltung in Abständen von vier Jahren jeweils von einem anderen Land organisiert. Austragungsort für den 30. Internationalen Geologenkongress war Peking im Jahr 1996, wo als Vorschlag für den GSSP der Perm/Trias-Grenze ein Steinbruch im drei Autostunden östlich von Shanghai gelegenen Meishan präsentiert wurde, der einige Jahre später auch akzeptiert wurde. Für unsere österreichische Delegation hatte der Kongress in Peking aber noch eine andere wichtige Bedeutung.

Radetzky-Marsch in Peking

Der Pekinger Kongress war der erste große internationale Wissenschaftskongress in China und das Land setzte alles daran, sich weltoffen zu präsentieren und das brutale Bild zu korrigieren, das seit 1989, seit dem Massaker am Tian'anmen-Platz, in der Welt vorherrschte. Ausgerechnet neben diesem Platz, in der „Großen Halle des Volkes", fand die Eröffnungszeremonie des Kongresses statt. Der riesige Saal, in dem sonst die Kommunistische Partei Chinas ihren Parteitag abhält, bot genug Platz für alle 8.000 Kongressteilnehmer. Eine weitere Überraschung war, dass Ministerpräsident Li Peng die Eröffnung höchstpersönlich vornahm. Schließlich die größte Überraschung, zumindest für unsere sechsköpfige Delegation: das Abspielen des Radetzky-Marsches beim Einzug von Li Peng! Sollte diese heimliche Hymne Österreichs eine Aufmerksamkeit und Ermunterung für uns sein? Immerhin waren wir angereist, um die Einladung Österreichs für den übernächsten Kongress im Jahr 2004 auszusprechen.

Bis heute weiß ich nicht, ob der Radetzky-Marsch als ein Hinweis auf unsere Bewerbung zu werten war. Wohl eher nicht. Für so viel Prominenz waren wir zu klein und unwichtig. Das verdeutlichte ein Gespräch über mögliche wissenschaftliche Kooperationen zwischen China und Österreich, zu dem uns die stellvertretende Ministerin für Geologie eingeladen hatte. Nach dem Austausch der üblichen Höflichkeiten fragte uns die freundliche Dame nach dem Personalstand unserer Geologischen Bundesanstalt. Als sie hörte, das seien etwa 120 Personen, teilte sie uns milde lächelnd mit, dass das chinesische Geologie-Ministerium rund eine Million Menschen beschäftige.

Vier Jahre später, beim nächsten Geologenkongress in Rio de Janeiro, erneuerten wir unsere Einladung nach Wien. Inzwischen hatte sich aber auch Florenz um die Ausrichtung der Veranstaltung beworben und gewann die entscheidende Abstimmung. Im Jahr 2004 konnten wir nur neidlos anerkennen, dass die italienischen Kollegen eine großartige Veranstaltung organisiert hatten.

Frühe und Mittlere Trias-Zeit

So wie die Sedimente der Perm-Zeit sind auch jene der frühen Trias-Zeit vorwiegend rot gefärbt. Vom Pangäa-Superkontinent abgetragener Sand und Schlamm bildeten das Ausgangsmaterial der Werfener Schichten, die in einem Wattenmeer abgelagert wurden. Einzelne Schichtflächen dieser Gesteine zeigen Rippelmarken, wie sie Wellen zu allen Zeiten entlang von Sandstränden geformt haben, und als seltene Besonderheiten sind andernorts sogar die kleinen Einschlagtrichter von Regentropfen erhalten. Fossilfunde sind eher selten und beschränken sich auf wenige Muschel- und Schneckenarten. Dann und wann gibt es aber auch diesen eintönigen Sedimenten erstaunliche Entdeckungen, die das Herz der Fossilienfreunde höherschlagen lassen.

Quallen aus der Steiermark

Solche Glücksmomente erlebte sicher Helmut Meierl, als er bei der Fossiliensuche im Zauchenbachgraben bei Bad Mitterndorf in den Werfener Schichten nicht nur Ammoniten, Muscheln und Schnecken fand, sondern auch Fossilien, die er zunächst keiner Tiergruppe zuordnen konnte. Das gelang dem ungarischen Paläontologen István Szente, der später die Funde wissenschaftlich bearbeitete und darin gleich Fossilien von zwei Tiergruppen entdeckte, die

Ein Exemplar der Würfelqualle *Anthracomedusa hoferhauseri* aus dem Zauchenbachgraben bei Bad Mitterndorf (Steiermark), Foto: István Szente.

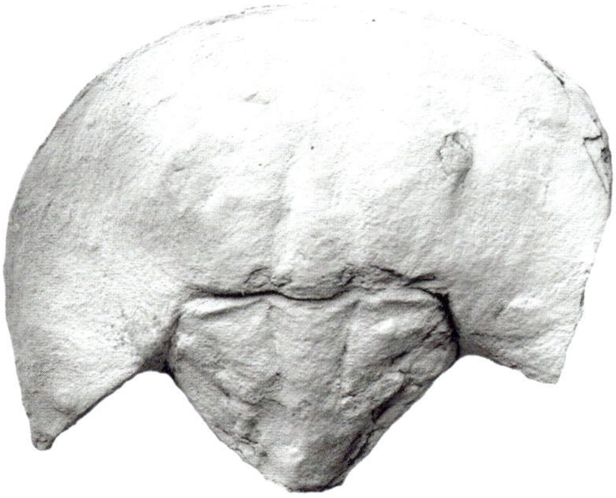

Der Junge auf der malaysischen Insel Langkawi präsentiert einen lebenden Pfeilschwanzkrebs (Molukkenkrebs). Das Aussehen dieser Tiere hat sich in den letzten 400 Millionen Jahren kaum geändert. Oben der Kopfschild eines solchen Krebses aus Bad Mitterndorf (aus Szente 2020).

Beim Abstieg vom Polster bei Eisenerz (Steiermark) geht der Ausblick nach Nordosten zum Griesmauerkogel (2.034 m). Die Ablagerung der roten Werfener Schichten im Vordergrund war in der frühen Trias-Zeit noch stark kontinental beeinflusst. Die grauen mitteltriassischen Karbonatgesteine dahinter zeigen dagegen kaum noch Festlandeinflüsse.

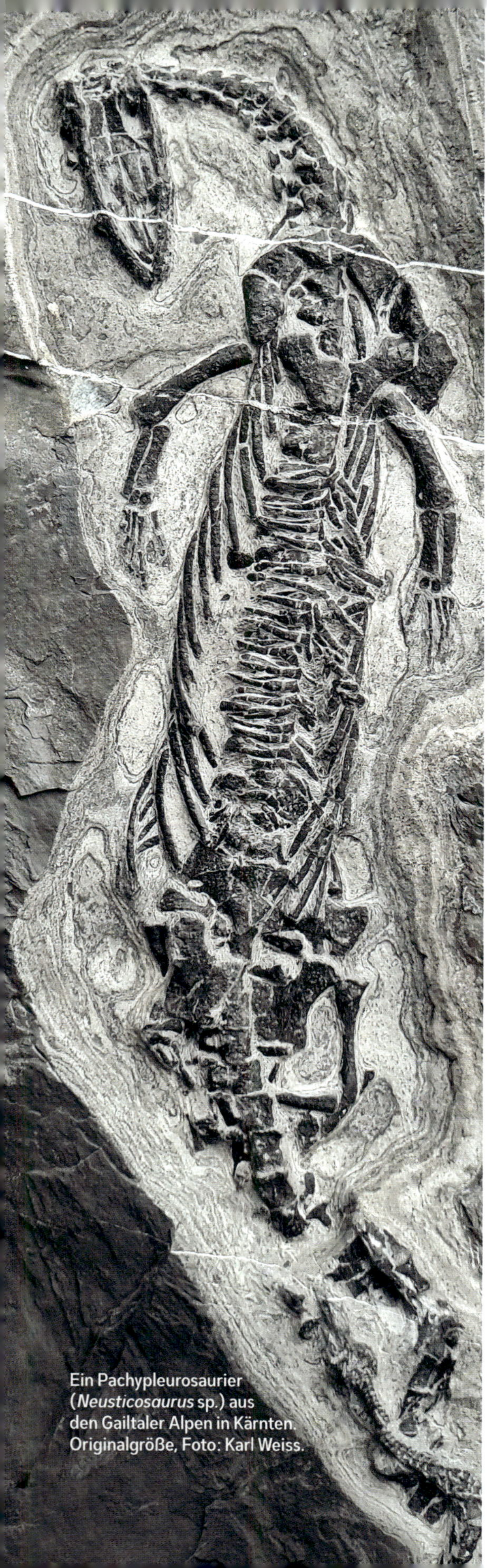

Ein Pachypleurosaurier (*Neusticosaurus* sp.) aus den Gailtaler Alpen in Kärnten. Originalgröße, Foto: Karl Weiss.

bisher in den Ostalpen nicht bekannt waren. Da waren zum einen die Überreste von Pfeilschwanzkrebsen aus der Ordnung der Schwertschwänze, die seit mindestens 440 Millionen Jahren das flache Wasser vor tropischen Sandküsten bewohnen. Zum andern waren es fossile Würfelquallen, die an den Strand gespült und dort rasch mit Sediment bedeckt worden waren, sonst hätten sich die Abdrücke der schwabbeligen Körper dieser Nesseltiere, die hauptsächlich aus Wasser bestehen, nicht erhalten können.

Abstecher ins Tessin

Durch die weitere Absenkung der Erdkruste vertiefte sich das Meer etwas und die Sedimentation änderte sich dadurch. Vom Festland eingespülter Sand und Ton verloren stark an Bedeutung, stattdessen wurden ab der mittleren Trias-Zeit vor allem Kalk und Dolomit auf dem Boden dieses flachen Meeres abgelagert. Wo Meeresströmungen für ein reiches Nahrungsangebot sorgten, wuchsen Korallenriffe, dazwischen lagen bis zu 100 m tiefe Becken mit eingeschränkter Wasserzirkulation. Am Grund dieser Becken war das Wasser sauerstoffarm, weswegen organische Substanz nur unvollständig verweste. Daher sind die dort gebildeten Kalke bitumenreich und dunkel gefärbt. Durch den Sauerstoffmangel können auf solchen Meeresböden auch keine Aasfresser leben, genauso verhinderte das Fehlen von Strömungen, dass auf den Boden gesunkene Kadaver auseinandergerissen und zerstört werden. Solchen idealen Bedingungen für die fossile Erhaltung von Tierleichen verdankt eine der weltweit bedeutendsten Fundstellen mitteltriassischer Fische und im Meer lebender Saurier ihre Entstehung. Das Gebiet um den Monte San Giorgio am Südufer des Luganer Sees wurde deshalb sogar von der UNESCO zum Welterbe erklärt. Viele der Originalfunde sind im paläontologischen Museum in Zürich ausgestellt.

Ähnliche Verhältnisse, wie sie bei der Ablagerung der Gesteine des Monte San Giorgio herrschten, gab es zeitgleich auch andernorts am Rand der Tethys. Sogar aus dem südlichen China sind zahlreiche Fossilien von Wirbeltieren bekannt, die zwischen 245 und 230 Millionen Jahren vor heute lebten und mit den Formen des Monte San Giorgio nahe verwandt waren. Womöglich entwickelten sich sogar einige der aus Europa bekannten mitteltriassischen Reptilien- und Fischarten in der östlichen Tethys und breiteten sich von dort 6.000 km weit nach Westen bis in die Gegend des künftigen Monte San Giorgio aus.

Flossenechsen aus Kärnten

Die ersten Knochen mitteltriassischer Meeresreptilien wurden in Kärnten bereits 1844 in den Gailtaler Alpen westlich von Villach entdeckt. Dank dem Engagement mehrerer Sammler, allen voran von Karl Weiss aus Berg an der Drau, konnten in den letzten Jahren aus den Partnach-Schichten etliche neue und sogar fast vollständige Skelette solcher Tiere geborgen werden. Wie am Monte San Giorgio handelt es sich um die Überreste von Flossenechsen (Sauropterygia), vor allem aus der Familie der Pachypleurosaurier, die sich ähnlich wie

Die 2.962 m hohe Zugspitze im Wettersteingebirge an der bayerisch-österreichischen Grenze ist der höchste Berg Deutschlands. Der Gipfel der Zugspitze besteht aus Wettersteinkalk, der in der Mitteltrias-Zeit in einer seichten tropischen Meereslagune entstand. Gleichzeitig, also etwa zwischen 240 und 230 Millionen Jahren vor heute, bildete sich in etwas tieferen Meeresteilen der Reiflinger Kalk und die Partnach-Schichten. In diesen hat die Partnach am Fuß des Wettersteingebirges eine tiefe Schlucht eingeschnitten. Der Eingang in die 700 m lange Partnachklamm liegt nur etwa 3 km südlich des Bahnhofs von Garmisch-Partenkirchen.

Robben im Wasser durch seitliches Schlängeln des Körpers und unter Einsatz der Extremitäten fortbewegten. Die durchschnittlich etwa einen Viertelmeter langen Tiere hatten kleine Köpfe, lange Hälse, paddelartige Gliedmaßen und abgeflachte lange Schwänze. Sie verbrachten vermutlich ihr ganzes Leben im Wasser, wohin ihre an Land lebenden Vorfahren in der Perm-Zeit zurückgekehrt waren.

Späte Trias-Zeit

Bald nach Beginn der späten Trias-Zeit sank vor etwa 234 Millionen Jahren der Meeresspiegel aus unbekannten Gründen um mindestens zehn Meter ab. Das hatte gravierende Folgen, die weltweit in den Sedimentschichten aus dieser Zeit ihre Spuren hinterlassen haben. Auf dem Gebiet der künftigen Ostalpen tauchten durch das Absinken des Meeresspiegels die mitteltriassischen Korallenriffe aus dem Meer auf und verkarsteten. Sie bildeten Landschwellen, die weiter landwärts gelegene, seichte Lagunen fast völlig vom offenen Meer abschnitten. In diesen weitgehend isolierten Becken verdunstete das Meerwasser, und die steigende Konzentration von gelösten Stoffen führte zur Ablagerung von gipsreichen Sedimenten. Darauf lagerten Flüsse nach dem Austrocknen der Lagunen Sand, Silt und Ton ab. Mit der Zeit entstanden so Schwemmebenen, die auch die ehemaligen Barrieren aus Riffkalk unter sich begruben.

Sümpfe

Das trockene und heiße Klima, das seit der Perm-Zeit geherrscht hatte, wurde in der späten Trias-Zeit von einem überaus regenreichen und warmen Klima abgelöst. Dieses bot ideale Voraussetzung für üppiges Pflanzenwachstum, das wiederum die Grundlage für die verbreitete Entstehung von Kohlelagerstätten war. Auch in den Ostalpen gibt es solche Lagerstätten, die auf den niederösterreichischen Teil der Nördlichen Kalkalpen beschränkt sind, wo sie bis 1959 vor allem in der Umgebung von Lilienfeld und Lunz abgebaut wurden. Nach dem Ort Lunz heißen die kohleführenden Sedimente auch Lunzer Schichten.

Die Lunzer Schichten lieferten eine der reichhaltigsten fossilen Pflanzengesellschaften, die man weltweit aus der späten Trias-Zeit kennt. Allein in den Kohlebergwerken von Lunz wurden mehr als 4.000 Pflanzenfossilien geborgen, die sich heute in verschiedenen naturwissenschaftlichen Sammlungen befinden. Neben den Resten von Farnen, Riesenschachtelhalmen

Gefiedertes Blatt eines Palmfarns (*Nilssonia sturii*) aus der späten Trias-Zeit (Lunz, Niederösterreich).

und seltenen Nadelbäumen treten in großer Zahl Fossilien von Verwandten der heutigen Palmfarne auf. Diese Samenpflanzen hatten kurze gedrungene Stämme, aus denen am oberen Ende ein Schopf aus schmalen gefiederten Blättern ragte. Blätter von Palmfarnen und solche von Pflanzen der mit ihnen verwandten Gruppe der Bennettitales sind fast ein Markenzeichen der Lunzer Flora.

Wattenmeer

Ein Anstieg des Meeresspiegels setzte vor 230 Millionen Jahren die Schwemmebenen unter Wasser und es entstand eine großflächige Gezeitenebene, auf der das Meer Kalkschlamm ablagerte, der oft millimeterfeine Schichtungen zeigte. Diese sogenannten Stromatolithen werden heute als fossile Lagen von Algen und Cyanobakterien interpretiert. In und auf dem Meeresboden lebende Bakterien scheinen auch bei der Verfestigung des Kalkschlamms eine wichtige Rolle gespielt zu haben. Dabei kam es zur Umwandlung des vorwiegend aus Kalzit (Kalzium-Karbonat) bestehenden Schlamms in Dolomit (Kalzium-Magnesium-Karbonat), einem Mineral, das zu Ehren des französischen Mineralogen Déodat Gratet de Dolomieu (1750–1801) benannt wurde. Bei der Dolomitbildung scheint ein erhöhter Salzgehalt des Meerwassers entscheidend zu sein, der die Voraussetzung für die Aktivität der entscheidenden Bakterien ist. Die bevorzugten Bildungsräume von Dolomit sind daher sehr flache Meeresgebiete, die in heißen Klimazonen liegen, wo durch Verdunstung der Salzgehalt des Meerwassers erhöht ist. Der in der späten Trias-Zeit auf dem Gebiet der künftigen Ostalpen gebildete Dolomit hat den Namen Hauptdolomit und gilt selbst unter Geologen als ausgesprochen eintönig, aber wer die Augen aufsperrt, kann manchmal tolle Entdeckungen machen.

Trockenrisse auf Schichtflächen des Hauptdolomits westlich von Losenstein (Oberösterreich).

Ausblick vom Ofenpass auf die Hauptdolomitlandschaft des Schweizerischen Nationalparks (Graubünden).

Trockenrisse

Fangen wir bescheiden an. Trockenrisse reißen wahrscheinlich noch die Wenigsten vom Hocker, nichtsdestotrotz liefern sie uns großartige Hinweise auf die Bedingungen, unter denen der Hauptdolomit gebildet wurde. Beim Austrocknen von nassem Schlamm entsteht ein Netzwerk von Rissen, weil durch den Wasserverlust das Volumen des Schlamms schrumpft. Diese Schrumpfungsrisse bilden mit der Zeit ein ziemlich regelmäßiges Netzwerk, ein Anblick, den wir alle von ausgetrockneten Wasserpfützen kennen. Solche Gittermuster gibt es auch auf manchen Schichtflächen des Hauptdolomits, ein untrügliches Zeichen dafür, dass diese Sedimentoberflächen einige Zeit an der Luft austrockneten, bevor sie wieder vom Wasser bedeckt wurden.

Große Fußstapfen

Viel spektakulärer als die Trockenrisse sind über 200 Fußabdrücke von Dinosauriern im Hauptdolomit des Schweizerischen Nationalparks. Dort, in der südöstlichsten Ecke der Schweiz beiderseits des Ofenpasses, liegen die Trias-Ablagerungen direkt auf metamorphen Gesteinen des ostalpinen Kristallins. Auf einer nackten Felsplatte im Hauptdolomit lassen mehr als halbmeterlange Fußstapfen deutlich die Abdrücke von vier Zehen erkennen. Diese Spuren stammen von pflanzenfressenden Sauriern, deren Körper eine Länge von bis zu 8 m erreichten. Die riesigen Reptilien marschierten auf allen Vieren durch den Schlamm. Daneben gibt es dreizehige Spuren von fleischfressenden Theropoden, die etwa halb so groß waren wie ihre vegetarischen Verwandten und nur auf den hinteren Extremitäten herumliefen, weil sie die vorderen Gliedmaßen zum Festhalten der Beute brauchten. Leider können die Spuren, die von Heinz Furrer von der Technischen Universität Zürich untersucht wurden, nicht aus der Nähe betrachtet werden, da sie sich in einem stark steinschlaggefährdeten Gebiet befinden. Wer sie trotzdem in natura sehen will, braucht einen guten Feldstecher oder begnügt sich mit der Rekonstruktion im Nationalparkzentrum in Zernez.

Fischschwärme

Von den im Hauptdolomit gefundenen Fischfossilien kann man nur schwärmen, so gut sind sie erhalten. Wie das? Wieso wurden Fische, die im Gezeitenbereich nach dem Rückzug der Flut liegenblieben, nicht einfach aufgefressen? Zwar gab es in der Trias-Zeit noch keine Möwen oder andere Vögel – die erscheinen erstmals in der Jura-Zeit –, aber auch Krebse und anderes Getier lieben frischen Fisch. Unsere Fische zappelten aber nicht als leichte Beute auf dem Trockenen, sondern lebten in wannenartigen Bodenvertiefungen, die im Gezeitenbereich auch bei Ebbe mit einige Meter tiefem Wasser gefüllt blieben. Von der Wasseroberfläche sanken abgestorbene Algen und anderes organisches Material auf den Boden dieser Becken und wurden von Mikroben zersetzt, die dabei Sauerstoff verbrauchten. Strömungen oder größere Wellen durchmischten das Wasser nicht und so war

Ganoidfische (*Paralepidotus ornatus*) aus dem Hirtensteiner Bruch im Salzburger Wiestal (Burgmuseum Golling).

Der 60 cm lange Schädel des krokodilähnlichen Phytosauriers *Mystrichosuchus steinbergeri* wurde bei der Plankermira im steirischen Teil des Toten Gebirges gefunden (Originalgetreuer Abguss, Foto: M. Brüggemann-Ledolter).

das Wasser in Bodennähe bald so sauerstoffarm, dass dort kein Leben möglich war. Das zeigt sich auch in der millimeterfeinen Schichtung der dort abgelagerten Sedimente, die nicht durch im Boden wühlende Tiere zerstört wurde.

Manchmal gab es einen größeren Sturm, der das Wasser in den Wannen umwälzte. Sauerstoffarmes Wasser stieg nach oben und tötete die dort herumschwimmenden Fische. Diese sanken in großer Zahl hinunter auf den Wannenboden, wo sich rasch wieder lebensfeindliche Verhältnisse einstellten. Die Verwesung der Fische wurde unterbrochen, Aasfresser gab es auch nicht und durch ihre festen Schuppenpanzer wurden die Fischkadaver auch gut zusammengehalten. Deshalb liegen auf einzelnen bestimmten Schichtflächen Hunderte prächtig erhaltene Fischfossilien nebeneinander.

Solche aufsehenerregenden Funde sind aus dem 220 Millionen Jahre alten Hauptdolomit von Seefeld in Nordtirol und aus dem Salzburger Wiestal bei Hallein bekannt. In Seefeld baute man bitumenreiche Gesteine ab, aus denen Steinöl destilliert wurde. Wegen der Fischfunde wurde dieses für medizinische Zwecke eingesetzte Öl als „Ichthyol" vermarktet (das griechische Wort „Ichthys" bedeutet Fisch). Viel mehr Fossilien als die Tiroler Fundstelle lieferte der Hirtensteiner Steinbruch im Wiestal, wo zuletzt Thomas Hornung und seine Mannschaft großartige neue Funde machte und wissenschaftlich untersuchte.

Die gefundenen fossilen Fische gehören durchwegs zu den Schmelzschuppern, die heute nur mehr mit wenigen Arten wie beispielsweise den Stören vorkommen. Von den gegenwärtig existierenden 30.000 Fischarten gehören nur 40 zu den Schmelzschuppern, während diese im Paläozoikum und in der Trias vorherrschten. Sie sind durch dicke rautenförmige Schuppen ausgezeichnet, die wegen eines Überzugs mit zahnschmelzartigen Ganoin sehr hart sind und auffällig glänzen.

Lagunen und Korallenriffe

Das Wattenmeer ging seewärts in eine wenige Meter tiefe Lagune über, die gegen das offene Meer von Korallenriffen begrenzt wurde. Markante Beispiele für solche Riffe sind der Hohe Göll (2.522 m) oder der Hochkönig (2.941 m) in den salzburgisch-bayerischen Alpen. Der Riffgürtel schränkte die Verbindung der Lagune mit dem offenen Meer ein. Durch das heiße Klima war die Verdunstungsrate in der Lagune hoch, wodurch der Salzgehalt des Wassers anstieg. Dadurch wurde vielen Meeresbewohnern das Leben dort „versalzen" und sie suchten sich eine für sie angenehmere Umgebung. Einige Tierarten jedoch fühlten sich in der Lagune pudelwohl, wie die Megalodonten oder „Kuhtrittmuscheln". Diese lebten eingegraben im weichen Schlamm des Meeresbodens, nur ein schlauchförmiger Sipho ragte wie das Periskop eines U-Boots heraus und führte Wasser zu den Kiemen der Tiere, die so mit Sauerstoff und Nahrung versorgt wurden. Der Schlamm verfestigte sich später zum hellgrauen Dachsteinkalk, in dem die an Rinderhufe erinnernden Querschnitte der „Kuhtrittmuscheln" manchmal massenhaft zu sehen sind.

Offenbar war die Lagune auch fischreich, sonst hätte sie nicht Räuber angezogen, von denen der Höhlenforscher Sepp Steinberger im Jahr 1980 Überreste im Toten Gebirge fand. Im Dachsteinkalk entdeckte er Knochen von mehreren Exemplaren einer neuen Art, die jetzt zu Ehren des Finders *Mystrichosuchus steinbergeri* heißt. *Mystrichosuchus* gehört zu den Phytosauriern, die man bisher nur aus der späten Trias-Zeit kennt. Anders als ihr Name

Blick vom Krippenstein nach Südwesten zum Hohen Dachstein in den Nördlichen Kalkalpen in Oberösterreich. Die Karstlandschaft besteht zur Gänze aus Kalkschichten, die in der späten Trias-Zeit in einer seichten Meereslagune entstanden sind. Der Dachstein ist der namensgebende Ort für diesen Kalk, der mehr als 1.000 m dick werden kann.

Sein Vorkommen ist nicht auf den Dachstein beschränkt, sondern er ist im Mittel- und Ostabschnitt der Nördlichen Kalkalpen weit verbreitet und baut dort weitere große Karstplateaus wie das Tote Gebirge oder das Steinerne Meer auf, um nur einige zu nennen.

Sehr selten, wie links bei diesem durchgeschnittenen *Cleoniceras* aus der Unterkreide Madagaskars (Originalgröße), sind die Kammern des Ammonitengehäuses nicht mit Sediment gefüllt. Dann ist die verästelte Struktur der Kammerscheidewände erkennbar. Meist, wie auf den Abbildungen rechts, ist das Gehäuse nicht erhalten, sondern nur seine Sedimentfüllung. Auf dieser zeichnen sich die Verästelungen der Kammerscheidewände als Lobenlinie ab. Beim unteren Fossil ist auch die Wohnkammer erhalten, die dort beginnt, wo die Lobenlinien enden (Tafel aus Mojsisovics 1893).

vermuten lässt, der aus dem Griechischen übersetzt Pflanzenechsen bedeutet, waren die Tiere keine Pflanzenfresser. Ihre Lebensweise war ähnlich jener der heutigen Krokodile, denen sie auch im Körperbau glichen. Mit ihrer langen, mit spitzen Zähnen bewehrten Schnauze waren sie ausgezeichnete Jäger, die hauptsächlich Fische erbeuteten.

Das Tote Gebirge ist mit einer Fläche von etwa 300 km² die größte Karstlandschaft der Ostalpen. Ähnliche, nur etwas kleinere, aus Dachsteinkalk aufgebaute verkarstete Plateauberge sind das Steinerne Meer, das Tennen- und Hagengebirge und natürlich das Dachstein-Plateau, nach dem der Dachsteinkalk benannt ist.

Offenes Meer

An der Außenseite der Riffe, gegen das offene Meer hin, wurde das Wasser rasch tiefer und war durch Strömungen besonders nährstoffreich. Hier, in Wassertiefen zwischen 50 m und 300 m lebten die Ammoniten, deren Fossilien eine wichtige Rolle in der Geschichte der geologischen Erforschung der Ostalpen und weit darüber hinaus spielen. Vorher aber ein kurzer Steckbrief, damit wir wissen, mit wem wir es zu tun haben: Die große Familie der Ammonoideen bevölkerte über rund 340 Millionen Jahre hinweg, von der frühen Devon-Zeit bis zum Ende der Kreide-Zeit, die Weltmeere. Sie waren Verwandte der heutigen Tintenfische und schützten ihren Weichkörper durch ein meist spiralig aufgerolltes Kalkgehäuse, das in zahlreiche Kammern unterteilt war. Der Tierkörper steckte in der vordersten Kammer, die restlichen Kammern waren mit einem Gasgemisch gefüllt. Den Gasdruck in diesen Kammern konnten die Tiere regulieren und so im Meerwasser schweben. Sonst bewegten sich die Tiere vermutlich im Rückwärtsgang, indem sie Wasser in einen Hohlraum ihres Körpers langsam einströmen ließen, um es danach durch heftige Muskelkontraktionen schnell und stoßweise hinauszubefördern. Der dabei entstehende Rückstoß erzeugte die Bewegung.

Von den meisten fossilen Ammonoideen sind nur Steinkerne erhalten. Das ist das Sediment, das nach dem Tod und der Verwesung dieser Tiere in die leeren Schalen eingedrungen ist. Bei der Verfestigung des weichen Sediments zu hartem Gestein wurde die Kalkschale oft aufgelöst und nur der Ausguss der Schale, der Steinkern, blieb erhalten. Ein sehr charakteristisches Merkmal dieser Steinkerne sind oft überaus komplizierte Muster, die Lobenlinien. Das sind die Nahtstellen, an denen die Kammerscheidewände mit der Außenschale verbunden waren. Im Paläozoikum war diese Naht meist einfach geschwungen, in der Trias zeigte sie schon ein kleinteiligeres Muster und vor allem von der späten Trias-Zeit bis zum Ende der Kreide-Zeit trat die filigrane ammonitische Lobenlinie auf, also die eigentlichen Ammoniten.

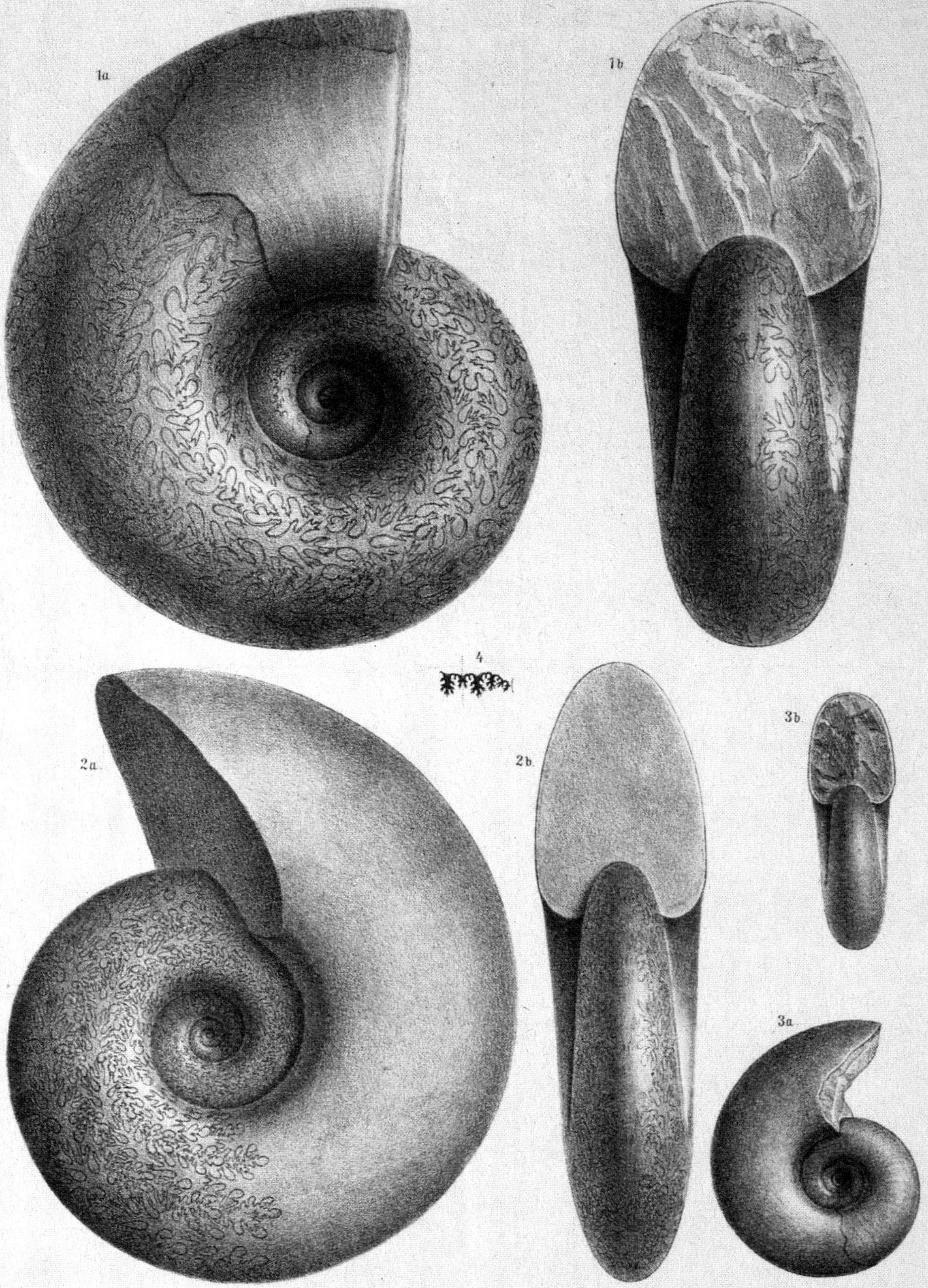

Rud. Mayer n. d. Nat. gez. u. lith. Lith. Anst. v. Th. Bannwarth, Wien.

Hallstätter Kalk

Zu den weltweit ergiebigsten Fundstellen von Ammoniten aus der späten Trias-Zeit zählt das Salzkammergut in Oberösterreich und der Steiermark. Dieser faszinierende Formenreichtum weckte früh das Interesse der Sammler. Dazu zählten betuchte Einzelpersonen, die es sich leisten konnten, die besten Stücke aufzukaufen, anstatt selbst in die Berge zu wandern, um Steine zu klopfen. Einer dieser passionierten Sammler war der österreichische Staatskanzler Fürst Clemens Lothar Wenzel Metternich (1773–1859), der mit dem Kaiserhaus und einem großen Teil der Hocharistokratie die jährliche Sommerfrische im Salzkammergut verbrachte. Metternich hatte großes Interesse an den Naturwissenschaften und ließ deshalb seine Hallstätter Ammoniten im Jahr 1846 durch Franz Hauer (1822–1899) wissenschaftlich bearbeiten. Diese Arbeit steht am Beginn der systematischen paläontologischen Erforschung der Ostalpen, bei der auch in den folgenden Jahrzehnten die Trias-Ammoniten des Salzkammerguts einen Schwerpunkt bildeten. Allein vom 15 km östlich von Hallstatt gelegenen Feuerkogel wurden 500 verschiedene Ammonitenarten erstmals wissenschaftlich beschrieben, mehr als von jedem anderen Platz der Erde!

Die Vorkommen von Hallstätter Kalk sind in den Ostalpen nicht nur auf die Umgebung von Hallstatt beschränkt, sondern kommen von Salzburg bis Niederösterreich an vielen Stellen in den Nördlichen Kalkalpen vor. Ein einzigartiger Ammonitenfund wurde im obertriassischen Hallstätter Kalk westlich von Hallein im Land Salzburg gemacht. Nicht nur weil das Exemplar von *Pinacoceras parma* einen Durchmesser von fast einem halben Meter hat, sondern weil in der Schale deutliche Löcher zu erkennen sind, die nur von einem Biss herrühren können. Offenbar wollte ein Räuber den Ammoniten vernaschen, schaffte es aber nicht, das Gehäuse zu zerbeißen. Den Frust kann sich jeder vorstellen, der sich schon einmal mit einem Dosenöffner und einer widerspenstigen Konservendose grün und blau geärgert hat. Trotz seiner dolchartig scharfen Fangzähne musste der hungrige Angreifer den Leckerbissen ziehen lassen. Ein klarer Fall von versuchtem Mord oder zumindest schwerer Körperverletzung! Mit dem Muster, das die Fangzähne auf dem Opfer hinterlassen haben, überführte der Salzburger Paläontologe Gottfried Tichy den mordlustigen Angreifer als vermutlich etwa 4 m langen *Nothosaurus.* Diese Reptilien aus der Gruppe der Flossenechsen lebten nur in der Trias-Zeit und konnten sich sowohl im Wasser als auch an Land fortbewegen.

Dieser Ammonit (*Pinacoceras parma*) aus der späten Trias-Zeit hat einen Durchmesser von rund einem halben Meter. Die kreisrunden Löcher in der Schale sind Bissspuren eines Nothosaurus, der den *Pinacoceras* vernaschen wollte. Sammlung Erzstift St. Peter (Salzburg).

Ferdinand Hochstetter entdeckte die fossile Muschel *Monotis salinaria*, die er aus den Ostalpen bestens kannte, auch in Neuseeland (Abbildung aus Hochstetter et al. 1865).

Ostalpen – Ostasien

Die Hallstätter Fossilien, neben Ammoniten vor allem auch verschiedene Muschelarten, haben eine sehr weitreichende Bedeutung, wobei „weitreichend" hier im eigentlichen Sinn des Wortes gemeint ist. Denn letztendlich verdanken wir ihnen die entscheidenden Hinweise auf einen 10.000 km langen und 3.000 km breiten Ozean, der eine weite Einbuchtung in den Superkontinent Pangäa bildete. Der erste, der diese Zusammenhänge erkannte, war der geniale Wiener Geologe Eduard Suess (s. S. 116), dem wir in diesem Buch noch öfter begegnen werden. Er war es, der im Jahr 1893 diesen riesigen Seitenast des Pazifiks nach der Meeresgöttin der griechischen Mythologie, Tethys, nannte. Diesem großen Ozean war Suess aber schon viel länger auf der Spur. Bereits 1862 hatte er von einem britischen General Fossilien aus Tibet bekommen und erstaunt bemerkt, dass es sich um die gleichen Arten handelte, die er bereits aus den Ostalpen kannte. In der Folgezeit wurde er reichlich mit Fossilmaterial aus Indien versorgt, dank einiger seiner Schüler, die bei dem von der englischen Kolonialverwaltung gegründeten Indischen Geologischen Dienst angeheuert hatten. Und auch von der indonesischen Insel Timor wurden bereits 1863 Funde einer Trias-Fauna bekannt, die sich aus den gleichen Arten zusammensetzte, wie sie in den Ostalpen vorkommen. Im Jahr 1901 konnte Eduard Suess in seinem Monumentalwerk „Das Antlitz der Erde" befriedigt feststellen, dass sich *„Meeres-Bildungen der mesozoischen Epoche in einer breiten Zone von Sumatra und Timor über Tonking, Yunnan zum Himalaya und Pamir, Hindukusch und nach Kleinasien und weiter gegen Westen erstrecken."* An der Tethys war nicht mehr zu rütteln, und das ist in erster Linie den Hallstätter Ammoniten zu verdanken!

Monotis salinaria

Neben den Ammoniten beweisen auch Fossilien anderer Tiergruppen die paläogeografischen Zusammenhänge zur Zeit der Tethys, die ja mit dem großen Panthalassa-Ozean zusammenhing. Auch in den Trias-Ablagerungen des pazifischen Raums wurden bereits im 19. Jahrhundert die Fossilien gefunden, die aus den Ostalpen schon längst bekannt waren. Eine entscheidende Rolle bei diesen Entdeckungen spielte Ferdinand Hochstetter (1829–1884), ein Geologe der Geologischen Reichsanstalt in Wien.

Hochstetter war im Dezember 1858 an Bord der österreichischen Fregatte „Novara" nach Neuseeland gekommen. Im Rahmen einer Weltumsegelung sollten wissenschaftliche Erkenntnisse gesammelt. Hochstetter wurde von den englischen Kolonialherren abgeworben und verbrachte daraufhin 9 Monate mit geologischen Untersuchungen in Neuseeland. Diese waren in erster Linie der Bewertung der Gold- und Kohlevorkommen gewidmet, das wichtigste Ergebnis von Hochstetters Arbeit bleibt jedoch die erste geologische Karte von Neuseeland. Seither gilt Hochstetter, der später als Erzieher des Habsburger-Kronprinzen Rudolf, Professor an der Technischen Universität und Gründungsdirektor des Naturhistorischen Museums eine wichtige Rolle in Wien spielte, als „Vater der neuseeländischen Geologie".

Zu den Fossilien, auf die Hochstetter während seiner geologischen Reise durch Neuseeland stieß, zählte auch die Muschelart *Monotis salinaria,* die ihm aus den Ostalpen bestens vertraut war. Wie er in seinem Tagebuch vermerkt hat, fand er diese Versteinerungen am 8. September 1859 nahe der Stadt Nelson. *Monotis salinaria* lebte nur während eines kurzen Abschnitts der späten Trias-Zeit. Vor etwa 210 Millionen Jahren tauchten die Muscheln in der

Heterastridium conglobatum war in der späten Trias-Zeit weltweit verbreitet. Das abgebildete Exemplar stammt vom Dürrnberg bei Hallein und ist im Haus der Natur in Salzburg ausgestellt.

Erdgeschichte erstmals auf, waren rund um den Globus verbreitet und 5 Millionen Jahre später schon wieder überall verschwunden. Der Fund bei Nelson war der erste Beweis, dass in Neuseeland Gesteine aus dieser Zeit vorkommen. Die Muscheln lebten bevorzugt in Wassertiefen von ein paar hundert Metern auf dem Meeresboden, wo sie sich mit sogenannten Byssusfäden anhefteten. Oft traten sie in großen Mengen auf und bildeten meterdicke Muschelbänke. Für ihre weltweite Verbreitung sorgten die als Plankton in den Meeresströmungen treibenden Muschellarven.

Monotis salinaria war lange Zeit das Wappentier der neuseeländischen geologischen Gesellschaft. Einer der besten Kenner dieser Fossilien war Professor Jack Grant-Mackie (1932–2021), der mich an der Universität in Auckland betreute, als ich dort im Februar 2005 einen Vortrag hielt. Jack war ein herausragender Paläontologe, hatte aber auch viele andere Interessen. Mit Erstaunen bemerkte ich auf seinem Schreibtisch ein Foto, das ihn gemeinsam mit dem „Großen Vorsitzenden" Mao Tse-tung zeigte. Als wäre das Treffen mit Mao selbstverständlich gewesen, erklärte Jack dazu nur, dass er früher viel in Asien gearbeitet habe. Er zeigte mir in seinem Zimmer mehrere schöne neuseeländische Exemplare von *Monotis.* Danach fuhren wir zur St. Matthews-Kirche, wo Jack an einer Aufführung des Welsh Choir als Sänger mitwirkte. Ein schöner Abschluss meines Besuchs, bevor ich am nächsten Tag nach Wellington reiste, wo der nächste Vortrag anstand.

Heterastridium conglobatum

Gemeinsam mit *Monotis salinaria* treten im Gestein sonderbare, bis fußballgroße Kugeln auf, die innen entweder hohl sind oder ein Maschengeflecht zeigen. Dabei handelt es sich um Kolonien von fossilen Nesseltieren, also um Verwandte der Quallen und Korallen. Die Kugelnesseltiere, denen man den sperrigen Namen *Heterastridium conglobatum* gegeben hat, trieben freischwebend in den Meeresströmungen. Erstmals beschrieben wurden diese eigentümlichen Fossilien im Jahr 1860

Conodonten aus der mittleren Trias-Zeit vom Kasberg (Oberösterreich).

aus dem oberösterreichischen Salzkammergut. Seither wurden sie von Europa über Asien und Neuseeland bis Alaska an vielen Orten entdeckt. Da sie nur in der gleichen kurzen Zeitspanne wie *Monotis salinaria* lebten, sind auch die Heterastridien hervorragende Leitfossilien. Wird irgendwo auf der Erde eine dieser seltsamen Kugeln entdeckt, ist sofort klar, wie alt das umgebende Gestein ist: zwischen 210 und 205 Millionen Jahre!

Conodonten

Ammoniten und andere mit freiem Auge sichtbare Fossilien treten in den Hallstätter Kalken an einigen Orten massenhaft auf, oft dort, wo Meeresströmungen einst die Schalen dieser Tiere zusammengeschwemmt haben. Das ist jedoch die Ausnahme und nicht die Regel. Fehlten Ammoniten oder andere Makrofossilien, war eine Alterseinstufung der Hallstätter Kalke erst möglich, als in den 1950er-Jahren erkannt wurde, dass sich Conodonten, eine Mikrofossilgruppe, die schon seit der Mitte des 19. Jahrhunderts bekannt war, dafür hervorragend nutzen ließen. In ostalpinen Trias-Gesteinen wurde die Methode erstmals von Reinhold Huckriede (1926–2014) von der Universität Marburg an der Lahn eingesetzt.

Die millimetergroßen Conodonten erinnern an winzige Zähne oder zierliche Hahnenkämme. Diese Dingerchen bestehen aus Phosphat und lassen sich daher mit Säure aus Kalkgestein sehr gut lösen. Meist kommt dabei hochprozentige Essigsäure zum Einsatz, im Notfall und wenn man es nicht eilig hat, tut es auch Salatessig. Lange Zeit war unklar, von welcher Tiergruppe diese Mikrofossilien stammen. Erst im Jahr 1982 wurde in Schottland ein hervorragend erhaltenes Fossil eines Conodontentiers gefunden, das 4 cm lang und 2 mm breit war und am ehesten an einen Fisch erinnerte. Doch da Knochen oder Knorpel fehlen, können diese Tierchen keine Fische oder andere Wirbeltiere gewesen sein. Vermutlich gehörten sie zu der Gruppe der schädellosen Chordatiere, von denen es heute nur noch wenige Vertreter gibt. Aber im ganzen Paläozoikum und in der Trias, über einen Zeitraum von fast 350 Millionen Jahren, kamen die Schädellosen offensichtlich weltweit in riesiger Anzahl in tieferen Meeresabschnitten vor, wie reichhaltige Conodontenfaunen dort gebildeter Gesteine zeigen. Erst vor 201 Millionen Jahren, am Ende der Trias-Zeit, bei einem Massenaussterben, dessen Gründe noch unbekannt sind, verabschiedeten sich auch die Conodontentiere auf Nimmerwiedersehen aus der Erdgeschichte.

3. Teil

Der Schwammerling bei Rechberg im Mühlviertel besteht aus rund 330 Millionen Jahre altem Weinsberger Granit. Die gerundete Form des Felsens ist viel jünger und entstand durch Verwitterung im tropischen Klima der Paläogen-Zeit.

Jura bis mittleres Eozän

201–40 Millionen Jahre vor heute

Jura! Wer denkt da nicht sofort an die Dinosaurier im Film „Jurassic Park"? Dabei hat die Jura-Zeit viel mehr zu bieten als ein paar gefräßige Monster, viel Größeres, Dramatischeres und Tiefgreifenderes: das Zerbrechen des Superkontinents Pangäa! Hundert Millionen Jahre hatte Pangäa existiert, bevor es gegen Anfang der Jura-Zeit begann, zu einem Scherbenhaufen zu zerfallen: Südamerika trennte sich von Afrika, Nordamerika von Europa, Europa von Afrika, Afrika von Indien, Australien von der Antarktis.

Das Auseinanderdriften dieser Kontinente dauerte in der Kreide-Zeit fort. Die Gesamtfläche der Ozeane änderte sich dadurch nicht, aber statt des riesigen Panthalassa-Ozeans entstanden zwischen den neuen Kontinenten Ozeanbecken mit jeweils einem eigenen mittelozeanischen Rücken. Das Gesamtvolumen dieser imposanten submarinen Gebirge, die den benachbarten Meeresboden mehr als 3.000 m hoch überragen können, war viel größer als jenes des vorherigen Einzelrückens, der sich quer durch den Panthalassa-Ozean erstreckt hatte. Durch die neuen mittelozeanischen Rücken verringerte sich das Fassungsvermögen der Ozeanbecken enorm, wodurch der Meeresspiegel langfristig kräftig anstieg. Am Beginn der Jura-Zeit befand sich der Meeresspiegel etwa auf der gleichen Höhe wie heute, in der späten Kreide-Zeit dagegen lag er etwa 250 m über dem heutigen Niveau. Dadurch versanken große Festlandgebiete im Meer. Wasserflächen absorbieren mehr Sonnenenergie als Landflächen und speichern diese Wärme auch länger. Ein markanter Anstieg des Meeresspiegels führt daher auch zu einer globalen Klimaerwärmung.

Ob in der Jura-Zeit Gletscher auf der Erde existierten, ist umstritten, sicher eisfrei war die Erde in der späten Kreide-Zeit, als weltweites Treibhausklima herrschte. Noch wärmer war es in der Paläogen-Zeit, als Treibhausgase in großen Mengen durch natürliche Prozesse in die Atmosphäre gelangten. Sie führten zur stärksten Aufheizung der Erdatmosphäre in den letzten

Vor 150 Millionen Jahren, während der Jura-Zeit, öffneten sich das mittelatlantische und das penninische Ozeanbecken, wodurch der Superkontinent Pangäa in zwei große Teile gespalten wurde, die Gondwana und Laurasia heißen. In Laurasia waren die früheren Kontinente Laurussia und China vereinigt. (nach R. Blakey, www.deeptimemaps.com).

250 Millionen Jahren Erdgeschichte. Es klingt unglaublich, aber tatsächlich wuchsen damals bis in den hohen Norden Kanadas Palmen und die Antarktis war dicht bewaldet.

Im Gebiet, aus dem später die Alpen entstanden, entwickelte sich ab der frühen Jura-Zeit ein kleines Ozeanbecken. Aus Westen vom Atlantik kommend, riss dieses Penninische Ozeanbecken wie ein Keil die kontinentale Kruste des Pangäa-Kontinents auseinander, wodurch letztendlich die eigenständigen Kontinente Afrika und Europa entstanden. Die Ostalpen bestehen aus randlichen Teilen dieser beiden Kontinente, aus Resten der penninischen Ozeankruste und den ihr auflagernden Sedimenten.

Die Lebensgeschichte dieses kleinen Ozeans dauerte rund 160 Millionen Jahre und durchlief verschiedene Entwicklungsstadien. Logischerweise steht auch am Anfang eines Ozeanlebens die Geburt, die bei Ozeanen Rifting genannt wird. Ein Rift – man spricht auch von Grabenbruch – entsteht, wenn sich durch Dehnung der Erdkruste ein langgestreckter schmaler Krustenteil absenkt. Die Absenkung erfolgt an zahlreichen schräg gestellten Bruchflächen im Gestein, sogenannten Abschiebungen, die den Graben seitlich begrenzen. Dauert die Dehnung weiter an, kann sie nicht mehr allein durch Brüche kompensiert werden, sondern es reißen Spalten in der Erdkruste auf, durch die basaltisches Magma aus dem Erdinneren bis an die Erdoberfläche vordringen kann. So wird die kontinentale granitische Erdkruste allmählich durch basaltische ozeanische Kruste ersetzt. Dabei verbreitert sich das zuerst schmale Rift zu einem richtigen Ozeanbecken. Und wie in jedem Leben geht es dann bergab, der Ozean schrumpft zusammen, weil seine Kruste in den Erdmantel abtaucht, womit wir bei der Subduktion wären. Am Ende stoßen die Kontinente, die durch den Ozean getrennt waren, zusammen. Als Folge dieser Kollision hoben sich die Alpen, die wir poetisch als den Grabstein des Penninischen Ozeans bezeichnen könnten. Könnten wir, aber wir wollen ja nicht ins Kitschozän, sondern in die Jura-Zeit.

Vor 100 Millionen Jahren, am Beginn der späten Kreide-Zeit, waren Laurasia und Gondwana bereits in etliche kleinere Kontinente zerfallen. Der Großteil der Landschaft der heutigen Ostalpen wird von Gesteinen des Austroalpins aufgebaut, die Teil des Afrikanischen Kontinents gewesen waren. (nach R. Blakey, www.deeptimemaps.com).

3•1 Frühe Jura- bis frühe Kreide-Zeit

Frühe Jura- bis mittlere Jura-Zeit

Die Geburt des Penninischen Ozeanbeckens wurde durch das Aufreißen eines Hunderte Kilometer langen Grabens eingeleitet, der den südlichen Schelf Pangäas von Westen nach Osten durchschnitt. Bald nach Beginn der Jura-Zeit vor etwa 180 Millionen Jahren, es können auch ein paar mehr oder weniger gewesen sein, war dieser Graben bereits so ausgeprägt, dass er eine deutliche Grenze zwischen Gebieten mit völlig verschiedener Sedimentation bildete.

Der Nordrand des Grabens

Im Norden lag ein Gebiet, das stark vom benachbarten Böhmischen Massiv beeinflusst wurde, von dem ein großes Stück als Festland aus dem Meer ragte. Dieses Hügelland (Vindelizisches Land) lieferte Geröll, Sand und Ton in das angrenzende Küstengebiet, wo in Sümpfen eine reichhaltige Vegetation spross. Die abgestorbenen Reste der jurassischen Sumpfpflanzen sind in den kohleführenden Grestener Schichten der ober- und niederösterreichischen Voralpen erhalten, wo sie an mehreren Orten bergmännisch abgebaut wurden. Südlich von St. Pölten befand sich ein solches Steinkohlebergwerk bei Bernreith im Gölsental, südöstlich der Stadt Steyr versorgte das Bergwerk im Pechgraben bei Großraming das Sensenwerk in Laussa und die Messingfabrik in Reichraming mit Steinkohle. Im Pechgraben waren zeitweilig bis zu 160 Bergmänner beschäftigt, die zwischen 1832 und 1882 in mehreren kilometerlangen Stollen insgesamt 7.500 t Steinkohle abbauten. Eine ganze Menge, wenn man bedenkt, dass die Lagen reiner Kohle, also die Flöze, dort maximal nur einige Dezimeter dick werden. Die Steinkohle der Flöze ist so stark umgewandelt, dass darin kaum noch

Dieser Farnwedel (*Dictyophyllum* sp.) aus den Grestener Schichten wurde kurz nach seinem Absterben von Schlamm bedeckt. Erst rund 180 Millionen Jahre später kam er beim Steinkohleabbau im Pechgraben wieder ans Tageslicht.

Der Einfluss des nahen Festlands zeigt sich auch in den aus Kristallinkomponenten aufgebauten Konglomeraten der Grestener Schichten.

Fossilien erkennbar sind. Gut erhaltene Pflanzenfossilien kommen insbesondere in den „Kräuterschiefern" vor, so bezeichneten die Bergleute die sandigen Sedimentgesteine zwischen den einzelnen Flözen. Durch den Anstieg des Meeresspiegels wurden die Sumpflandschaften überflutet und darauf Meeressedimente abgelagert. Typisch für diese Flachmeerablagerungen sind fossile Austern, wie sie auch im westlichsten Vorkommen der Grestener Schichten, im Gschliefgraben bei Gmunden, vorkommen. Diese Meeresablagerungen zeigen bereits starke Ähnlichkeiten mit den berühmten fossilreichen Ablagerungen des schwäbischen und fränkischen Jura in Süddeutschland, mit denen sie im Westen in Verbindung standen. Ähnlichkeiten bestehen auch zu den fossilführenden metamorphen Unterjura-Gesteinen der zentralen Ostalpen, die aus dem Tiroler Paznauntal als „Steinsberger Lias" bekannt sind.

Dieser Unterjura-Ammonit stammt aus dem metamorphen „Steinsberger Lias" bei Ischgl im Paznauntal (Nordtirol).

Die Meeresmuschel *Gryphaea arcuata* wurde im westlichsten Vorkommen der Grestener Schichten, im Gschliefgraben bei Gmunden (Oberösterreich) entdeckt. Die gebogenen Muschelklappen werden umgangssprachlich „Teufelsklauen" genannt.

Der Südrand des Grabens

Zerrspalten im Gestein, die durch die Krustendehnung wiederholt aufrissen und jedes Mal mit unterschiedlichen Sedimenten verfüllt wurden, sind am ehemaligen südlichen Rand des Grabenbruchs erhalten. Besonders deutlich sind diese roten und gelblichen Spaltenfüllungen aus der frühen Jura-Zeit zu sehen, wenn sie durch den grauen Dachsteinkalk der Nördlichen Kalkalpen verlaufen. Oft kommen in diesen Spaltenfüllungen massenhaft Teile von Seelilienstängeln vor. Trotz des „blumigen" Namens sind Seelilien keine Pflanzen, sondern Tiere, die zum Stamm der Stachelhäuter gehören. Während andere Vertreter dieser ausschließlich im Meer vorkommenden Tiergruppe, wie die Seeigel und Seesterne, allgemein bekannt sind, sind die Seelilien weitgehend aus unserer Wahrnehmung verschwunden. Das dürfte damit in Zusammenhang stehen, dass diese auch als Krinoiden bezeichneten Tiere auf Tauchstation gegangen sind und heute ausschließlich in der Tiefsee leben, wo sie niemand je zu Gesicht bekommt. In der Jura-Zeit war das noch anders. Damals bevölkerten sie in großer Zahl seichte Meeresgebiete. Nach ihrem Absterben zerfielen die grazilen Körper dieser Tiere, und die einzelnen Elemente ihrer Stiele wurden von Strömungen in solchen Massen angehäuft, dass sie gesteinsbildend sind. Solche Krinoidenkalke kommen in den Ostalpen fast ausschließlich im Unter- und Mittel-Jura vor und sind beispielsweise am Aufbau des Schafberg-Gipfels zwischen Wolfgang- und Mondsee entscheidend beteiligt.

Die Absenkung der Erdkruste geschah nicht einheitlich, sondern als Mosaik von Krustenschollen, die sich unterschiedlich bewegten. Dadurch war der Meeresgrund nicht eine einfache Ebene, sondern eine Unterwasserlandschaft mit ausgeprägtem Relief. Besonders schön ist dieses Muster aus höher- und tiefergelegenen Abschnitten noch in den Sedimentgesteinen der Osterhorn-Gruppe bei Salzburg erkennbar, wo auch die berühmten Steinbrüche von Adnet liegen. Dieses Gebiet war im Vergleich zu den übrigen Nördlichen Kalkalpen nur wenig von späteren tektonischen Bewegungen betroffen.

Entlang des „Altausseer Wegs" im Toten Gebirge sind manchmal im triassischen Dachsteinkalk bunte jurassische Spaltenfülllungen zu sehen.

Durch Wasserströmungen wurden in der frühen und mittleren Jura-Zeit Stielglieder von Krinoiden in seichten Meeresteilen zusammengeschwemmt. Ein Beispiel dafür ist der „Fludergraben-Marmor", der am Brunnkogel bei Altaussee (Steiermark) abgebaut wurde (Bildbreite ca. 7 cm).

Kalke aus der frühen Jura-Zeit bauen den Gipfel des Schafbergs über dem Mondsee auf.

Eine frisch angelegte Sägewand im Rottropf-Bruch (Adnet) zeigt Anschnitte von Korallenschutt aus dem Randbereich eines Riffs (Bildbreite ca. 2 m).

Adnet

Auch in größeren Tiefen war der Meeresboden der frühen Jura-Zeit stark gegliedert. Unter einer Wasserbedeckung von wenigen hundert Metern lagerten sich auf einer Schwellenzone, die den umgebenden Meeresboden überragte, die roten Adneter Schichten ab. Der namensgebende Ort Adnet liegt etwa 10 km südlich der Stadt Salzburg. Zahlreiche Steinbrüche, die seit Jahrhunderten in Abbau stehen, gewähren dort einen großartigen Einblick in die unterschiedlichen Typen des „Adneter Marmors". Als „Marmor" wird von den Steinmetzen jeder polierbare Kalkstein bezeichnet, für die Geologen ist ein Marmor dagegen ein unter hohen Druck- und Temperaturbedingungen metamorph gewordener Kalkstein. Geologisch gesehen ist der Adneter „Marmor" also ein Kalkstein.

Seit dem Mittelalter ist dieser Adneter Kalk so begehrt, dass er vielerorts in Europa als Bildhauerstein zum Einsatz kam. Als ich den in Fachkreisen berühmten polnischen Sedimentologen Stanislaw Dzulinski in den 1980er-Jahren durch die Alpen führte, wollte er unbedingt auch nach Adnet, weil von dort die Gesteine für einige der mittelalterlichen Königsgräber in seiner Heimatstadt Krakau stammen. Die großen und schweren Kalkblöcke waren im 15. Jahrhundert zuerst auf dem Wasserweg über die Salzach zum Inn und weiter zur Donau und zur March transportiert worden. Im mährischen Kroměříž (damals: Kremsier) verlud man sie auf Ochsenkarren und schaffte sie mühsam über Land zu ihrem Zielort. Nur ein Beispiel dafür, wie die Altvorderen weder Kosten noch Mühen scheuten, um an den wunderbaren Adneter Stein zu kommen.

Dabei ist die Bezeichnung „Adneter Stein" irreführend, denn tatsächlich gibt es dort eine Vielzahl unterschiedlicher „Steine". Durchwegs handelt es sich dabei um meist rot gefärbte Kalksteine, die als Folge des kleinräumigen Reliefs der Schwellenzone vielfältige Variationen zeigen. Der häufigste Kalktyp sind dünne Kalkbänke mit knolliger Struktur, die vor allem im Mittelalter für Grabplatten begehrt waren, die in Bayern und Österreich oft an den Wänden alter Kirchen zu sehen sind. Viel wertvoller waren die seltener vorkommenden Kalkvarianten wie der mühsam nach Krakau transportierte „Scheck", eine Brekzie aus roten Kalkbrocken, die einst unter einer Steilstufe am Meeresboden eine Schutthalde bildeten.

Ein Block aus dem Rottropf-Bruch (Adnet) mit ausgewitterten Quer- und Längsschnitten eines Korallenstocks (Burgmuseum Golling, Bildhöhe ca. 50 cm).

Rechte Seite: Flach liegende rote Adneter Knollenkalke im Davidgraben, einem Zubringer des Tauglbachs bei Hallein im Land Salzburg.

Eine dünne Erzkruste („Brandschicht") überzieht diesen unterjurassischen Meeresboden in Adnet, Salzburg (Bildbreite ca. 50 cm).

Manganknollen aus der mittleren Jura-Zeit von der Blaa-Alm im steirischen Salzkammergut (Bildbreite ca. 25 cm), Foto: G. W. Mandl.

Die Hohlräume zwischen den Brocken waren mit Wasser gefüllt, aus dem im Lauf der Zeit weißer Kalkspat auskristallisierte. Der Scheck hat daher eine lebhafte rot-weiße Färbung.

Ein weiteres berühmtes Adneter Gestein ist der ebenfalls rot-weiß gefärbte „Rottropf", der entstand, als in der frühen Jura-Zeit roter Schlamm in die Hohlräume eines weißen triassischen Korallenkalks eindrang. Die hellen Korallenquerschnitte und andere Fossilien heben sich deutlich von ihrer roten Umgebung ab und bilden dekorative Muster auf der Gesteinsoberfläche.

An die zwanzig verschiedene Kalktypen werden und wurden in Adnet abgebaut und als Dekorsteine auch für viele öffentliche Bauwerke verwendet. Die Eingangshalle des Salzburger Hauptbahnhofs beispielsweise ist piekfein ganz mit Adneter Scheck ausgekleidet, und wer die Halle des Wiener Westbahnhofs durchquert, wird verschiedenste Typen des Adneter Kalks sehen, bevor er an den Ausgängen zum Vorplatz den prächtigen Rottropf bewundern kann. Den besten Eindruck von der Gesteinsvielfalt erhält man natürlich in Adnet selbst, bei einem gemütlichen Halbtagesspaziergang entlang des „Marmor-Pfads", der beim Parkplatz neben der Adneter Kirche beginnt. Auch in die Kirche sollten an der Geologie Interessierte einen Blick werfen, denn im Kirchenschiff sind viele der lokalen Gesteine verbaut. Am benachbarten Friedhof wird man Grabsteine aus Adneter Kalk vergeblich suchen, denn draußen wurde der Kalk kaum verwendet, da er durch seine geringe Verwitterungsbeständigkeit im Freien rasch unansehnlich wird.

Erze am Meeresgrund

Während der 25 Millionen Jahre dauernden frühen Jura-Zeit bildeten sich insgesamt nur 50 m dicke Kalkschichten, durchschnittlich also bloß eine 2 mm dicke Lage pro Jahrtausend. Die rote Farbe der Adneter Kalke ist ein Ergebnis dieser überaus langsamen Entstehung. Denn so hatte der im Meerwasser gelöste Sauerstoff Zeit, die winzigen im Sediment enthaltenen Eisenteilchen zu oxidieren. Anders gesagt: Eisenhältige Partikel verrosteten, und dieser Rost färbt noch heute das Gestein.

Die Sedimentation verlief in der frühen Jura-Zeit nicht kontinuierlich ab, sondern Zeiten mit etwas höheren Sedimentbildungsraten wechselten mit Zeiten, in denen die Ablagerung fast völlig zum Stillstand kam. Während solcher Episoden bildeten sich am Meeresboden Erzkrusten, die wegen ihrer schwarzen Farbe von den Adneter Steinbrucharbeitern „Brandschichten" genannt werden. Die wenige Millimeter bis zu einem Zentimeter dicken Erzkrusten stehen mit der gleichen Krustendehnung in Zusammenhang, die auch für die kleinräumige Unterwasserlandschaft am Meeresboden der frühen Jura-Zeit verantwortlich war. Durch die Dehnung rissen tief in die Erdkruste reichende Spalten auf, aus denen heiße metallhaltige Lösungen ins Meer strömten. Das Erz der Brandschichten entstand durch die Oxidation der im Wasser gelösten Metalle, die auf dem Meeresboden als Krusten oder Knollen ausgefällt wurden. Bis zu faustgroße Eisen-Mangan-Knollen sind in den Nördlichen Kalkalpen vorwiegend aus mitteljurassischen Kalken bekannt.

Von Tauchrobotern gemachte Aufnahmen heutiger Tiefseeböden zeigen, dass Erzknollen, wie Kartoffeln auf dem Acker, massenhaft im roten Schlamm liegen, der Großteil davon auf dem Boden des Pazifiks und des Indischen Ozeans. Die Gesamtmenge an Erzen auf den Ozeanböden wird auf schier unglaubliche 40 Milliarden Tonnen geschätzt (www.bgr.bund.de), zumindest die Hälfte davon wäre abbauwürdig. Neben den Hauptbestandteilen Eisen und Mangan enthalten die Krusten und Knollen nämlich auch Kobalt, Nickel, Titan, Kupfer, Molybdän, Wolfram und andere begehrte Metalle.

Die ostalpinen Vorkommen von Eisen-Mangan-Anreicherungen aus der frühen und mittleren Jura-Zeit sind viel zu klein, um wirtschaftlich interessant zu sein. Nur sehr lokal, etwa bei der Blaa-Alm nördlich der steirischen Stadt Altaussee, wurde dieses Erz in kleinem Rahmen wahrscheinlich auch wirtschaftlich genutzt. Ein versuchsweiser Abbau von mitteljurassischen Manganschiefern in der Gegend von Unken (Salzburg) wurde wegen zu geringer Ergiebigkeit rasch wieder eingestellt. Dagegen gibt es in der riesigen Schatzgrube der heutigen Tiefsee echt was zu holen. Da geht es um geostrategische Überlegungen und sehr viel Geld. Klar, dass auf diese Lagerstätten gierige Blicke geworfen werden und die Claims schon abgesteckt sind. Auch wenn noch kein Tiefseebergbau in Betrieb ist, so haben sich doch im Nordostpazifik zwischen Hawaii und Mexiko schon etliche Staaten große Konzessionsgebiete gesichert. Allein das von Deutschland beanspruchte Gebiet, das in 4.000 m Wassertiefe liegt, ist beinahe so groß wie die ganze Fläche Österreichs. Bei der Bergung der Erzknollen sollen ferngesteuerte Tiefseebagger viele Tausend Quadratkilometer Meeresboden umpflügen, bevor das Erz mit einer Art Riesenstaubsauger heraufgeholt werden kann. Die Ingenieure sagen, das wäre kinderleicht, aber welche ökologischen Folgen diese Verwüstungen des Meeresbodens haben werden, weiß niemand, weil kein Mensch den Lebensraum Tiefsee wirklich kennt.

Auch Ammoniten wie diese *Schlotheimia* sp. aus Adnet wurden von dünnen Erzkrusten überzogen, wenn sie lange ohne Sedimentbedeckung auf dem Meeresboden lagen (Sammlung Haus der Natur), Originalgröße.

Fischsaurier, Kopffüßer und Kopfschüssler

Exemplarisch für die Sedimentation in einem etwas tieferen Teil des frühjurassischen Meeres sind die in der Glasenbachklamm aufgeschlossenen Sedimentgesteine. Die Klamm am Südrand der Stadt Salzburg ist bequem mit dem Stadtbus zu erreichen, und zumindest bis zur Saurier-Fundstelle ist der gut ausgebaute Weg nicht sehr steil und auch für kinderwagenschiebende Eltern gut zu bewältigen. Er führt zunächst durch Kreidekonglomerate und oberjurassische Schichten, bevor er durch mehrere Hundert Meter dicke Unterjura-Ablagerungen verläuft. In diesen sind eine Vielzahl von submarinen Hangrutschmassen erkennbar, darunter die markanten roten Knollenbrekzien. Diese sind vermutlich aus Süden, aus dem Gebiet der Adneter Schwelle, in das Becken geglitten. Aus Norden kam hingegen in der frühesten Jura-Zeit eine Rutschung mit quarzhältigen Mergelschichten und grauen Kalkbänken, aus denen die Überreste mehrerer Ichthyosaurier ausgebuddelt wurden, die heute im „Haus der Natur" in Salzburg zu sehen sind. Diese Knochen und Zähne sind die spektakulärsten Fossilfunde aus der Glasenbachklamm, die sonst vor allem für ihre Ammoniten bekannt geworden ist, die zur zoologischen Klasse der Kopffüßer (Cephalopoda) gehören. Erste Ichthyosaurierfunde machten Eberhard Fugger und Carl Kastner schon beim Bau der Straße durch die Klamm im Jahr 1886. Die meisten der Knochen und Zähne verdanken wir jedoch dem unermüdlichen Sammeltrieb des Finanzbeamten Rudolf Jancik, der ab 1960 mehr als 20 Jahre lang wie ein Besessener auf Saurier-Jagd ging. Bewaffnet mit einem großen Vorschlaghammer und meist nur mit Badehose, Gummistiefeln und Schutzbrille bekleidet, stand er mindestens einmal pro Woche im Bachbett und zertrümmerte dort riesige Felsen. Er sah es als eine Art Fitness-Programm und anspielend auf seine Kriegsverletzung verkündete er einmal selbstironisch: „Wahrscheinlich mache ich das nur, weil ich ein Kopfschüssler bin!"

Einige der von Rudolf Jancik gefundenen und mühevoll aus dem Gestein freigelegten Ichthyosaurierwirbel aus der Glasenbachklamm. Foto: Eberhard Stüber (Haus der Natur).

Späte Jura-Zeit

Etwa ab der Wende von der mittleren zur späten Jura-Zeit konnte die Krustendehnung nicht mehr allein durch die Abschiebungen ausgeglichen werden. Stattdessen zerriss die kontinentale Kruste immer mehr, und von unten drang basaltisches Magma in die Spalten ein. Damit begann die Bildung echter ozeanischer Lithosphäre und die Entstehung des Penninischen Ozeanbeckens, das Pangäa in die eigenständigen Kontinente Europa und Afrika zerlegte. Der neue Ozean erreichte seine maximale Breite, die etwa eintausend Kilometer betrug, in der späten Kreide-Zeit. Allerdings ist von dieser ozeanischen Lithosphäre heute kaum noch etwas erhalten, denn sie wurde später wieder in die Tiefe des Erdmantels subduziert, solange, bis vor etwa 42 Millionen Jahren, in der mittleren Eozän-Zeit, der Penninische Ozean wieder völlig verschwunden war.

Nur kleine Reste, sogenannte Ophiolithe, sind Zeugen der verschwundenen ozeanischen Lithosphäre und lassen sich als schmale Spur durch die Alpen verfolgen. „Ophiolith" bezeichnet eine Gesteinsabfolge aus Erdmantelgesteinen (Peridotit oder daraus entstandenem Serpentinit), Krustengesteinen (Gabbros und Basalte) und Tiefseesedimenten. Durch die starke tektonische Zerlegung in den Alpen liegen die Ophiolitgesteine jedoch oft nicht im ursprünglichen Zusammenhang vor, sondern nur als kleine isolierte Vorkommen der einzelnen Gesteinsarten.

Auf die beeindruckenden Vorkommen ozeanischer Lithosphäre des Penninischen Ozeans beim Schweizer Ort Arosa wurde schon in der Einleitung hingewiesen. Der buchstäbliche Höhepunkt derartiger Vorkommen ist der Großglockner (3.798 m) an der Grenze zwischen Kärnten und Osttirol. Dieser höchste Gipfel Österreichs besteht in der Hauptsache aus basaltischer Kruste des Penninischen Ozeans. Während der Subduktion gelangten diese Basalte bis zu 10 km tief in die Erdkruste und wurden dort in Grünschiefer („Prasinite") umgewandelt. Der lebhaft grün gefärbte und gebänderte Prasinit ist ein begehrtes Dekorgestein, das zwar nicht am Großglockner selbst, jedoch in seiner südwestlichen Fortsetzung bei Prägraten im Osttiroler Virgental intensiv abgebaut wird. Deshalb muss, wer den Prasinit ausgiebig betrachten will, nicht unbedingt einen Bergführer anheuern, um auf den Großglockner zu kraxeln, sondern kann das viel bequemer bewerkstelligen. Die Hallen des Wiener und Grazer Hauptbahnhofs sind mit diesem schönen Gestein ausgelegt. Besser als dort wird man die Vielfalt des grün-gelblichen Prasinits und der ihn begleitenden dunkelgrünen Serpentinite nicht zu sehen bekommen. Ein Augenschmaus für Ophiolith-Feinspitze!

Prasinit-Platte aus Osttirol am Wiener Hauptbahnhof.

Die Grüngesteine und sie begleitende metamorphe Sedimente („Bündner Schiefer") aus der späten Jura- und frühen Kreide-Zeit tauchen östlich der Hohen Tauern erst wieder bei Rechnitz an der Grenze zu Ungarn auf. Auch dort bauen sie den weit und breit höchsten Gipfel auf, den Geschriebenstein (884 m) im Günser Bergland. Den geologischen Zusammenhang zwischen Hohen Tauern und Günser Bergland entdeckte Anfang der 1950er-Jahre der Geologe Walter Josef Schmidt (1923–2010). Schmidt wanderte bald nach dieser Entdeckung in die USA aus und machte dort Karriere als Manager von Bergbau- und Ölfirmen. Auf einer Dienstreise überlebte er nur knapp einen Flugzeugabsturz in Ägypten. Seit diesem Unglück hatte er schlohweißes Haar. Nach seiner Rückkehr nach Österreich wurde er Professor in Leoben, später Präsident der Österreichischen Geologischen Gesellschaft, deren Sekretär ich war. So hatte ich viele Gelegenheiten diesen weltgewandten Mann näher kennenzulernen, der sich für moderne Kunst und Jazz interessierte und sich um den Ruf der Geologie in Österreich sorgte, weil viele der hiesigen Geologen „sich noch immer benehmen wie die Wurzelseppen".

Blick vom Figerhorn (2.743 m) über die Freiwandspitze (2.919 m) nach Norden zum Großglockner (3.798 m). Diesen höchsten österreichischen Berggipfel teilen sich Osttirol und Kärnten. Die grünlich-grauen Gesteine des Großglockners und seiner

Umgebung entstanden aus Basalten des Penninischen Ozeanbeckens, die bei der Metamorphose in Grünschiefer umgewandelt wurden. Die hellgrauen Bündnerschiefer der Freiwandspitze sind metamorph gewordene tonige und sandige Sedimente.

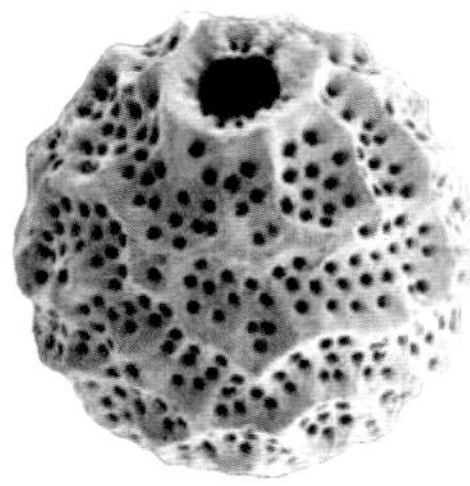

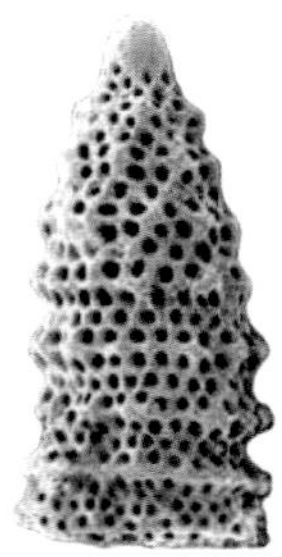

Radiolarienskelette aus dem Radiolarit der Nördlichen Kalkalpen.
Fotos aus Wegerer et al. 2003.

Radiolarit

Wie schon erwähnt, gehören zu einem Ophiolith nicht nur magmatische Gesteine, sondern auch Sedimentgesteine, von denen das markanteste der Radiolarit ist. In den Ostalpen bildet er beinahe eine Art „Leitfossil", denn wenn man ihn hier findet, stammt er mit größter Wahrscheinlichkeit vom Beginn der späten Jura-Zeit. Der Radiolarit ist ein kalkfreies Gestein, das in großen Wassertiefen gebildet wurde, wo keine Kalksedimentation mehr möglich war. Unter den Druck- und Temperaturbedingungen der Tiefsee ist Wasser nämlich untersättigt an Kalk und löst diesen daher auf. Die Wassertiefe, ab der Kalk vollständig gelöst wird, hat den sperrigen Namen Kalzitkompensationstiefe (CCD). Sie liegt im heutigen Atlantik in 5.000 m Wassertiefe, im Pazifik dagegen „nur" in 4.000 m Tiefe. Ihre Tiefenlage hängt von verschiedenen Voraussetzungen ab. Ein wichtiger Faktor ist das Vorhandensein von Vulkanen am Meeresboden, da diese Kohlenstoffdioxid abgeben, wodurch die Kalklösung verstärkt wird. Solche Vulkane waren in der späten Jura-Zeit im noch schmalen und schlecht durchlüfteten Penninischen Becken sicher hochaktiv, wie die Prasinite aus dieser Zeit beweisen. Daher ist davon auszugehen, dass die CCD damals wahrscheinlich in einer Wassertiefe von nicht mehr als 2.000 m lag. In der späten Jura-Zeit bildeten sich Radiolarite nicht nur über der ozeanischen Kruste der zentralen Teile des Meeresbeckens, sondern auch randlich davon in allen Gebieten, die unterhalb der CCD lagen. So sind besonders im Gebiet der späteren Nördlichen Kalkalpen Radiolarite aus der späten Jura-Zeit weit verbreitet.

Doch wie sieht er nun eigentlich aus, dieser ominöse Radiolarit? Es ist ein braunrotes, manchmal auch grünliches oder schwarzes Gestein, das scharfkantig und splitterig zerbricht und fast ausschließlich aus Siliziumdioxid besteht, was chemisch das Gleiche ist wie Fensterglas. Dieses Material kann in kristalliner Form als Quarz oder Chalcedon vorliegen, wenn die Atome in einem Kristallgitter angeordnet sind. Sind die Atome des Siliziumdioxids ungeordnet wie in einer Flüssigkeit, wird das Material als Opal bezeichnet. Aus Letzterem bestehen die Nadeln von Kieselschwämmen, die am Meeresboden leben, und die filigranen Skelette verschiedener plankonisch lebender Einzeller, wie Kieselalgen (Diatomeen) oder Strahlentierchen (Radiolarien). Da sich kalkschalige Fossilien unterhalb der Kalzitkompensationstiefe buchstäblich in nichts auflösen, bleiben dort nur Hartteile aus Siliziumdioxid erhalten.

Die maximal wenige Zehntelmillimeter großen Radiolarien leben auch heute noch ausschließlich im Meer, wo sie in den oberen Wasserschichten als Plankton in der Strömung treiben. Nach ihrem Absterben sinken sie durch das Wasser hinunter zum Meeresboden. Dort verwest das organische Material, zurück bleibt ein weicher Schlamm mit massenhaft kugel- und helmförmigen Radiolarienskeletten. Durch die anhaltende Sedimentation wird der Schlamm immer tiefer versenkt und durch das Gewicht der Auflagerung zusammengedrückt und verdichtet. Gleichzeitig steigt mit zunehmender Tiefe die Temperatur, wodurch der Opal der Schwammnadeln und Planktonskelette zu mikrokristallinem Chalcedon umgewandelt wird. Dieser kann sich im Sediment in sogenannten Hornsteinknollen („Feuerstein") konzentrieren oder feinverteilt als „Zement" das Sediment verfestigen. In beiden Fällen entsteht ein sehr hartes Material, das sich für die Herstellung von Steinwerkzeugen eignet und von den Archäologen als Silex bezeichnet wird.

Aufgrund seiner Härte und seines scharfkantigen Bruchs war der Radiolarit einst so begehrt, dass für seine Gewinnung auf der Antonshöhe in Liesing, am westlichen Stadtrand von Wien, das älteste Bergwerk in den Ostalpen angelegt wurde. Das war vor rund 6.000 Jahren, in der mittleren

Scharfkantige Radiolaritbruchstücke von der Antonshöhe in Wien-Liesing.

Jungsteinzeit, als Radiolarit und Hornstein unverzichtbare Rohstoffe zur Herstellung von Klingen, Pfeilspitzen und Schabern waren, weswegen man diese Gesteine in prähistorischer Zeit wahrscheinlich an vielen Stellen in den Alpen gewann. Sicher belegt werden kann ein solcher Abbau nur bei der Antonshöhe, weil dort in den Bergbauschächten auch Gräber mit Beigaben aus der Jungsteinzeit entdeckt wurden. Sonst ist es oft schwierig, die Herkunft von Silex-Geräten zu eruieren, denn hochwertige Werkzeuge aus Radiolarit und Hornstein waren so gefragt, dass sie in der Jungsteinzeit über weite Entfernungen gehandelt wurden. So hatte „Ötzi", die rund 5.000 Jahre alte Mumie, die im Jahr 1991 aus einem Gletscher der Ötztaler Alpen ausaperte, einen Dolch und Pfeilspitzen aus einem Silex bei sich, der in der Umgebung des 100 km vom Fundpunkt entfernten Gardasees abgebaut worden war. Und ich erinnere mich an die Zeit, die ich als Teilnehmer einer archäologischen Grabungskampagne in den neolithischen Fundschichten von Karanovo in Bulgarien verbrachte, wo große Mengen von Klingen aus honigfarbenem Silex gefunden wurden, dessen nächstgelegenes Vorkommen sich in Syrien befindet.

Grauer und rotbrauner Radiolarit vom Beginn der späten Jura-Zeit im alten Steinbruch südwestlich der Fludergrabenalm bei Altaussee (Steiermark).

Submarine Hangrutschungen

Submarine Hangrutschungen können ungeahnte Dimensionen annehmen, die jene der größten Massenbewegungen an Land um ein Vielfaches übertreffen. Der Gigant unter diesen Rutschungen am Meeresboden ist die Storegga-Rutschung vor der Küste Norwegens. Dort gerieten vor etwa 7.000 Jahren rund 3.000 km³ Gestein und Sediment unter dem Einfluss der Schwerkraft in Bewegung und verteilten sich über eine Fläche ungefähr so groß wie jene des heutigen Bayern!

Viel kleiner waren die submarinen Hangrutschungen, die sich gleichzeitig mit der Radiolaritbildung in dem Gebiet ereigneten, aus dem später die Nördlichen Kalkalpen entstanden. Doch nimmt die größte dieser abgerutschten Gesteinsmassen immerhin eine Fläche von fast 100 km² ein und baut im Salzkammergut das Gebiet um den Hohen Raschberg (1.487 m) zwischen dem oberösterreichischen Bad Goisern und steirischen Altaussee auf. Die entscheidenden Informationen über Zeitpunkt und Art der Entstehung dieser Gleitmasse lieferten die geologische Kartierung und die Alterseinstufung der Gesteine mit Hilfe von Fossilien.

Die Gesteine der Goiserer-Altausser-Gleitscholle entstanden zwischen der späten Perm-Zeit und der frühen Jura-Zeit. Zu ihnen gehören beispielsweise die Steinsalzlagerstätten des Ischler und des Ausseer Salzbergs und bunte Ammonitenkalke aus der Trias-Zeit. Die Gesteinsausbildung zeigt, dass die große Gleitscholle und viele kleinere Schollen, die sie begleiten, aus dem südlichen Teil des Ablagerungsraums der späteren Nördlichen Kalkalpen stammen. Von dort rutschten sie in der späten Jura-Zeit auf einem submarinen Abhang nach Norden. Wie viele Kilometer sie dabei zurücklegten, wissen wir nicht. Jedenfalls landeten sie am Ende ihrer Reise auf frischem, noch weichem Radiolarienschlamm. Der in den folgenden Jahrmillionen abgelagerte Radiolarienschlamm deckte die zur Ruhe gekommene Rutschmasse schließlich völlig zu. Man könnte sagen: Sie wurde mit Radiolarienskeletten, die nach dem Absterben der Tiere aus den oberen Wasserschichten hinunter zum Meeresboden schwebten, langsam „eingeschneit". Und so werden die Gleitschollen jetzt allseitig von Radiolarit umgeben, dessen Alter mit den darin enthaltenen Radiolarien bestimmt werden kann.

Auf diese Art der Altersbestimmung hat sich in den letzten Jahren eine Arbeitsgruppe um Hans-Jürgen Gawlick an der Montanuniversität Leoben spezialisiert. Nach ihren Ergebnissen entstand der Radiolarit gleich am Beginn der späten Jura-Zeit, etwa zwischen 163 und 157 Millionen Jahren vor heute. Innerhalb dieses Zeitraums kamen auch die Gleitschollen im Radiolaritbecken an, die in den Nördlichen Kalkalpen zwischen Lofer im Land Salzburg und dem Westrand des Wiener Beckens weit verbreitet sind.

Die oft überaus fossilreichen Gesteine der Gleitschollen waren schon den Geologen des 19. Jahrhunderts aufgefallen, die sich aber keinen rechten Reim auf diese eigenartigen Vorkommen machen konnten, die altersmäßig so gar nicht zu den sie allseitig umgebenden viel jüngeren Gesteinen passten. Mit mehr oder weniger fantasievollen Modellen wurde versucht, hinter das Geheimnis zu kommen. Erstmals als solche erkannt wurden die Hangrutschungen der späten Jura-Zeit vom Wiener Geologen Benno Plöchinger (1917–2006), dem ich bereits mein Buch „Lebensräume" gewidmet habe. Benno war ein herausragender Kenner der Nördlichen Kalkalpen und ein begeisterter Kartierungsgeologe, der bei jedem Wetter am liebsten draußen unterwegs war, obwohl er, im Erwachsenenalter an Kinderlähmung erkrankt, nur mehr eingeschränkt mobil war. Das war wohl auch die Ursache für etliche Unfälle, die er bei der Arbeit erlitt und die seine Beweglichkeit weiter einschränkten. Im Jahr 1979 leitete Benno für die Universität Salzburg eine einwöchige Exkursion durch die Nördlichen Kalkalpen zwischen Salzburg und Wien. Ich war ein junger Student, es war meine allererste geologische Exkursion und eine aufregende Sache, denn an jedem Tag passierten wir mindestens eine Stelle, an der Benno schon einmal abgestürzt oder sonst wie verunglückt war und sich dabei alle möglichen Knochen gebrochen hatte. Bis zu seinem Tod ungebrochen blieb Bennos Begeisterung für die Geologie.

Meeresspiegelschwankungen

Über dem Radiolarit wurden im weiteren Verlauf der späten Jura-Zeit verschiedene Kalkgesteine abgelagert, die oft Hornsteinknollen enthalten. Etwa gleichzeitig überflutete ein stark ansteigender Meeresspiegel bisherige Festlandgebiete. Wie in der Einleitung zu diesem Kapitel erwähnt, wurden diese enormen Schwankungen vor allem durch die vulkanische Aktivität in den Ozeanbecken bestimmt. An der Erstellung der globalen Meeresspiegelkurven war der aus Pakistan stammende Bilal U Haq maßgeblich beteiligt, der in den USA an der National Science Foundation in Washington und anderen bedeutenden Institutionen forschte. Aber auch zu Österreich hat Bilal eine enge Beziehung, denn ganz am Anfang seiner Karriere verbrachte er das Jahr 1965 in Wien, wo ihn unter anderem Herbert Stradner und Rudolf Oberhauser in paläontologischen Methoden unterwiesen. Als ich Jahrzehnte später Bilal beim Internationalen Geologen-Kongress 1996 in Beijing traf, erzählte er, wie prägend diese Wiener Zeit für ihn war, weil er damals die Methoden kennenlernte, die später sein wichtigstes Handwerkszeug werden sollten.

Betrachtet man Bilals Meeresspiegelkurven, erkennt man, dass der Meeresspiegel der Jura-Zeit sein höchstes Niveau gegen Ende dieser Periode erreichte. Er lag damals um etwa 100 m höher als gegenwärtig, wodurch auch im Gebiet der späteren Ostalpen ausgedehnte Festlandgebiete unter Wasser gesetzt wurden. Diese bildeten seichte Plattformen im Meer, auf denen heller Kalkschlamm abgelagert wurde. Überreste dieser fossilreichen Ablagerungen sind der Ernstbrunner Kalk im niederösterreichischen Weinviertel, der Sulzfluh-Kalk im Rätikon in Vorarlberg und der Plassen-Kalk der Nördlichen Kalkalpen in Salzburg und Oberösterreich. Gegen Ende der Jura-Zeit sank der globale Meeresspiegel um etwa 40 m, die Karbonatplattformen tauchten aus dem Meer auf und ihre Oberflächen verkarsteten, bevor sie durch einen neuerlichen starken Meeresspiegelanstieg in der späten Kreide-Zeit, über den noch ausgiebig berichtet werden wird, erneut überflutet wurden.

Hübsche Manschettenknöpfe? Nein, Zähne von Kugelzahnfischen! Solche Fische (Ordnung Pycnodontiformis) lebten von der späten Trias- bis in die Paläogen-Zeit in tropischen Flachmeeren. Die größten Arten mit bis zu 2 m Körperlänge sind aus der späten Jura-Zeit bekannt. Im Fischmaul bildeten die Zähne ein Pflaster, mit dem sich Muschel- und Schneckenschalen prima knacken ließen (Ernstbrunner Kalk, Gemeindesteinbruch Falkenstein).

Blick vom Galgenberg (425 m) nach Norden auf Ort und Ruine Falkenstein im niederösterreichischen Weinviertel. Die hellen Kalke (Ernstbrunner Kalk), aus denen die Hügel bestehen, wurden in der späten Jura-Zeit in einem flachen Schelfmeer

nördlich des Penninischen Ozeanbeckens gebildet. Sie gehören heute zu der nördlichsten Überschiebungseinheit der Ostalpen, der sogenannten Waschberg-Zone, die sich als Zdanice-Einheit in den Karpaten fortsetzt.

Blick vom Anstieg auf die Sulzfluh nach Westen auf den oberjurassischen Sulzfluh-Kalk der Drei Türme (links) und der Kleinen Sulzfluh (2.708 m) in Vorarlberg. Rechts im Hintergrund die Nördlichen Kalkalpen mit der markanten Zimbaspitze (2.643 m).

Wie der Ernstbrunner Kalk verdankt auch der Sulzfluh-Kalk seine Entstehung dem Meeresspiegelanstieg in der späten Jura-Zeit. Dadurch wurde eine Schwellenzone mitten im Penninischen Ozeanbecken überflutet.

Handgroße Stücke von fossilem Harz (Bernstein) im Burgmuseum Golling (Salzburg). Das Harz stammt von Nadelbäumen, die in der frühen Kreide-Zeit wuchsen und wurde in den Sandsteinen der Roßfeld-Schichten in der Nähe von Kuchl gefunden.

Frühe Kreide-Zeit

In den tieferen Teilen des Schelfgebietes am Nordrand des Penninischen Ozeans ging die Sedimentation auch in der frühen Kreide-Zeit weiter. In dieser Zeit entstand der Schrattenkalk, dessen Wände in der Ostschweiz, Vorarlberg und dem Allgäu oft landschaftsprägend sind.

Aber auch im Süden des Beckens, im Ablagerungsraum der Gesteine der späteren Nördlichen Kalkalpen, setzte sich die Sedimentation fort. Es bildeten sich Kalke und schließlich die Sandsteine und Konglomerate der Roßfeld-Schichten, deren Material von einem Festland im Süden des Meeres geliefert wurde. Von dort wurde als Besonderheit auch das Harz von Nadelbäumen ins Meer geschwemmt. Bei Kuchl (Salzburg) fand man mehrere hundert Kilogramm eines solchen Bernsteins. Der braungelb schimmernde Bernstein, in dem auch Reste von einigen Insekten (Mücken und Kleinwespen) auftreten, ist rund 130 Millionen Jahre alt und stammt aus einer Zeit, in der die Pflanzenwelt im Umbruch war. Damals entwickelten sich die bedecktsamigen Pflanzen (Angiospermen), die mit ungefähr einer Viertelmillion Arten heute die erfolgreichste Pflanzengruppe sind, während es nur mehr weniger als Tausend Arten von Nacktsamern gibt.

Der Beginn des Auftretens der Angiospermen markiert für die Botaniker den Anfang eines neuen Zeitalters. Nach dem Paläophytikum, das durch die Farnpflanzen geprägt war, dem Mesophytikum, das durch das Auftreten der Nacktsamer eingeleitet wurde, begann mit den Bedecktsamern das Känophytikum, in dem wir heute noch leben. Diese Gewächse, für die das Vorhandensein von Blüten und Früchten kennzeichnend ist, bestimmen das Aussehen der Landoberflächen und unser Leben maßgeblich. Fast unsere ganze pflanzliche Nahrung – Getreide, Obst, Gemüse – stammt von bedecktsamigen Pflanzen. Und selbst die Möglichkeiten grüne Wiesen zu bewundern oder gar ins Gras zu beißen, bestehen erst seit der späten Kreide-Zeit, denn auch die Gräser gehören zu den Bedecktsamern.

Austroalpine Überschiebungen

Etwa zur selben Zeit als die Erfolgsgeschichte der Angiospermen begann, wurde ein Teil des Gebiets, aus dem die späteren Ostalpen entstanden, heftig in die Mangel genommen. Die grobkörnigen Sedimentgesteine der Roßfeld-Schichten waren die ersten Hinweise auf diese beginnende wilde tektonische Aktivität, von der nur das südlich des Penninischen Ozeanbeckens gelegene Gebiet betroffen war. Dieses hatte eigentlich zur Afrikanischen Kontinentalmasse gehört, sich davon aber in der späten Kreide-Zeit abgelöst und bildete seither die kleine eigenständige Adriatische Platte. Diese Mikroplatte wurde zusammengequetscht, und dabei bildeten sich innerhalb ihrer Kruste weitläufige Überschiebungen. Die aus diesen Krustenteilen aus dem Süden des Penninischen Ozeanbeckens bestehenden ostalpinen Decken werden zum Austroalpin zusammengefasst.

Am augenfälligsten und schon lange bekannt sind die austroalpinen Decken der Nördlichen Kalkalpen, an denen manchmal auch noch paläozoische Gesteine der Grauwackenzone beteiligt sind. Nach der Ablagerung der Roßfeld-Schichten endete in weiten Teilen des Gebiets, aus dem später die Nördlichen Kalkalpen entstanden, die marine Sedimentation und massive tektonische Bewegungen setzten ein. Tausende Quadratkilometer große und einige Kilometer dicke Krustenteile wurden gegen Ende der frühen Kreide-Zeit als Decken aufeinandergestapelt. Oft kann dieser Deckenbau erst durch mühsame Kartierungsarbeit erkannt und anschaulich gemacht werden. Es gibt aber auch Aussichtspunkte, wie den Zwanzig-Schilling-Blick am Semmering (s. S. 102), von wo die Überschiebungen schon von Weitem erkennbar sind. Dennoch war der Deckenbau der Alpen bis in die 1960er-Jahre heiß umstritten.

Weltuntergang beim Pulkautaler Weinhaus

Ein unermüdlicher Kämpfer für die Theorie des Deckenbaus war der charismatische Wiener Geologieprofessor Alexander Tollmann (1928–2007), Autor mehrerer fulminanter Bücher über die Ostalpen, wie etwa der dreibändigen „Geologie von Österreich". Letzten Endes behielt Tollmann in diesem Streit um den Deckenbau recht, denn nach den Tiefbohrungen der Erdölindustrie in den Nördlichen Kalkalpen konnte die Existenz alpiner Decken auch von den hartnäckigsten Zweiflern nicht mehr geleugnet werden. Tollmanns großes Vorbild war Eduard Suess (s. S. 116) gewesen, dem er nicht nur mit seiner enormen wissenschaftlichen Produktivität, sondern auch politisch nachzueifern versuchte, wobei er allerdings als Parteivorsitzender der „Vereinten Grünen Österreichs" wenig erfolgreich war. Vielleicht wandte er sich deshalb in seinen letzten Lebensjahren zunehmend esoterischen Themen zu.

Meine letzte persönliche Begegnung mit Alexander Tollmann fand gegenüber dem Wiener Westbahnhof vor dem Pulkautaler Weinhaus statt. Tollmann stand auf dem Gehsteig, studierte die Speisekarte, konnte sich aber anscheinend nicht entschließen, das Lokal zu betreten. Grußlos an ihm vorbeizugehen war nicht möglich, schließlich kannten wir uns aus den Vorstandssitzungen der Geologischen Gesellschaft, wenngleich das schon einige Jahre her war. Natürlich wusste ich, dass er mittlerweile aus der Wissenschaft in den Okkultismus abgedriftet war und ich ein gefährliches Pflaster betrat. Dennoch überraschte es mich, als ich mein Todesurteil zu hören bekam.

Tollmann hielt sich nicht lange mit Vorreden auf. Nicht, dass er mir aus der Hand gelesen hätte, Kaffeesud hatte er auch keinen dabei, er hatte etwas viel Besseres: die Weissagungen des Nostradamus aus dem 16. Jahrhundert! Tollmann war buchstäblich vernarrt in seinen Nostradamus und glaubte bei ihm den Schlüssel zur Zukunft gefunden zu haben. Daher gab es keinen Zweifel: Der Untergang der Menschheit stand unmittelbar bevor! Gar nicht zimperlich gab mir der selbsternannte Untergangsprophet den (vermutlich wohlgemeinten) Rat, die wenigen Wochen, die mir noch blieben, gut zu nützen. Denn der 3. Weltkrieg stehe bevor, werde aber trotz jeder Menge abgeworfener Atombomben nur ein Kinkerlitzchen sein gegen die Verwüstungen eines Asteroideneinschlags, der bald darauf Tabula rasa und uns allen den Garaus machen würde. Solange es ging, wollte Tollmann bei diesem einmaligen Spektakel zusehen. Deshalb hatte er bei seiner mittelalterlichen Burg Albrechtsberg einen Bunker errichten lassen und mit reichlich Konserven und

In den 1970er- und 1980er-Jahren war das auf dem Foto gezeigte Panorama in ganz Österreich bestens bekannt, war es doch auf der Rückseite der Zwanzig-Schilling-Banknote abgebildet. Der „Zwanzig-Schilling-Blick" liegt einen einstündigen Spaziergang vom Bahnhof Semmering entfernt und gibt Einblick in den kreidezeitlichen Deckenbau der austroalpinen Einheiten in Niederösterreich. Die helle Pollereswand (980 m) in der Bildmitte besteht aus Trias-Kalken des Unteren Austroalpins. Dieses wurde durch das Obere Austroalpin überschoben und erlitt dabei eine schwache Metamorphose. Das Obere Austroalpin besteht aus paläozoischen Gesteinen, die das Waldgebiet hinter der Pollereswand aufbauen und Karbonatgesteinen der Nördlichen Kalkalpen, die das Rax-Plateau ganz im Bildhintergrund bilden. Die höchste Erhebung des Plateaus, die Heukuppe (2.007 m), ist im Bild links zu sehen. Sie besteht aus nicht metamorphem Wetterstein-Riffkalk aus der mittleren Trias-Zeit. Die elegant geschwungene Trasse der 1854 eröffneten Semmeringbahn mit ihren malerischen Viadukten ist perfekt in die Szenerie gesetzt. Diese älteste Hochgebirgseisenbahn der Erde wurde von Carl Ritter von Ghega (1802–1860) geplant und ist heute Weltkulturerbe.

Wasservorräten ausgestattet. Natürlich kannte er das Kassenschlager-Potenzial seiner Geschichte, schrieb ein Buch darüber, gab dafür ein paar verkaufsfördernde Interviews und verschwand dann in seinem Loch. Alles war bestens geplant, der Weltuntergang konnte kommen, kam aber nicht. Als Tollmann wieder aus der Versenkung auftauchte, meinte er nur lakonisch, dass offenbar selbst der große Nostradamus vor Irrtümern nicht gefeit gewesen wäre.

Metamorphose

Metamorphose heißt Verwandlung. Schon in den Märchen, die wir als Kinder liebten, spielte die Metamorphose eine wichtige Rolle. Denken wir nur an den „Froschkönig“: Ein kalter grüner Frosch wird an die Wand geschmettert und verwandelt sich dadurch in einen warmherzigen blonden Prinzen. In der Geologie ist die Metamorphose weniger romantisch, aber nicht minder gewalttätig. Hohe Drucke und hohe Temperaturen sind notwendig, um ein Gestein in ein anderes zu verwandeln. Solche Bedingungen waren bei den Deckenbewegungen ab der mittleren Kreide-Zeit gegeben, denn je mehr Decken aufeinander zu liegen kamen, desto höherem Druck und desto höheren Temperaturen waren die Gesteine in den unteren Teilen des Deckenstapels ausgesetzt. Die kretazische Metamorphose im austroalpinen Stockwerk der Ostalpen, die vor rund 90 Millionen Jahren ablief, wurde erst Anfang der 1980er-Jahre erkannt, als absolute Altersdatierungen von Mineralkörnern durchgeführt werden konnten. Die grundlegenden Arbeiten dazu verfassten Christine Miller von der Universität Innsbruck und Wolfgang Frank von der Universität Wien.

Die Metamorphose kann Gesteine derart miteinander „verwursten“, dass es anders als in der Sedimentgeologie oft nicht mehr möglich ist, festumrissene Gesteinseinheiten klar zu definieren. Deshalb haben Geologen, die mit metamorphen Gesteinen arbeiten, Komplexe. Unter diesem Begriff werden Gesteinsarten unterschiedlichen Alters oder unterschiedlicher Entstehung zusammengefasst, die sich beim besten Willen nicht mehr einzeln abgrenzt auf einer geologischen Karte darstellen lassen. Ein Beispiel dafür ist der Komplex, der den Gebirgsstock des Wechsels (1.743 m), südöstlich des Semmerings aufbaut. In diesem Komplex kommen neben dem vorherrschenden Wechsel-Gneis auch Glimmerschiefer, Phyllite, Amphibolite und noch andere Gesteine vor, die bereits vor 300 Millionen Jahren metamorph geworden sind und in der mittleren Kreide-Zeit nochmals aufgeheizt wurden.

In anderen austroalpinen Einheiten erreichte die kreidezeitliche Metamorphose vor rund 90 Millionen Jahren viel stärkere Intensität. Belege dafür sind metamorphe Gesteine wie der Eklogit und seine Begleiter, die bei Temperaturen von bis zu 700 °C und bei einem Druck (etwa 2 Gigapascal), der 20.000-fach

Blick vom Hochwechsel (1.743 m) nach Osten zum Niederwechsel (1.669 m). Die Grenze zwischen Niederösterreich und der Steiermark verläuft entlang des Höhenzugs, der aus dem metamorphen Wechsel-Komplex aufgebaut wird. Das härteste Gestein darin ist der Wechsel-Gneis, dessen Felsrippen im Gelände markant hervortreten.

Der Wechsel-Gneis entstand durch Metamorphose eines altpaläozoischen Sandsteins.

Ladinger Spitze
(2.079 m)
Zirbitzkogel
(2.396 m)
Gertrusk
(2.044 m)

Eklogit vom Gertrusk in der Saualpe (Kärnten).

höher war als der Luftdruck an der Erdoberfläche, entstanden sind. Solche Bedingungen sind buchstäblich zum Steinerweichen und lassen aus einem vorhandenen Gestein etwas völlig Neues entstehen. Was dabei herauskommt, hängt neben den Druck- und Temperaturbedingungen entscheidend vom Ausgangsmaterial ab. Man kann ja auch nicht erwarten, dass nach dem Backen ein Biskuit im Rohr ist, wenn man vorher einen Germteig hineingeschoben hat.

Nobler Eklogit

Rote Granatkristalle und froschgrüner Omphacit. Diese farbenprächtigen Silikatminerale sind die Ingredienzien des Eklogits, sicher eines der schönsten Gesteine überhaupt, eine Art Paradiesvogel in der sonst oft grauen Gesteinswelt. Exotisch wie sein Aussehen ist auch seine Herkunft. Er entstand aus einem basaltischen Magma, das nicht bis zur Erdoberfläche gelangte, sondern ein paar Kilometer tief in der Erdkruste langsam zu einem Gabbro aushärtete. Der Gabbro hat die gleiche chemische Zusammensetzung wie Basalt, aber durch die viel langsamere Abkühlung haben seine Mineralbestandteile genug Zeit, zu kristallisieren. Deshalb sind im Gabbro die einzelnen Minerale gut sichtbar, wohingegen im Basalt kaum einzelne Minerale mit freiem Auge erkennbar sind.

Die berühmtesten Eklogite Österreichs sind jene der Kärntner Saualpe. Gesteinsproben von dort waren die Grundlage für die erste Beschreibung des Eklogits durch den französischen Mineralogen René-Just Haüy im Jahr 1822. Ausgangsgestein für diese Eklogite war ein Gabbro aus der Perm-Zeit, der vor etwa 290 Millionen Jahren entstand. Aber erst gute 200 Millionen Jahre später, in der mittleren Kreide-Zeit, wurde der Gabbro nochmals in die Tiefe transportiert, und zwar ganz, ganz weit hinunter, ungefähr sechzig Kilometer tief in die Lithosphäre ging die Reise.

Am eindrucksvollsten ist der Eklogit der Saualpe auf dem 2.044 m hohen Gipfel des Gertrusks aufgeschlossen, der auf einer leichten Wanderung von der Weißbergerhütte (1.607 m) zu erreichen ist, zu der von der Ortschaft Wieting im Görschitztal eine öffentliche Straße führt. Der Eklogit kann nicht verfehlt werden, denn er baut den ganzen Gipfelbereich des Gertrusks auf. Die kinderkopfgroßen Granatkristalle, von denen mein Lehrer, der berühmte Mineraloge Heinz Meixner (1908–1981), in seinen Salzburger Vorlesungen einst überschwänglich schwärmte, konnte ich nicht entdecken. Wer indessen den auf dem Wanderweg liegenden feinen Sand näher betrachtet, wird bemerken, dass dieser zu einem großen Teil aus winzigen rötlichen Granatkristallen besteht, die aus dem Eklogit ausgewittert sind. Schon nobel, so eine Wanderung auf Halbedelsteinen!

Exquisiter Garbenschiefer

Zur selben Zeit, in der sich aus dem Gabbro der Eklogit bildete, und etwa bei den gleichen Druck- und Temperaturbedingungen entstanden auch die Garbenschiefer. Ihr Ausgangsmaterial waren feinkörnige präkambrische und altpaläozoische Sedimente,

Die Ladinger Spitze (2.079 m) ist die höchste Erhebung der Saualpe, die im wahrsten Sinn des Wortes komplexbeladen ist. Die Kristallingeologen unterscheiden hier einen Phyllit-Komplex, einen Glimmerschiefer-Komplex und einen Schiefergneis-Komplex. Zu Letzterem gehören die Ladinger Spitze und der Gertrusk.

Hornblende-Garbenschiefer (Radenthein-Komplex) aus Oberhof in Metnitz (Kärnten).

Sölker Marmor aus der Steiermark (Foto: Sölker Marmor Bergbau GmbH).

die eine erste schwache Metamorphose schon vor 330 Millionen Jahren erlitten hatten. Doch im Vergleich zu dem, was ihnen in der mittleren Kreide-Zeit blühte, war das nur ein lauer Vorgeschmack. Unter den extremen Druck- und Temperaturbedingungen, denen sie damals ausgesetzt waren, wuchsen die stängelförmigen dunkelgrünen Hornblendekristalle, die im Garbenschiefer oft zu sternförmigen Büscheln angeordnet sind. Auch roter Granat, wie die Hornblende ein Mineral aus der Gruppe der Silikate, entstand. Die Querschnitte seiner Kristalle sind vereinzelt zwischen den Hornblenden auf den mit Hellglimmer überzogenen Schieferungsflächen erkennbar.

Edler Marmor

In den höchstmetamorphen austroalpinen Einheiten kommen auch Marmore vor. Das bekannteste Vorkommen davon befindet sich im Sölkbachtal, einem südlichen Seitental des steirischen Ennstals. Das Ausgangsmaterial für diesen Sölker Marmor (www.soelker.at) war ein Kalkstein aus dem Paläozoikum mit einem lagenweise leichten Eisengehalt, der sich jetzt durch blassrote Verfärbungen bemerkbar macht. Da sich der Marmor während der Metamorphose plastisch verformte, zeigt er Falten und Fließgefüge, die durch die unterschiedliche Färbung der weißen und rötlichen Lagen besonders deutlich sichtbar wird. Sein „Schimmern" verdankt der Marmor der Metamorphose, die das ursprünglich feinkörnige Gestein kristallisieren ließ, sodass es jetzt aus miteinander verwachsenen Kalkspat- oder Dolomitkristallen besteht, deren Spaltflächen glitzern und je nach Lichteinfall aufblitzen.

Exhumierung

Keine Angst, wir graben jetzt keine vergammelten Leichen aus, sondern es geht immer noch um die Geologie, obschon die Sprache der Geologen manchmal jener der Gerichtsmediziner verflixt ähnlich ist. Hier wie dort gibt es Exhumierung und Obduktion. Während Obduktion in der Geologie einen Vorgang bezeichnet, bei dem ozeanische Kruste über andere Gesteine überschoben wird, beschreibt die Exhumierung die Freilegung von ursprünglich tief in der Erdkruste steckenden Gesteinen. Konkret würden wir gerne wissen, wie und wann der Eklogit und seine metamorphen Kollegen aus den Tiefen der Lithosphäre wieder ans Tageslicht gekommen sind.

Einen wichtigen Fixpunkt für den Ablauf dieser Exhumierung liefern die Sedimente, die im Lavanttal und bei Köflach südwestlich von Graz auf dem hochmetamorphen Kristallin der Sau- und Koralpe abgelagert wurden. Die ältesten dieser Sedimente stammen vom Beginn der Miozän-Zeit und sind rund 20 Millionen Jahre alt. Damals lag dieses Kristallin also bereits an der Erdoberfläche. Den Weg dorthin hatte es bereits kurz nach dem Höhepunkt der Metamorphose angetreten. Durch tektonische Prozesse waren einerseits tiefliegende Gesteinskörper entlang riesiger Bewegungsflächen steil nach oben gequetscht worden, andererseits wurden mächtige Krustenteile abgeschert und als Decken fortbewegt und so der Untergrund freigelegt. Abgesehen von diesen tektonischen Vorgängen spielte bei der Exhumierung auch die Erosion am Beginn der späten Kreide-Zeit eine wichtige Rolle, da sich der austroalpine Deckenstapel über den Meeresspiegel gehoben hatte und abgetragen wurde. Davon gleich mehr, doch vorher exhumieren wir die Erinnerung an einen prominenten Forscher, der zu seiner Zeit bekannt war wie der sprichwörtliche bunte Hund.

Kikeriki!

Die eben besprochenen, in der mittleren Kreide-Zeit metamorph gewordenen Gesteine sind vornehmlich in austroalpinen Einheiten Kärntens und der Steiermark verbreitet. Für beide Bundesländer war an der Geologischen Bundesanstalt lange Zeit Peter Beck-Mannagetta (1917–1998) als Distriktgeologe zuständig. Als solcher entdeckte er unter anderem eigenartige Gesteine, die erst viel später als bedeutende Vorkommen des Elements Lithium erkannt wurden. Außerdem widmete er sich auch dem Naturschutz, weswegen ein markanter Felsen der Koralpe seinen Namen trägt, das Naturdenkmal Mannagetta-Ofen bei Stainz. Peter stammte aus prominentem ehemaligem Beamtenadel. Ein Vorfahr von ihm diente wahrscheinlich als Vorlage für den Baron Ochs auf Lerchenau im „Rosenkavalier" von Richard Strauss. Und auch Peter, den ich als kleinen, rundlichen, freundlich lächelnden Mann in Erinnerung habe, hatte Originalität, Humor und Showtalent. Dieses zeigte sich besonders in seiner Begabung als Tierstimmenimitator, mit der er sogar im Fernsehen Erfolge feierte. War in den Gängen der Geologischen Bundesanstalt das triumphierende Krähen eines Hahns zu hören, wusste man, dass der Herr Hofrat Beck-Mannagetta an diesem Tag besonders gut gelaunt war. Besucher, die mit diesen Gewohnheiten nicht vertraut waren, werden sich natürlich gefragt haben, in welcher Art Anstalt sie da eigentlich gelandet waren. Dabei war Hofrat Beck eine der harmloseren Attraktionen des dortigen Panoptikums. Legendär ist seine Teilnahme an einer Exkursion zu den Wiener Wasserwerken. Während die Exkursionsleiter in einem Wasserspeicher die Reinheit des Wiener Wassers lobten, hörten sie mit Bestürzung plötzlich laut und deutlich einen Frosch, der gar nicht mehr aufhören wollte zu quaken.

3•2 Späte Kreide-Zeit

Der aufmerksamen Leserschaft wird nicht entgangen sein, dass wir diesem Kapitel auf den letzten Seiten schon ein wenig vorgegriffen haben. Das ließ sich nicht vermeiden, denn Deckenbewegungen und Metamorphose begannen gegen Ende der frühen Kreide-Zeit, dauerten aber in den ältesten Abschnitten der späten Kreide-Zeit noch an. Der leichteren Lesbarkeit halber wurde der ganze Ablauf der Entstehung des austroalpinen Deckenstapels ins vorige Kapitel gestellt und wir beginnen hier ganz frisch und munter mit dem, was nach dem Abschluss der Überschiebungen geschah. Und das war die Hebung des austroalpinen Deckenstapels über den Meeresspiegel vor etwa 95 Millionen Jahren. Das schwülheiße Tropenklima mit seinen Starkregen setzte eine intensive chemische Verwitterung der Landoberfläche in Gang, wobei dicke rote Böden entstanden, sogenannte Laterite, wie sie auch in heutigen Tropenländern vorkommen. Aus solchen Böden, in denen Eisen und Aluminium angereichert sind, entsteht das Erz Bauxit, das früher in den Nördlichen Kalkalpen an mehreren Stellen abgebaut wurde. Das größte dieser Bergwerke war bis 1964 in Betrieb und befand sich am Prefingkogel im Reichraminger Hintergebirge in Oberösterreich, mitten im heutigen Nationalpark Kalkalpen. Außer zur Bodenbildung trugen die heftigen tropischen Regengüsse auch zur Erosion der Landoberfläche bei. Reißende Wildbäche entstanden und schnitten sich tief in das Hügelland ein. Diese Bäche transportierten neben rotem Lateritschlamm auch jede Menge Felsgeröll. Aus solchen Bachschottern bildeten sich die Konglomerate, die in den Nördlichen Kalkalpen neben dem Bauxit zu den ältesten Gesteinen der späten Kreide-Zeit zählen.

Das ehemalige Bauxitbergwerk im Reichraminger Hintergebirge ist schwer zugänglich. Auf den Schotterbänken des Großen Bachs kann aber Bauxiterz leicht gefunden werden, das sich durch seine rote Farbe und sein hohes Gewicht von den anderen Geröllen unterscheidet.

In der Glasenbachklamm bei Salzburg liegt Wildbachschutt aus der späten Kreide-Zeit direkt auf Oberjura-Radiolarit. Die dazwischen fehlenden Unterkreide-Sedimente wurden in der mittleren Kreide-Zeit von der Erosion entfernt.

Dinosaurierland

Neben den Bauxiten geben Pflanzen die besten Hinweise auf die Umweltbedingungen, die während der Kreide-Zeit auf dem tropischen Festland im Süden des Penninischen Ozeanbeckens herrschten. Das niederschlagsreiche Klima begünstigte die Entstehung von Sümpfen, deren abgestorbene Vegetation nicht verrottete, weil die Pflanzenreste unter der Wasserbedeckung nicht mit dem Luftsauerstoff in Kontakt kamen. So bildeten sich meterdicke Torflagen, über denen sich im Lauf der Zeit mächtige Sedimentschichten ablagerten. Das Gewicht dieser Überlagerung drückte den Torf zusammen und verfestigte ihn, gleichzeitig erhöhte sich mit zunehmender Tiefenlage fortwährend die Temperatur. Bei diesen Vorgängen wurde der Wassergehalt des Torfs ausgepresst und der Gehalt an Kohlenstoff – und damit der Heizwert der Kohle – nahm zu, wodurch aus dem Torf allmählich Braunkohle und schließlich Steinkohle entstand.

In den Ostalpen befinden sich die größten und bekanntesten Steinkohlevorkommen, deren Ausgangsmaterial Pflanzen der späten Kreide-Zeit waren, bei Grünbach und Muthmannsdorf am Alpenostrand in Niederösterreich. Dort wurden sie bis in die 1960er-Jahre in zahlreichen Stollen bergmännisch abgebaut, wobei auch die reiche fossile Tropenflora ans Tageslicht kam. Aber nicht nur beeindruckende Pflanzenfossilien wurden entdeckt, sondern auch die Reste der einzigen ostalpinen Dinosaurier. Es sind keine glamourösen Skelette, wie wir sie sonst aus dem Museum kennen, vielmehr nur ein paar eher schäbige Knochen. Doch diese reichten aus, sie als Überreste einer noch unbekannten Art zu identifizieren, die *Struthiosaurus austriacus* getauft wurde.

Unser „Struzi" war von der Nasen- bis zur Schwanzspitze nur etwa zweieinhalb Meter lang, also etwa so groß wie ein ordentliches Rindvieh. Und wie ein solches trottete er behäbig auf allen Vieren durch die Gegend und fraß Pflanzen, die in der feuchten Szenerie prächtig wild wuchernd gediehen. Als schmächtiger Vegetarier wäre der „Struzi" seinen fleischfressenden und grobschlächtigen Verwandten hilflos ausgeliefert gewesen, hätte er nicht über eine massive Panzerung aus Knochenplatten verfügt. Kann sein, dass er sich deshalb ein bisschen plump und patschert bewegte, aber ist es nicht besser etwas hopperdatschig zu sein als tot?

Ob der *Struthiosaurus* auch solche Farne (*Cladophlebis gosauensis*) auf seinem Speiseplan hatte, wissen wir nicht. Sicher ist, dass der 20 cm lange Farnwedel (GBA 2006/64/46) in Grünbach gefunden wurde und vor rund 80 Millionen Jahren wuchs, als die Saurier dort lebten.

Im Vergleich zu vielen anderen Dinosauriern war der *Struthiosaurus,* der mit seiner Panzerung zur Gruppe der Ankylosaurier gehörte, ein putziges Zwergerl. Die wahren Kolosse der Kreide-Zeit, die gigantischen Titanosaurier, lebten auf dem Südkontinent Gondwana. Ebenfalls Vegetarier, mussten sie vermutlich den ganzen lieben Tag stumpfsinning vor sich hin mampfen, um ihren gewaltigen Energiebedarf zu decken. Rekordhalter ist der in Argentinien entdeckte *Patagotitan mayorum.* Seine Länge wird auf mehr als 30 Meter geschätzt, sein Gewicht auf mindestens 70 Tonnen. Dieser monströse Fleischberg war wohl das größte Landtier, das je auf der Erde lebte und hatte die Masse einer ganzen Elefantenherde. Mindestens zwölf dieser größten heute lebenden Landbewohner müsste man auf die Waage bringen, um einen einzigen kreidezeitlichen *Patagotitan* aufzuwiegen.

Blick von der Saurierfundstelle nach Osten zu der Kirche von Muthmannsdorf und den Fischauer Bergen, deren steile Hänge aus Trias-Karbonatgesteinen bestehen und mit Föhrenwäldern bewachsen sind. Den Untergrund des anschließenden sanften Wiesengeländes bilden Gosau-Gesteine der späten Kreide-Zeit. Diese verwittern leichter und werden leichter abgetragen als die angrenzenden Karbonatgesteine, wodurch das weite Tal der „Gosau-Mulde" entstand, die auf der gegenüberliegenden Seite von der Trias der Hohen Wand begrenzt ist.

Bei Fürstenbrunn südlich der Stadt Salzburg ist auf der kreidezeitlichen Landoberfläche aus Oberjura-Kalk ein Verwitterungshorizont erhalten, in dem weiße Komponenten des Kalks durch eine rote bauxitische Matrix zu einer Brekzie verbunden sind. Dieses farbenfrohe Gestein wird vom beigen „Untersberger Marmor" überlagert, einer Meeresablagerung aus der späten Kreide-Zeit.

Die große Flut

Das fast völlige Fehlen von Dinosaurierrelikten in den Ostalpen hat einen sehr einfachen Grund: Diese beeindruckenden Tiere beherrschten von der späten Trias-Zeit bis zum Ende der Kreide-Zeit das feste Land, doch das Gebiet der späteren Ostalpen lag während der Zeit der Dinosaurier meistens unter dem Meeresspiegel. Von den wenigen kurzen Festlandepisoden sind kaum Sedimente erhalten geblieben, und auch das Land des *Struthiosaurus* eroberte das Meer bald wieder zurück.

Sedimentgesteine, die vor rund 90 Millionen Jahren, also bald nach Beginn der späten Kreide-Zeit entstanden sind, belegen einen weltweiten drastischen Anstieg des Meeresspiegels. Dieses Ereignis erkannte schon im Jahr 1875 der österreichische Geologe Eduard Suess (s. S. 116) und widmete ihm das ganze 6. Kapitel seines Buches über „Die Entstehung der Alpen". Zu den Zeugen dieses einschneidenden Ereignisses zählen die berühmten weißen Klippen von Dover, Calais oder auf der Insel Rügen und ähnliche Ablagerungen an vielen anderen Orten der Erde, etwa in Texas oder Westaustralien. Wie bereits in der Einleitung zum 3. Teil dargelegt wurde, war letztlich der Zerfall des Superkontinents Pangäa für den rund 250 m höheren Meeresspiegel der späten Kreide-Zeit verantwortlich. Selbstverständlich hatte dieser enorme Anstieg auch gravierende Auswirkungen auf die Ablagerungsräume der Gesteine der späteren Ostalpen und ist hier an vielen Stellen gut dokumentiert. Ein paar Beispiele gefällig?

Küstengebiete

Fangen wir dort an, wo sich Meeresspiegelschwankungen am einfachsten nachweisen lassen: entlang der ehemaligen Küsten. Sinkt der Meeresspiegel (Regression), zieht sich von dort das Meer zurück und neues Festland entsteht. Steigt das Meer (Transgression), wird das Festland randlich überflutet. Solche Vorgänge hinterlassen deutliche Spuren in den Sedimenten.

Das Festland im Süden des Penninischen Ozeans wurde bald nach Beginn der späten Kreide-Zeit durch den Meeresspiegelanstieg Schritt für Schritt unter Wasser gesetzt. Die damals bestehende Hügellandschaft „ertrank" dabei zum größten Teil im Meer, nur die höchsten Kuppen ragten noch als Inseln aus dem Wasser. Insbesondere im Ostteil dieses Archipels blieben zunächst noch größere Landgebiete, die Heimat des „Struzi", erhalten. Ansonsten aber regierte wieder das Meer und lagerte im Lauf der Zeit auf dem austroalpinen Deckenstapel Sedimentschichten von einigen Kilometern Dicke ab. Diese Ablagerungen aus der späten Kreide- bis mittleren Eozän-Zeit werden als Gosau-Gruppe zusammengefasst. Der namensgebende Ort Gosau liegt in den Nördlichen Kalkalpen des westlichen Oberösterreich, wo diese Schichten besonders vielfältig entwickelt sind. Gosau-Schichten sind aber nicht nur aus den Nördlichen Kalkalpen überliefert, sondern auch aus anderen Abschnitten des austroalpinen Deckenstapels. Westlich von Graz liegt die Kainach-Gosau auf Paläozoikum, bei St. Veit an der Glan in Kärnten liegt die Krappfeld-Gosau teils auf Trias-Kalk, teils auf metamorphen Gesteinen.

Von den vielen Stellen, an denen die Basis der Gosau-Schichten aufgeschlossen und so der Meeresspiegelanstieg während der späten Kreide-Zeit dokumentiert ist, kann hier aus Platzgründen nur ein einziges, besonders eindrucksvolles Beispiel vorgestellt werden. Dieses befindet sich südlich der Stadt Salzburg im großen Steinbruch bei Fürstenbrunn, wo der berühmte „Untersberger Marmor" abgebaut wird. Der Begriff „Marmor" wird hier im Sinn der Steinmetze für einen polierfähigen Kalkstein gebraucht und nicht im Sinn der Geologen für ein metamorphes Gestein. Der „Untersberger Marmor" ist ein Strandsediment aus der späten Kreide-Zeit, das über einer alten Landoberfläche liegt, die vor rund 100 Millionen Jahren durch die Verkarstung eines Oberjura-Kalks (Plassen-Kalk) entstand. Dabei zerfiel dieser Kalk teilweise zu Blockwerk und als Verwitterungsprodukt füllte roter lateritischer Boden die Hohlräume zwischen den Kalktrümmern und verkittete sie zu einer festen Brekzie. Vor rund 90 Millionen Jahren eroberte sich das Meer dieses Festland zurück und hinterließ darüber als erstes die Küstenablagerungen des „Untersberger Marmors", die seit der Römerzeit ein begehrter Baustein sind. Der Wittelsbacher Brunnen in München, die Domfassade und der Residenzbrunnen in Salzburg, die Pestsäule am Graben in Wien – mit einer Liste aller Verwendungsbeispiele des „Untersberger Marmors" ließen sich viele Seiten füllen. Uns interessiert aber etwas ganz anderes:

Im Turold-Steinbruch im tschechischen Mikulov liegen direkt über dem verkarsteten weißen Oberjura-Kalk Mergel aus der späten Kreide-Zeit, als Zeugen des Meeresspiegelanstiegs vor 90 Millionen Jahren.

Oberjura-Kalke wie jene in Mikulov bauen auch die Klippe in Staatz im niederösterreichischen Weinviertel auf. Dort wurden die Kreide-Mergel durch Erosion fast völlig entfernt. Nur in Karstspalten im Kalk sind noch bescheidene Reste davon erhalten.

Geologie und Politik

Eduard Suess (1831–1914)

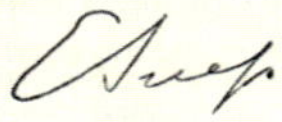

Eduard Suess auf einer Fotografie aus dem ihm gewidmeten Band 7 (Jahrgang 1914) der Mitteilungen der Geologischen Gesellschaft in Wien.

Eduard Suess war der Weltstar unter den Geologen seiner Zeit, nicht nur, weil er in seinem vierbändigen Werk „Das Antlitz der Erde" das ganze damalige Wissen über den Aufbau des Globus zusammengefasst hatte. Schon vor diesem Geniestreich prägte er in vielen anderen Publikationen Begriffe, die ein neues Licht auf die Entwicklungsgeschichte der Erde warfen, Begriffe, ohne die auch die heutige Geologie nicht auskommt. Tethys, Gondwana und Biosphäre sind nur die prominentesten Beispiele dafür.

In Anbetracht seiner riesigen Arbeitsleistung als Geologe würde man glauben, Suess hätte Tag und Nacht an seinen geologischen Forschungen gesessen. Weit gefehlt! Denn Suess war auch ein zutiefst politischer Mensch, der für seine liberale Überzeugung im Jahr 1848 sogar kurzzeitig im Gefängnis landete. Trotzdem blieb er politisch aktiv. Als Wiener Gemeinderat und Abgeordneter der Liberalen im Niederösterreichischen Landtag war er die treibende Kraft hinter den Beschlüssen über die Donauregulierung und den Bau der I. Wiener Hochquellenwasserleitung, die auch heute noch etwa die Hälfte des Wiener Wasserbedarfs deckt. Ihm ist es zu verdanken, dass Typhus, Cholera und andere gefürchtete Infektionskrankheiten aus der Stadt verschwanden.

Suess war Professor an der Wiener Universität und viele Jahre auch Präsident der kaiserlichen Akademie der Wissenschaften. Am Anfang seiner erstaunlichen wissenschaftlichen Karriere stand allerdings ein Misserfolg, an dem der schon vorher in diesem Buch gewürdigte Joachim Barrande seinen Anteil hatte. Dieser schrieb eine vernichtende Beurteilung über die erste wissenschaftliche Arbeit des jungen Suess, die ein Thema aus dem Prager Paläozoikum abhandelte. Mit dieser Publikation war er Barrande ins Gehege gekommen, der dort als „Platzhirsch" keine Konkurrenten duldete. Auch große Geister sind manchmal eben über kleinliches Denken nicht erhaben.

Viel schlimmer aber war, wie später mit dem Andenken an Eduard Suess umgegangen wurde. Während der Nazi-Diktatur wurde das Denkmal für den aus jüdischer Familie stammenden Eduard Suess vom Schwarzenbergplatz entfernt. Dort war es für den „Vater der I. Wiener Hochquellenwasserleitung" im Jahr 1928 neben dem Hochstrahlbrunnen errichtet worden. Ein sinngefälliger und würdiger Platz, da der im Jahr 1873 in Betrieb genommene Brunnen mit Wasser aus der Hochquell-Leitung gespeist wird. Erst im Jahr 1951 wurde das Denkmal wieder aufgestellt, aber nicht an seinem angestammten Platz und auch nicht vor der Universität, wie von der Familie Suess gewünscht, sondern in einer stillen Seitengasse vor der Geologischen Bundesanstalt. Erst im Jahr 1969 durfte es auf den prominenten Schwarzenbergplatz zurückkehren.

Die Geister der Vergangenheit waren aber auch danach noch aktiv, wie die Vorgänge beim Umzug des Geologischen Institutes der Wiener Universität im Jahr 1995 zeigen. Obwohl Eduard Suess ohne Zweifel einer der bedeutendsten Gelehrten ist, die Österreich je hervorbrachte und die je an der Universität Wien unterrichteten und forschten, wurde der Hörsaal im neuen Institut nicht nach ihm benannt, sondern nach einem Regionalgeologen mit nationalsozialistischer Vergangenheit! Diese Schande bleibt unvergessen, auch wenn Eduard Suess im Jahr 2016 schließlich doch noch seinen Hörsaal bekam.

Was hat der Steinbruch von Fürstenbrunn mit dem Steinbruch am Turold-Hügel im tschechischen Städtchen Mikulov gemeinsam?

Der Turold-Hügel liegt im Gebiet der Pollauer Berge (Pavlovské vrchy), die sich in Österreich im Weinviertler Hügelland fortsetzen, zu dem unter anderen die Kalkklippen von Falkenstein, Staatz und Ernstbrunn gehören. In der späten Kreide-Zeit befanden sich die Gesteine dieser Zone nördlich des Penninischen Ozeanbeckens, das sie vom Ablagerungsgebiet der Gosau-Schichten trennte. Ein globaler Anstieg des Meeresspiegels musste die Küsten im Norden genauso betreffen, wie jene im Süden und tatsächlich liegen wie in Fürstenbrunn auch am Turold-Hügel rund 90 Millionen Jahre alte Ablagerungen aus der späten Kreide-Zeit über einem verkarsteten Oberjura-Kalk, der hier Ernstbrunner Kalk heißt. Auch auf den Kalkklippen im anschließenden Weinviertler Hügelland waren diese Kreidesedimente einst vorhanden, fielen hier aber späterer Erosion fast völlig zum Opfer. Nur in einigen tiefen Karstspalten konnten bescheidene Reste davon der Abtragung entgehen, die aber als Beweis für den spätkretazischen Hochstand des Meeresspiegels völlig ausreichen.

Ein weiteres Areal, in dem sich das kreidezeitliche Ansteigen des Meeresspiegels nachweisen lässt, lag sogar mitten im Penninischen Ozean. Die auf dieser Mittelpenninischen Schwelle in der späten Jura-Zeit in einem seichten Meer entstandenen Kalke bauen im Grenzgebiet zwischen Vorarlberg und der Schweiz beeindruckende Berge auf, deren bekannteste die Sulzfluh (2.818 m), die Drusenfluh (2.827 m) und die Drei Türme (2.830 m) sind. In der frühen Kreide-Zeit lag der Sulzfluh-Kalk über der Meeresoberfläche und verkarstete. Erst in der späten Kreide-Zeit wurde das Gebiet wieder vom Meer zurückerobert. Der Beweis dafür sind rote Mergel (Couches rouges) aus dieser Zeit, die direkt auf dem viel älteren Kalkstein liegen. Bei einer Wanderung vom Lünersee zum Schweizertor sind immer wieder die auffälligen roten Mergel zu sehen, die sich farblich deutlich vom weißen Sulzfluh-Kalk abheben, mit dem sie bei der späteren Gebirgsbildung eng verschuppt wurden.

Rote und graue Mergel (Couches rouges) der Mittelpenninischen Schwelle am Gafalljoch (2.238 m) südlich des Lünersees. Der Untergrund des anschließenden Wiesengeländes stammt aus dem Südteil des Penninischen Ozeans, dahinter sieht man die schroffen Berge der Nördlichen Kalkalpen mit der 2.643 m hohen Zimba-Spitze (rechts im Hintergrund).

Blick aus dem Schweizer Prättigau nach Osten auf die Wände der Drusenfluh (2.827 m) und den Einschnitt des Schweizertors, durch das ein Steig hinüber nach Österreich führt. Die imposante Wand aus Oberjura-Kalk (Sulzfluh-Kalk) bildet die Grenze zwischen Vorarlberg und der Schweiz. Der Sulzfluh-Kalk entstand auf einer Schwelle, die am Meeresboden bis in geringe Wassertiefen emporragte und den Westabschnitt des Penninischen Ozeans in

zwei Teilbecken trennte. Im nördlichen Teilbecken wurden die Turbidite der Prättigau-Gruppe abgelagert, im südlichen Teilbecken die Turbidite der Rhenodanubischen Gruppe. Letztere haben ihre westliche Fortsetzung im Wägital südlich von Zürich. Auf dem Sulzfluh-Kalk wurden ab der Kreide-Zeit rote Mergel abgelagert, die auch innerhalb der Wand als Einschuppungen erkennbar sind.

Tiefseeablagerungen

Bevor wir uns die Auswirkungen des spätkretazischen Meeresspiegelanstiegs auf die Sedimentablagerung in tieferen Meeresteilen ansehen, müssen wir erst wissen, welche Vorgänge dort eigentlich ablaufen. Lange Zeit hätte dafür ein einziges Wort gereicht: Todlangweilig! Eine fade flache matschige Ebene ohne die geringste Spur von Leben – so stellte man sich noch gegen Ende des 19. Jahrhunderts den Meeresboden in Wassertiefen unter eintausend Metern vor. Wie sollte dort auch – in ewiger Finsternis, bei Temperaturen knapp über den Gefrierpunkt und bei einem Druck, der hundert-, fünfhundert- bis sogar tausendfach höher ist als der Luftdruck an Land – Leben existieren können? Das war undenkbar, und auch sonst wäre dort unten wohl nur tote Hose. Dachte man.

Die ersten Hinweise, dass dem nicht so ist, verdanken wir den Telegrafenkabeln, die seit 1866 auf dem Meeresboden verlegt werden. Nicht dass ein Tiefseebewohner von dort unten angerufen oder ein Telegramm geschickt hätte, sondern Kabel, die zur Reparatur heraufgeholt werden mussten, waren mit Lebewesen besiedelt, die noch nie zuvor ein Mensch zu Gesicht bekommen hatte. Damit war klar: Leben kann an den unwahrscheinlichsten Orten existieren, auch in der

Fünfhundert Meter nordwestlich vom Wirtshaus Redlingerhütte befindet sich zwischen Klosterneuburg und St. Andrä-Wördern (Niederösterreich) dieser aufgelassene Steinbruch mit Greifensteiner Sandstein aus der frühen Eozän-Zeit. Die Unterseite einer Sandsteinbank ist bedeckt mit zungenförmigen Kolkmarken, deren Spitzen in die Herkunftsrichtung des Trübestroms deuten.

Dunkelheit und Kälte der Tiefsee, wo sich offenbar ein völlig unbekanntes Ökosystem befand. Tatsächlich liegt dort der größte Lebensraum der Erde, der fast zwei Drittel der Erdoberfläche einnimmt und bis heute eine weitgehende Terra incognita ist.

Den Tiefseekabeln, die heutzutage ein weltumspannendes Netz bilden, das mit einer Gesamtlänge von etwa 1,2 Millionen Kilometern auf dem Meeresgrund ausgerollt ist (submarinecablemap.com), verdanken wir aber nicht nur das erste Wissen um die Existenz von Tiefseebewohnern, sondern auch Einsichten, die unsere Vorstellungen über die Sedimentation am Meeresboden erschütterten. Kein Wunder, schließlich stand am Beginn dieser Erschütterungen ein heftiges Erdbeben, das Grand-Banks-Erdbeben, das am 18. November 1929 den Kontinentalabhang vor Neufundland in Kanada erzittern ließ.

Anschnitt einer 12 cm dicken Kalkturbiditbank aus der oberjurassischen Tauglboden-Formation der Nördlichen Kalkalpen (Hochleitengraben bei Gaißau). Über dunklem Tonstein setzt der helle Turbidit mit scharfer Grenze ein. Die Korngröße nimmt von unten nach oben ab.

Danach geschahen höchst merkwürdige Dinge. Zwölf Tiefseekabel, jedes mehr als drei Zentimeter dick und aus solidem Kupferdraht, die in unterschiedlicher Entfernung von der Küste am Meeresboden lagen, zerrissen eins nach dem andern. Das letzte zerstörte Kabel befand sich am weitesten von der Küste entfernt und wurde erst mehr als 13 Stunden nach dem Erdbeben gekappt. Offenbar bewegte sich etwas mit rasender Geschwindigkeit und zerstörerischer Wucht über den Meeresboden. Aber was, zum Teufel, war das?

Die Antwort auf diese Frage wurde erst nach mehr als zwei Jahrzehnten gefunden, als im Jahr 1952 die amerikanischen Geologen Maurice Ewing und Bruce Heezen bei Echolotuntersuchungen des Meeresbodens vor Neufundland eine riesige Hangrutschung entdeckten. Durch die Erschütterungen des Grand-Banks-Erdbebens waren offenbar 150 Kubikkilometer lockerer Schlamm und Sand auf dem Kontinentalabhang ins Rutschen geraten. Der Großteil dieser Rutschmasse hatte sich nicht weit bewegt, vielmehr war sie am Fuß des Hanges liegengeblieben, wo sie sich als Unterwasserlandschaft mit auffällig unregelmäßigem Relief abzeichnete. Aber auch rund 1.000 Kilometer vom Ausgangspunkt der Rutschung entfernt ließen sich verblüffenderweise noch Sedimente nachweisen, die eindeutig aus der Rutschmasse stammten. Wie war das möglich?

Wenn Sand und Schlamm auf einem Unterwasserhang in Bewegung geraten, werden sie dabei mit großen Mengen Meerwasser gemischt. An der Oberfläche der Rutschmasse kann diese Durchmischung so weit gehen, dass eine Suspension entsteht, die sich als sogenannter Trübestrom viel schneller und weiter als die eigentliche Rutschmasse bewegen kann. So ein Trübestrom zerstörte nach dem Grand-Banks-Erdbeben die Tiefseekabel. Da deren Abstände vom Ursprungsort der Hangrutschung bekannt waren, ließ sich die Geschwindigkeit des Trübestroms berechnen, der pro Stunde etwa 80 Kilometer zurückgelegt hatte. Ewing und Heezen lieferten den ersten Nachweis für diesen Transportmechanismus, der nicht nur im Meer, sondern in jedem stehenden Gewässer auftreten kann, sogar in Wasserpfützen.

Rast ein großer Trübestrom mit der Geschwindigkeit eines Autos über den Meeresboden, kann er diesen erodieren und dabei zungenförmige Vertiefungen erzeugen. Diese Kolke werden ausgefüllt, wenn der Trübestrom schließlich zum Stillstand kommt und der mitgeführte Sand und Schlamm zu Boden sinken und dort eine Sedimentlage bilden. Solche Lagen können von wenigen Millimetern bis zu etlichen Zehnermetern dick sein und heißen Turbidite. Da bei Abnahme der Fließgeschwindigkeit zuerst die größeren Komponenten zu Boden sinken und dann erst das Feinmaterial, ist die Basis einer Turbiditlage grobkörniger als ihre höheren Abschnitte.

Turbidite in den Ostalpen

Turbidite kommen in fast allen Meeresablagerungen aus dem Gebiet der späteren Ostalpen vor. Ihre Entstehung ist an keine Zeit gebunden, ausschlaggebend war ein Meeresboden mit entsprechend ausgeprägtem Relief. Vor allem aus der späten Kreide- und frühen Paläogenzeit sind mächtige Stapel von Tausenden übereinanderliegenden Turbiditen überliefert. Diese wurden entlang der Kontinentalabhänge abgelagert, die das Penninische Ozeanbecken im Norden und Süden begrenzten. Die auf dem südlichen Kontinentalabhang abgelagerten Turbidite bilden den oberen Teil der Gosau-Gruppe. Entlang des nördlichen Abhangs kamen die Turbidite der Rhenodanubischen Supergruppe zum Absatz.

Der südliche Abhang verlief entlang der Subduktionszone, an der die ozeanische Lithosphäre des Penninischen Ozeanbeckens unter die Adriatische Platte eintauchte. Daher war dieser Kontinentalrand starken tektonischen Spannungen ausgesetzt, die zu Brüchen und Bewegungen im Gestein führten. Auf starke Krustenabsenkungen weist die Überlagerung der Seichtwasserablagerungen der unteren Gosau-Schichten durch die Tiefwassersedimente der oberen Gosau-Schichten hin, die in Becken auf diesem Kontinentalhang angelagert wurden. Durch die häufigen tektonischen Bewegungen wurden Sedimentschichten manchmal bald nach ihrer Ablagerung verkippt, bevor die derart deformierten Schichten wieder mit neuem Sediment bedeckt wurden. Solche „Diskordanzen“ sind vor allem in den höchstgelegenen Gosau-Vorkommen der Ostalpen, am Muttekopf (s. S. 148) in Nordtirol, gut erkennbar, weil das Gebiet schon über der Waldgrenze liegt und die Gesteine nur von wenig Vegetation bewachsen sind. Die Krustenbewegungen waren viel ausgeprägter als die gleichzeitigen eustatischen Meeresspiegelschwankungen, sodass sich letztere in den Sedimenten nicht nachweisen lassen.

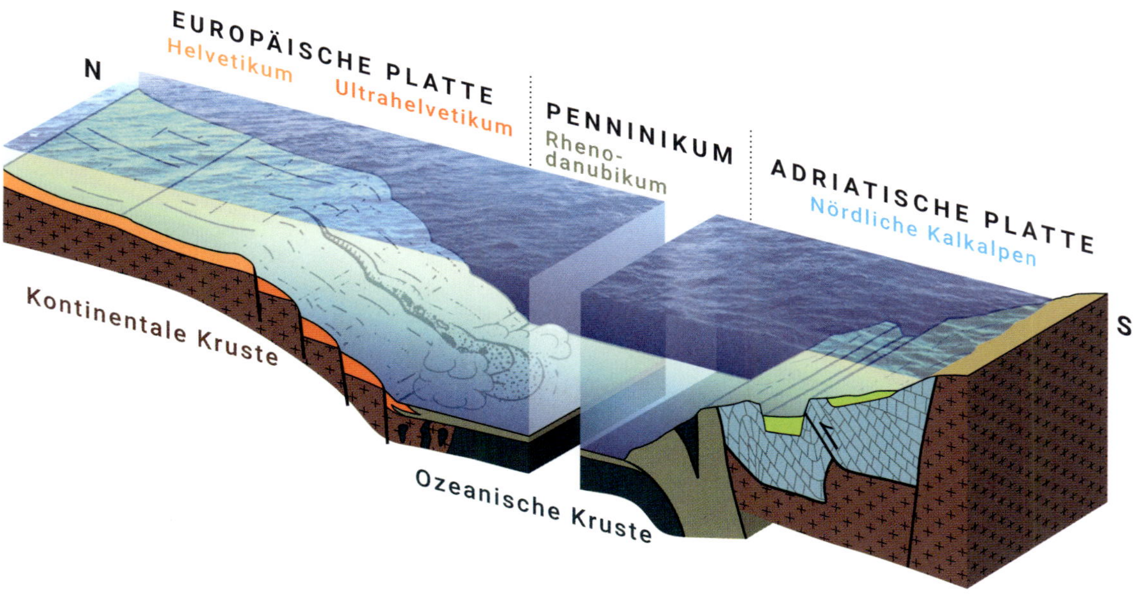

Auf dem tektonisch aktiven Rand der Adriatischen Platte wurden von der späten Kreide-Zeit bis in die mittlere Eozän-Zeit die Gosau-Schichten abgelagert, währenddessen sich entlang des passiven Randes der Europäischen Platte die rhenodanubischen Gesteine absetzten (aus Egger, 2009).

Blick von der Hanauer Hütte (1.922 m) nach Osten auf die Diskordanz in den Gosau-Schichten des Schlenkerkars in den Lechtaler Alpen. Die steiler einfallenden Schichten rechts im Bild wurden durch tektonische Bewegungen verkippt, bevor die auf der linken Bildseite erkennbaren, flacher einfallenden Schichten darüber abgelagert wurden.

Im Gegensatz zum tektonisch aktiven südlichen Kontinentalabhang war der Nordrand des Penninischen Ozeanbeckens ein passiver Hang. Dort gab es keine Subduktionszone, sondern die granitische Kruste des damaligen Europäischen Kontinents ging allmählich in die basaltische Kruste des Penninischen Ozeanbeckens über, indem in diese Richtung immer mehr basaltisches Magma in den Granit eindrang. Auf diesem Kontinentalhang wurde überwiegend feinkörniger Schlamm (Buntmergelserie und Leimernschichten) abgelagert, es gab aber auch kleine Hangbecken mit Turbiditen (Achthaler Sandstein). Der Großteil der aus der Richtung des damaligen europäischen Kontinents kommenden Trübeströme wurde aber erst am Fuß des Hanges in einigen Tausend Metern Wassertiefe deponiert. Dort bildete sich von der frühen Kreide-Zeit bis in die Eozän-Zeit ein insgesamt etwa 3.000 m dicker Sedimentstapel, der als Rhenodanubische Supergruppe bezeichnet wird und hauptsächlich aus Turbiditen besteht. Das von ihm heute aufgebaute Gebiet heißt Rhenodanubische Zone und begleitet den Nordrand der Ostalpen zwischen dem Rheintal und dem Donautal.

Um die mächtigen Sedimente der Rhenodanubischen Supergruppe aufnehmen zu können, die sich über einen langen Zeitraum von etwa 60 Millionen Jahren bildeten, musste die Erdkruste des Kontinentalhangs langsam absinken. Darüber hinaus war die tektonische Aktivität in diesem Gebiet aber viel geringer als am südlichen Abhang und die Auswirkungen des gewaltigen spätkretazischen Meeresspiegelanstiegs kamen voll zum Tragen. Dieser bewirkte insbesondere einen starken Rückgang der Sedimentzufuhr vom Land ins angrenzende Meeresbecken, weil dadurch die einmündenden Flusssysteme durch das verringerte Gefälle weniger Transportenergie hatten und infolge der landwärts gewanderten Küste ihre mitgeführte Sedimentfracht weiter weg von den zentralen Beckenteilen absetzten.

Die Berge der Rhenodanubischen Zone nördlich von Steinbach am Ziehberg in Oberösterreich werden durchwegs von Turbiditen aus der späten Kreide-Zeit aufgebaut. Im Hintergrund in der Bildmitte der Eiskogel (1.087 m), links davon der Pernecker

Kogel (1.080 m). Insgesamt sind die Oberkreide-Sedimente hier etwa 2.000 m mächtig und bestehen aus Abertausenden einzelnen Turbiditen. Jeder davon wurde von einem Trübestrom abgelagert, der sich über den Meeresboden bewegte.

Die Turbidite der Rhenodanubischen Zone lassen sich stark vereinfacht in drei Gruppen unterteilen: in quarzreiche Sandsteinturbidite, kalkreiche Schlammturbidite und Formationen, für die rotgefärbte Tonsteine kennzeichnend sind.

Das Material der quarzreichen Turbidite setzt sich aus vom damaligen Europäischen Kontinent erodierten Sand, Silt und Ton zusammen, wurde durch Flüsse ins Meer geschüttet und dort von Trübeströmen hinunter in die Tiefsee verfrachtet. Durch den hohen Meeresspiegel der späten Kreide-Zeit wurde die Anlieferung von Sand unterbrochen, weil die Flussmündungen weit vom Kontinentalrand entfernt waren. Dadurch kam die Ablagerung von Turbiditen weitgehend zum Erliegen und statt grobkörnigem Sand wurde nun roter Ton abgelagert. Ganz langsam, Tonblättchen für Tonblättchen, jedes nur wenige Tausendstel Millimeter groß, bauten sich diese Sedimentschichten am Tiefseeboden auf. In einem Jahrtausend entstand so eine Tonschicht von weniger als einem Zentimeter.

Die Rotfärbung ist eine Folge der sehr langsamen Ablagerung, weil dabei die Tonblättchen lange dem im Meerwasser enthaltenen Sauerstoff ausgesetzt sind, der das immer in winzigen Mengen vorhandene Eisen „verrosten" lässt. Da der hohe Meeresspiegel der späten Kreide-Zeit ein globales Phänomen war, ist es auch die Rotfärbung von Sedimentgesteinen aus dieser Zeit. Ein internationales Projekt unter chinesischer Führung untersuchte diese Zusammenhänge von den Alpen bis zum Himalaya, wo ich Gelegenheit hatte, rote Kreide-Ablagerungen in Tibet mit altersgleichen ostalpinen Vorkommen zu vergleichen.

Abgesehen von den roten Tiefseetonen sind aus der Zeit des hohen Meeresspiegels in der Rhenodanubischen Supergruppe stark kalkhältige Turbidite überliefert. Der Kalkschlamm der Turbidite wurde durch Trübeströme von höhergelegenen Teilen des Kontinentalabhangs oder von Schwellen innerhalb des Penninischen Ozeanbeckens tiefer hinunter bis zum Hangfuß verfrachtet. Der Schlamm besteht aus den winzigen Hartteilen von Plankton-Organismen. Ähnliche Sedimente kamen in der späten Kreide-Zeit weltweit in vielen Meeren zur Ablagerung, wie im Gebiet der schon vorher erwähnten weißen Klippen von Dover.

Dicke Bänke quarzreicher Sandsteine vom Beginn der späten Kreide-Zeit im Rosental im Westen von Wien (aus Egger & Wessely, 2014).

Rote Tonsteine mit dünnen Turbiditbänkchen liegen vielerorts, wie hier bei Grünau im Almtal in Oberösterreich, über den grobkörnigen Sandsteinen.

Auch helle Kalkschlammturbidite, wie hier am Leopoldsberg bei Wien, sind Ausdruck des Meeresspiegelanstiegs in der späten Kreide-Zeit.

Die Kalkschlammturbidite sind besonders schön im Röthenbachtal bei Füssen in Bayern aufgeschlossen, das daher namensgebend für diese Gesteine (Röthenbach-Subgruppe) in der ganzen Rhenodanubischen Zone ist (Egger & Schwerd 2008).

Kalkige Turbidite aus der späten Kreide-Zeit bauen die 2.135 m hohe Üntschenspitze bei Schoppernau in Vorarlberg auf. Sie ist die höchste Erhebung der Rhenodanubischen Zone, die von hier nach Osten immer mehr an Höhe verliert. Das Gefälle des Südhanges (rechts) entspricht dem Einfallen der Gesteinsschichten.

In den Ostalpen baut der Kalkschlamm aus der späten Kreide-Zeit zwar keine markanten Felsklippen auf, aber immerhin die höchste Erhebung der Rhenodanubischen Zone: die 2.135 m hohe Üntschenspitze bei Schoppernau in Vorarlberg. Von hier nach Osten verliert die Rhenodanubische Zone immer mehr an Höhe, sodass östlich des Inntals nur mehr einzelne wenige Berggipfel über eintausend Meter hoch sind.

Eigentlich würde man denken, dass in diesem beschaulichen Voralpengebiet die Geologenarbeit ziemlich gemütlich abläuft. Dabei ist das Gegenteil der Fall. Anstehender Fels ist praktisch nur entlang der Bachläufe zu finden, und so verbringt ein kartierender Geologe seine Zeit damit, sich tagein, tagaus durch den Schlamm dicht verwachsener Bacheinschnitte hochzuarbeiten. Die geologische Kartierung der Rhenodanubischen Zone ist deshalb eine ziemlich schmutzige Angelegenheit, bei der man von der eigentlich hübschen Landschaft wenig mitbekommt und auch kaum auf Menschen trifft. Wie einsam und verlassen diese Gräben sind, zeigt ein Fund, den ich in einem Bachlauf in der Nähe von Purgstall in Niederösterreich machte. Ich mag noch immer nicht gern daran denken, wie ich dort an einem strahlenden Sommermorgen auf ein vollständiges menschliches Skelett stieß! Nicht nur die Knochen waren da und steckten noch teilweise in der Kleidung, sondern auch eine Armbanduhr, ein künstliches Gebiss und eine Pistole. Die polizeiliche Ermittlung ergab, dass es sich um die traurigen Überreste eines Selbstmörders handelte, die seit sechs Jahren unentdeckt in diesem Graben gelegen hatten, nur wenige Hundert Meter vom nächsten Bauernhof entfernt.

Sandstürme in Wien

Während kalkreiche Turbidite der Rhenodanubischen Zone in erster Linie von der Zementindustrie abgebaut wurden, wie das gegenwärtig noch am Pinsdorfberg bei Gmunden in Oberösterreich der Fall ist, wurden quarzreiche Turbidite unter den Bezeichnungen „Wiener Sandstein“ oder „Karpaten-Sandstein“ als Bausteine gewonnen. Geologisch gesehen handelt es sich dabei um unterschiedlich alte Sandsteine, die aus der mittleren Kreide-Zeit (Reiselsberger Sandstein), aus dem letzten Abschnitt der späten

In Niederösterreich ist der 893 m hohe Schöpfl im Wienerwald der höchste Punkt der Rhenodanubischen Zone. Den langgestreckten Kamm des Schöpfls, hier aus Südosten von der Klammhöhe gesehen, bilden Sandsteine aus der frühen Eozän-Zeit.

Kreide-Zeit (Altlengbacher Sandstein) oder aus der Eozän-Zeit (Greifensteiner Sandstein) stammen. Unser Wissen über die Verwendung des Wiener Sandsteins verdanken wir vor allem der Arbeit von Alois Kieslinger (1900–1975), ehemals Professor an der Technischen Universität in Wien.

In Wien diente der Sandstein sogar als Straßenpflasterung, worüber erste Berichte aus dem 15. Jahrhundert vorliegen. Ausländische Besucher wie Enea Silvio Piccolomini, der spätere Papst Pius II., berichteten begeistert von den gepflasterten Straßen, die damals ein unglaublicher Fortschritt waren. Während man in den meisten europäischen Städten noch durch knöcheltiefen Morast watete, der auch den Inhalt der Nachttöpfe enthielt, gab es im noblen Wien schon längst einen Straßenbelag, auf den man den Inhalt der Nachttöpfe prima auskippen konnte. Dem zunehmenden Verkehr war dieses Pflaster jedoch nicht gewachsen. Eiserne Wagenräder und Pferdehufeisen zermahlten den Sandstein zu Sand und Staub, weshalb Wien berüchtigt war für seine Sandstürme, die nicht nur lästig waren, sondern auch gesundheitsgefährdend. So ändern sich die Zeiten: was kurz vorher noch ein Riesenfortschritt war, hatte plötzlich ausgedient. Daher kaufte die Stadt mehrere Granitsteinbrüche bei Mauthausen in Oberösterreich, von wo man Pflastersteine auf der Donau herantransportierte. Im Jahr 1811 kam die erste Schiffsladung davon an, und innerhalb weniger Jahre verdrängte der Granit die dann nicht mehr zeitgemäßen Sandsteinpflaster, die im Jahr 1850 endgültig verboten wurden.

Als Baustein blieb der Wiener Sandstein weiterhin beliebt, und vor allem während des Baubooms im 19. Jahrhundert kam er massiv zum Einsatz. Riesige Mengen davon wurden allein für den Bau der Bögen der Wiener Stadtbahn und für die Regulierung des Wien-Flusses gebraucht. Für manche Großvorhaben wie dem Bau des Spitals auf der Baumgartner Höhe am Westrand von Wien legte man Steinbrüche in unmittelbarer Umgebung des Bauplatzes an. Überraschenderweise ist auch der neue Linzer Dom mit Sandstein aus dem Wienerwald gebaut, der aus einem Steinbruch in der Nähe von Neulengbach stammt. Um 1900 waren allein im Wienerwald fünfzig Sandsteinbrüche in der Rhenodanubischen Zone aktiv.

Dreambus

Die früher auch in Österreich gebräuchliche Bezeichnung „Karpaten-Sandstein" für die Sandsteine der Rhenodanubischen Zone deutet auf enge Beziehungen zwischen dieser Zone und den östlich an das Wiener Becken anschließenden Karpaten hin. Tatsächlich gibt es am Nordrand der Karpaten eine breite Zone, die, wie der Nordrand der Ostalpen, vorwiegend aus turbiditischen Sandsteinen besteht. Aber welcher Teil dieses „Karpaten-Flysches" entspricht der Rhenodanubischen Zone? Nach dem 2. Weltkrieg waren Vergleichsexkursionen in die damaligen Ostblockstaaten nur sehr eingeschränkt möglich, trotz bilateraler Staatsverträge, die den wissenschaftlichen Austausch zwischen österreichischen, polnischen, tschechoslowakischen und ungarischen Geologen regelten. Das war hilfreich, doch ein ungebremstes Arbeiten im Gelände erlaubten die politischen Verhältnisse nicht. Zumindest aber rissen die Kontakte zwischen uns Nachbarn nie ganz ab und konnten rasch aktiviert werden, nachdem sich der Eiserne Vorhang im Jahr 1989 gehoben hatte.

Schon Anfang der 1990er-Jahre starteten wir ein Projekt, das die Korrelation der Rhenodanubischen Zone mit dem „Karpaten-Flysch" zum Thema hatte und drei Jahre dauerte. Wir zeigten den Karpaten-Geologen die Schlüsselstellen in den Alpen, sie machten uns mit der Geologie der Karpaten vertraut. Es sei gleich vorweggenommen, dass wir trotz dieses Aufwands keine befriedigende Antwort auf unsere Fragen fanden. Was im Westen unter dem Wiener Becken verschwindet, taucht östlich davon nicht mehr in der gleichen Form auf. Bis heute haben wir keine Ahnung, warum.

Das Wissen um unser Nichtwissen mussten wir uns schwer erarbeiten. Den größten Aufwand erforderte der Besuch der ukrainischen Waldkarpaten, der möglich wurde, nachdem Ende 1991 die Sowjetunion zerfallen war. Außerhalb der größeren Städte gab es bei unserem Besuch im Jahr 1994 kaum Übernachtungsmöglichkeiten und auch Treibstoff und Lebensmittel waren Mangelware. Die polnischen Kollegen nahmen die Organisation in die Hand und charterten einen großen Reisebus, in den wir unseren ganzen Proviant packen konnten. Außerdem waren aus dem Fahrzeug die meisten Sitzreihen entfernt und durch Schlafkojen ersetzt worden. Genau das, was wir brauchten, und zusätzlich sollte der polnische Chauffeur auch noch ein guter Koch sein, der das Abendessen für die ganze Mannschaft zubereiten würde. Gespannt warteten wir vor der Universität in Krakau auf die Ankunft unseres Expeditionsfahrzeugs. Als es schließlich um die Ecke bog, waren wir überrascht. Der Bus war in grellem Pink lackiert, und an beiden Seiten war mit geschwungenen blauen Buchstaben die riesige Aufschrift „Dreambus" angebracht worden. Damals war in unseren Kinos gerade „Priscilla – Queen of the Desert" angelaufen. „Priscilla" ist ein Autobus, mit dem eine Gruppe Männer durch das australische Outback tingelt, um ausgerechnet dort eine schrille Travestie-Show aufzuführen. Dafür hatten wir als biedere Geologen natürlich nicht die richtige Ausstattung dabei, trotzdem erregte unser kunterbunter „Dreambus" in den Waldkarpaten, wo es damals kaum motorisierten Verkehr gab, vermutlich nicht weniger Aufsehen, als es „Priscilla" verursacht hätte.

Aber noch etwas anderes erregte Aufsehen: unsere Landkarten! Es war das erste Mal, dass unsere ukrainischen Begleiter derartig genaue Karten ihres Arbeitsgebiets sahen, denn in der Sowjetunion waren Karten unter höchste Geheimhaltung gefallen. Selbst Geologen hatten kaum Kartengrundlagen für ihre Arbeit bekommen, wie unser Exkursionsleiter erzählte, ein würdiger älterer Herr, der aus Verehrung für Vladimir Lenin den Vornamen Vladilen trug. Die Geologen zeichneten die meisten Karten selbst, indem sie den Flüssen folgten, deren Verlauf grob skizzierten und auf diesen Skizzen ihre Beobachtungen eintrugen. Diese Skizzen mussten sie abgeben und durften davon auch keine Kopien anfertigen. Was in der Sowjetunion höchst geheim war, konnte in Wien mühelos erstanden werden. Diese Karten stammten zwar noch aus der Habsburger-Monarchie, zu der dieses Gebiet als Teil Galiziens einst gehörte, waren aber auch 80 Jahre später noch überaus nützlich, denn das Straßen- und Wegenetz hatte sich während dieser langen Zeit kaum verändert und wir fanden uns mühelos zurecht.

Dicke Sandsteinbänke (Altlengbacher Schichten) aus der späten Kreide-Zeit aus dem Steinbruch Sievering (Wiener Naturdenkmal Nr. 768) im Westen von Wien waren die Hauptlieferanten für die Wiener Pflastersteine im 18. Jahrhundert.

Ganz aus „Wiener Sandstein" erbaut ist die Burg Kreuzenstein bei Korneuburg in Niederösterreich, die zwischen 1879 und 1906 auf den Fundamenten einer im Jahr 1645 zerstörten Burg neu errichtet wurde. Der Großteil des Baumaterials wurde an Ort und Stelle gewonnen. Der heutige Burggraben war der Steinbruch im eozänen Greifensteiner Sandstein, der dort auch jetzt noch sichtbar ist.

Leben im Kreide-Meer

Das Meer, das in der späten Kreide-Zeit weite Teile der späteren Ostalpen bedeckte, war voller Leben. Hier können wir aus Platzgründen nur ein paar markante seiner Bewohner vorstellen. Die Wichtigsten sind die Unscheinbaren: Einzellige Algen, deren Überreste mit freiem Auge nicht sichtbar sind. Diese mikroskopisch kleinen Algen sind die Grundlage für jedes andere Leben im Meer, weil sie am Beginn der Nahrungskette stehen, sie sind aber auch die Grundlage für das Leben an Land, denn diese winzigen Pflänzchen erzeugen etwa die Hälfte des Sauerstoffnachschubs für die Atmosphäre. Die andere Hälfte produzieren die Landpflanzen. Rein rechnerisch stammt also der Sauerstoff für jeden zweiten Atemzug, den wir oder andere Lebewesen tun, aus dem Meer.

Coccolithen

Wie alle Pflanzen brauchen Meeresalgen Sonnenlicht und leben daher nur in den lichtdurchfluteten oberen Wasserschichten. Neben den Dinoflagellaten und den Diatomeen, von denen später noch die Rede sein wird, bilden sogenannte haptophyte Algen die Hauptmasse des pflanzlichen Planktons. Für Geologen besonders interessant ist die haptophyte Gruppe der Coccolithales, weil deren Vertreter seit der späten Trias-Zeit auch kalkige Zellelemente erzeugen, die in solchen Massen vorkommen, dass sie gesteinsbildend sein können. Diese elliptischen Kalkplättchen werden Coccolithen genannt und sind seit dem Mesozoikum die kleinsten und häufigsten Fossilien auf der Erde. Das bekannteste fast ausschließlich aus Coccolithen bestehende Gestein sind die schon vorher erwähnten weißen Klippen von Dover, Calais und auf der Ostseeinsel Rügen. Dieses Gestein wurde als Kreide bezeichnet, und nicht nur die früher daraus erzeugte Schreibkreide für die Schultafeln, sondern auch die Kreide-Zeit leitet ihren Namen davon ab.

Elektronenmikroskopische Aufnahme von *Watznaueria barnesae*, der häufigsten Coccolithenart in kreidezeitlichen Meeresablagerungen der Ostalpen. Der Zellkern der Alge befand sich im Inneren der aus elliptischen Plättchen aufgebauten Kugel (Coccosphäre), deren Durchmesser rund 1/100 mm beträgt. Coccosphären zerfallen leicht und sind daher in Gesteinen nur selten ganz erhalten (Foto: Nannotax/Paul Bown).

Die Breite eines Haares dient oft als Größenordnung, wenn anschaulich gemacht werden soll, dass etwas klitzeklein und hauchzart ist. Schließlich ist ein durchschnittliches menschlichen Kopfhaar nur etwa fünf Hundertstel eines Millimeters breit, fast könnte man sagen, ein Hauch von Nichts. Nicht einmal haarbreit, sondern nur halb so groß, sind die größten Coccolithen, die zum kalkigen Nannoplankton gezählt werden. Die Winzigkeit der Coccolithen wird augenfällig, wenn man sich vorstellt, dass in einem etwa daumennagelgroßen Gesteinsstück Hunderte Millionen dieser Plättchen enthalten sein können. Daher genügen schon kleinste Sedimentmengen – sogar der Schmutz unter den Fingernägeln würde reichen – um an solche Fossilien zu kommen. Gerade bei Bohrungen, bei denen aus der Tiefe des Bohrlochs oft nur mickrige Gesteinsbrösel an die Erdoberfläche gelangen, sind Nannofossilien oft die einzige Möglichkeit, das Gestein altersmäßig einzustufen, in dem die Bohrung gerade vorgetrieben wird. Diese Informationen sind ausschlaggebend für die Einschätzung, wie weit das angestrebte Bohrziel noch entfernt ist, aber auch, ob durch bisher unbekannte tektonische Störungen unvorhergesehene Komplikationen zu erwarten sind. Diese Daten können helfen, dass die ohnehin hohen Kosten von Bohrungen nicht unnötig ausufern.

Überkochende Milch

Die winzigen Staubteilchen, die man bisweilen in der Luft tanzen sieht, wenn sich ein Sonnenstrahl ins Zimmer verirrt, geben vielleicht die beste Vorstellung davon, wie das Nannoplankton im Meerwasser schwebt. In einem Liter Meerwasser können Millionen dieser Winzlinge vorkommen. Überall winzigste Partikel. Das erklärt womöglich die übertriebenen Ängste vor Krankheitskeimen, die manche Nannoplanktonforscher quälten. Ein prominentes Beispiel dafür ist einer der Pioniere dieser Arbeitsrichtung, der in Triest geborene Erwin Kamptner (1889–1972), der wegen seiner Angst vor Bakterien stets Handschuhe trug und trotzdem grundsätzlich niemandem die Hand schüttelte. Kamptner, zeitlebends Junggeselle und alleinstehend, war ein international angesehener Wissenschaftler, dem neben vielen anderen Meriten, die weltweit erste elektronenmikroskopische Aufnahme eines Coccolithen zu verdanken ist. Dieser bahnbrechende Erfolg gelang im Jahr 1944 mit dem Übermikroskop (so hieß damals das Elektronenmikroskop) der Firma Siemens, das an der Technischen Universität Wien aufgestellt war.

Wie lebte der berühmte Forscher? Einen Eindruck vermittelt ein kleiner Kochtopf, der mir vor einigen Jahren am Naturhistorischen Museum gezeigt wurde, wo Kamptner einen Arbeitsplatz hatte, ohne allerdings dort angestellt gewesen zu sein. Abgesehen von einem kurzen Dienstverhältnis hatte es Kamptner vorgezogen, lebenslang Privatgelehrter zu bleiben und so musste er sein Auskommen mit bescheidensten Mitteln fristen. In dem besagten Topf bereitete er sich Tag für Tag das gleiche Mittagessen: Warme Milch, in die er etwas Weißbrot einbrockte. Besonders auffällig an dieser sorgsam verwahrten Topfreliquie sind die eingebrannten braun-schwarzen Krusten an den Rändern des Topfs, die davon zeugen, dass Kamptner, vermutlich ganz im Bann seiner Forschungen, gelegentlich die Milch übergehen ließ.

Im 2. Weltkrieg war Kamptner Luftschutzwart und stieg während der Bombenangriffe allein aufs Flachdach des Naturhistorischen Museums, um dort Stabbrandbomben zu löschen, die von den Alliierten in großer Zahl über Wien abgeworfen wurden. Mit Sandkübeln durch den dichten Bombenhagel zu rennen, war eine lebensgefährliche Arbeit, die der menschenscheue Kamptner aber wahrscheinlich weniger bedrohlich und riskant empfand als die Vorstellung, eng zusammengedrängt mit anderen Menschen im Luftschutzkeller sitzen zu müssen. Einsam wie sein Leben war auch das Sterben dieses bedeutenden Wissenschaftlers. Der Tod überraschte ihn beim Abendessen am Küchentisch, neben dem Erwin Kamptners zusammengesunkene Leiche auf einem Stuhl sitzend gefunden wurde.

Wie in einer Lebzelterei

Die Geschichten über Erwin Kamptner verdanke ich Herbert Stradner, einem weiteren international renommierten Nannoplanktonforscher. Stolz darf ich anmerken, dass Herbert mein Lehrer und Mentor war, der mir während meines Studiums und ganzen Berufslebens zur Seite stand. Einer der vielen Verdienste Herberts ist, dass er als einer der ersten die große Bedeutung des Nannoplanktons bei der Alterseinstufung von Gesteinen erkannte. Besonders, wenn nur sehr kleine Probenmengen zur Verfügung stehen, wie es bei Erdölbohrungen der Fall ist, ist die Methode unschlagbar. Aber das war in den 1950er-Jahren noch Neuland, und Herbert war damals auch noch kein bekannter Wissenschaftler, sondern arbeitete an einer Hauptschule als Englischlehrer. Als er mit seinem Vorschlag bei der österreichischen Ölfirma ÖMV vorstellig wurde, verwies man ihn ins Referat N. Erst viele Jahre später erfuhr Herbert, was es damit auf sich hatte: N stand für Narren! Im Referat N, das der Geologe Friedrich Brix betreute, bekamen Sonderlinge aller Art Gelegenheit, seltsame Methoden vorzuführen, von denen sie glaubten, dass sie beim Aufspüren von Erdöllagerstätten nützlich sein könnten. Herbert wurde mit einem Mikroskop und ein paar Proben in ein Zimmer gesetzt und sollte nun zeigen, was er konnte. Wie aus einer Lebzelterei wehten durch die offene Zimmertür bald aromatisch kräftige Düfte durch die Gänge der ÖMV, denn Herbert hantierte bei seiner Arbeit mit Nelken- und Anisöl. Vermutlich fühlten sich dadurch die maßgeblichen Herren des Unternehmens zunächst in ihrer Einordnung zum Referat N bestätigt. Das änderte sich jedoch schlagartig, als Herbert seine Ergebnisse vorlegte, mit denen erstmals im Wiener Becken die Grenze zwischen oligozänen und miozänen Gesteinen akkurat bestimmt werden konnte. Ab sofort gehörte die Untersuchung des Nannoplanktons zu den Standardmethoden bei der Bearbeitung von Öl- und Gasbohrungen. Das bescherte Herbert einen zusätzlichen Verdienst als Konsulent in der Ölindustrie und mit dem ersten Geld, das so ins Haus kam, konnte endlich der schon dringend benötigte Kinderwagen für den neugeborenen Nachwuchs angeschafft werden.

Hippuriten

Zurück zu den Algen, die nicht nur von anderen Lebewesen gefressen werden, sondern diese auch auf andere Weise mit Nahrung versorgen können, nämlich wenn sie mit ihnen in Symbiose leben. Zu diesen Tiergruppen zählen beispielsweise die Steinkorallen, die seit der mittleren Trias-Zeit als Erbauer riesiger Riffe markant in Erscheinung treten. Solche Massenvorkommen von Tieren, die sich zur

Hippurit aus Gosau (OÖ) in der Sammlung des Salzburger Erzstiftes St. Peter (Originalgröße).

Nahrungssuche nicht von der Stelle bewegen können, sind nur möglich, wenn genug Futter vorhanden ist. Um nicht zu verhungern, filtern Korallen nicht nur Nahrung aus dem Meerwasser, sondern werden auch von Algen mit Nährstoffen versorgt. Genauso funktioniert die Lebensgemeinschaft zwischen manchen Muscheln und Algen. Die Muscheln bieten den Algen ein gemütliches und sicheres Heim und kassieren als Miete dafür Zucker und zusätzlichen Sauerstoff. Damit die Algen diese Stoffe produzieren können, brauchen sie Sonnenlicht, das nur in geringer Wassertiefe in genügender Menge vorhanden ist.

Zu den mit Algen in Symbiose lebenden Muscheln gehörten die sonderbaren Hippuriten, die umgangssprachlich auch als Rudisten bezeichnet werden. Im Gegensatz zu den meisten anderen Muscheln sind bei ihnen die beiden Klappen nicht spiegelbildlich gleich ausgebildet, sondern unterschiedlich geformt. Eine Klappe entwickelte sich zu einem gerieften „Horn", das mit dem spitzen Ende am Meeresboden festgewachsen war. Die andere Klappe saß als flacher Deckel auf diesem Horn. Oft lebten diese Muscheln eng nebeneinander in Kolonien, wo die harten Kalkhörner seitlich zusammengewachsen waren und am Meeresboden ausgedehnte flache Riffe bilden. Weil die Algen Licht zum Leben brauchten, lagen diese Riffe knapp unter der Wasseroberfläche und waren überaus robust gebaut, um den Wellen trotzen zu können.

Die eigentümlichen Rudisten, deren Erscheinungsbild nicht gleich an Muscheln denken lässt, sind typische Fossilien aus der Kreide-Zeit, die sie nicht überlebten. Aus der frühen Kreide-Zeit sind sie in den Ostalpen im Schrattenkalk des Helvetikums überliefert, aus der späten Kreide-Zeit sind kleine Hippuritenriffe aus den Nördlichen Kalkalpen bekannt. Viel ausgedehntere Vorkommen von kreidezeitlichen Hippuritenkalken gibt es in den Südalpen, beispielsweise in Istrien und in der Umgebung von Triest, wo das Gestein unter der Handelsbezeichnung Fior di Mare (Meeresblumen) schon lange abgebaut wird. Nach der Fertigstellung der Bahnlinie Wien – Triest im Jahr 1857 wurden diese Kalke zu einem der wichtigsten Dekorgesteine für Gebäude in der Hauptstadt des Habsburgerreichs.

Inoceramen

Zu den häufigen Bewohnern des Kreide-Meeres gehörten auch die Inoceramen oder Faltenmuscheln, eine seit der Perm-Zeit existierende Muschelgruppe, die ihre größte Bedeutung in der späten Kreide-Zeit erlangte. Damals lebten zahlreiche Gattungen und Arten der Inoceramen, darunter Riesenformen, die mit Schalendurchmessern von knapp zwei Metern bis heute die größten Muscheln der Erdgeschichte sind. Einige der kreidezeitlichen Inoceramen traten weltweit auf und liefern wichtige Zeitmarken zum Einstufen von Gesteinen.

In der Erforschungsgeschichte der Ostalpen spielten die Inoceramen ihre wichtigste Rolle bei der Altersbestimmung der Gesteine der Rhenodanubischen Zone, die als notorisch fossilleer galt. Zwar hatte man Mitte des 19. Jahrhunderts im Wiener Sandstein bei Greifenstein schon Fossilien (Nummuliten) gefunden, die das Eozän belegten, aber für die übrigen in der Rhenodanubischen Zone vorkommenden Formationen vermutete man lange Zeit, dass sie in der Trias- oder Jura-Zeit entstanden seien. Umso wichtiger war die Entdeckung von Inoceramenschalen aus der späten Kreide-Zeit.

Zu den wichtigsten Inoceramen-Fundstellen in der Rhenodanubischen Zone zählt der Steinbruch von Muntigl nördlich der Stadt Salzburg, wo Eberhard Fugger und Carl Kastner im Jahr 1882 zahlreiche dieser fossilen Muscheln aufsammelten, von denen oft sogar beide Muschelklappen erhalten waren. Ein Teil dieser Schätze, darunter auch neu beschriebene Arten, wird im Salzburger Museum „Haus der Natur" aufbewahrt. In dem längst stillgelegten Steinbruch befindet sich jetzt ein Schießstand, was den Besuch dort spannend macht. Bitte rechtzeitig in Deckung gehen und auf Querschläger achten!

Ammoniten

Wie die Inoceramen sind auch Ammoniten wichtige Fossilien für die zeitliche Zuordnung von Sedimenten aus der Kreide-Zeit. Damals lebten auch die größten Vertreter dieser Tiergruppe. Diese Riesenammoniten gehören zur Gattung *Parapuzosia.* Den Weltrekord hält mit einem Schalendurchmesser von 174 cm ein Exemplar, das in Westfalen in Deutschland gefunden wurde. Schon auf dem zweiten Platz in der Reihe der Giganten folgt mit fast eineinhalb Metern Durchmesser eine *Parapuzosia* vom Untersberg bei Salzburg, die im Foyer des Museums „Haus der Natur" ausgestellt, aber nicht besonders ansehnlich ist.

Der zweitgrößte je in Österreich gefundene Ammonit ist ebenfalls eine *Parapuzosia* aus der späten Kreide-Zeit und wurde westlich der Ortschaft Gosau in Oberösterreich von Herbert Summesberger vom Naturhistorischen Museum in Wien geborgen. Der Ammonit hat einen Durchmesser von fast einem Meter und wiegt rund 180 kg. Bei der Bergung zerfiel er in ungefähr fünfhundert Teile. Dieses riesige Puzzle mussten die Museumspräparatoren mühsam zusammensetzen, bevor das neue Prunkstück den Besuchern präsentiert werden konnte.

Inoceramus (Cataceramus) balticus aus Muntigl bei Salzburg. Auf den beiden Muschelklappen haben sich Austern angesiedelt, typische Flachmeerbewohner. Sie zeigen, dass der *Inoceramus* ursprünglich in einem seichten Meeresgebiet gelebt hat. Später wurde die Schale von einem Trübestrom in die Tiefsee transportiert (Haus der Natur, Salzburg).

5 cm

Wirfel- und Futsteine

Nicht wegen ihrer stratigrafischen Bedeutung, die eher gering ist, sondern wegen ihres häufigen Vorkommens in den Gosau-Schichten und ihrer Rolle als magische Objekte im Volksglauben werden hier noch zwei weitere Fossilgruppen erwähnt: die Schneckengattung *Trochactaeon* und die Einzelkorallengattung *Cunnolites.*

Hie und da treten Schalen von *Trochactaeon* in solchen Massen auf, dass sie gesteinsbildend sind. Das bekannteste Vorkommen und einer der bekanntesten Fossil-Fundpunkte der Ostalpen überhaupt ist das Naturdenkmal Schneckenwand, wohin von der Kirche im salzburgischen Rußbach am Pass Gschütt ein ausgeschilderter Wanderweg führt. Massenvorkommen von Fossilien, die sich aber nur aus einer oder wenigen Tierarten zusammensetzen, deuten auf besondere Umweltbedingungen hin, die nur für diese Arten ideal waren, sodass sie sich von keiner Konkurrenz gestört vermehren konnten. Die immense Häufigkeit von *Trochactaeon* hängt vermutlich mit dem Salzgehalt des Meerwassers zusammen. Glaubte man lange Zeit, die Tiere hätten in der Umgebung von Flussmündungen gelebt, wird jetzt auch die Meinung vertreten, dass der Lebensraum dieser Tiere eine Lagune mit erhöhtem Salzgehalt war. Die Antwort darauf, welche dieser beiden Interpretationen richtig ist, muss ich hier schuldig bleiben.

Der Querschnitt der Schneckengehäuse hat die Form einer weißen Spirale, die sich von der grauen Sedimentfüllung der dazwischen liegenden Hohlräume farblich deutlich abhebt. Im Volksglauben galten solche Steine als Heilmittel gegen die vom Schafbandwurm ausgelöste Drehkrankheit (Coenurose) und wurden als „Wirfelsteine“ in die Futtertröge von Schafen gelegt. Auch heute kann man im Salzburg und Oberösterreich noch gelegentlich hören, dass sich jemand „wirfelig“ fühlt, wenn er oder sie unter Drehschwindel leidet.

Warme, seichte, tropische Meeresgebiete sind seit der mittleren Trias-Zeit auch der bevorzugte Lebensraum von Steinkorallen, die große Riffe bilden

Quer- und Längsschnitte von Meeresschnecken (Actaeonellen) aus der späten Kreide-Zeit. Massenvorkommen dieser Fossilien aus den unteren Gosau-Schichten sind in den Nördlichen Kalkalpen von vielen Vorkommen bekannt. Die hier gezeigte Platte stammt aus Windischgarsten in Oberösterreich und ist dort beim Aussichtsturm am Wurbauerkogel ausgestellt (Bildlänge ca. 1 m).

Unter- und Oberseite von *Cunnolites macrostoma* aus Rußbach in Salzburg (Sammlung St. Peter, Originalgröße).

können, falls auch die übrigen ökologischen Voraussetzungen gegeben sind. Dazu zählen ein normaler Salzgehalt des Meerwassers und Wassertemperaturen von durchschnittlich etwa 25 °C. Diese Bedingungen waren in dem seichten Meer gegeben, von dem das Gebiet der künftigen Ostalpen in der späten Kreide-Zeit teilweise bedeckt war, trotzdem existierten dort keine großen Riffe. Vermutlich, weil das Wasser durch Sand und Schlamm getrübt war, die von Flüssen aus den umliegenden Landgebieten eingespeist wurden. Statt großer Riffe entwickelten sich nur kleine Riffknospen und auf dem schlammigen Meeresboden lagen Einzelkorallen, von denen besonders Exemplare der Gattung *Cunnolites* häufig waren.

Der Name *Cunnolites* ist vom lateinischen Wort Cunnus hergeleitet. Diese medizinische Bezeichnung für das weibliche Geschlechtsorgan war früher auch in vornehmen Kreisen üblich. Die Älpler hatten die gleichen Assoziationen, waren aber weniger vornehm und nannten die seltsamen Steine einfach „Futsteine“. Sexshops, in denen man Futsteine hätte besorgen können, brauchten die Alpenbewohner nicht, denn im Verbreitungsgebiet der unteren Gosau-Schichten liegen die Dinger bisweilen massenhaft in den Bachbetten herum und müssen nur aufgeklaubt werden. Bevor sich jemand in der Hoffnung auf ein erfüllteres Sexualleben auf den Weg zum Bachbett macht, sollte er oder sie zumindest wissen, dass die Futsteine kein Sexspielzeug sind, sondern ausschließlich dem Fruchtbarkeitszauber dienten. Kinderlose Frauen trugen sie als Amulette in der Hoffnung, dass sich so der ersehnte Nachwuchs einstellen würde.

Spurenfossilien

In allen Lebensräumen der Erde hinterlassen Tiere und Pflanzen ihre Spuren in weichen Sedimenten. Die vielfältigsten Funde solcher Fossilien stammen in den Ostalpen aus der Kreide- und Paläogen-Zeit, von denen wir in diesem Kapitel einige bemerkenswerte Vertreter vorstellen wollen. An und für sich ist es ja erstaunlich, dass sich Spuren überhaupt erhalten können, sind doch Spuren im Sand geradezu eine Metapher für Vergänglichkeit. Oft werden sie tatsächlich rasch zerstört, ein Regenguss oder eine Welle reichen aus, um sie zu verwischen.

Umso erstaunlicher, dass Lebensspuren, wenn das Drumherum stimmt, sich fossil über viele Jahrmillionen hinweg erhalten und manchmal sogar eine leichte Metamorphose des Gesteins überstehen können. Als besonders ergiebig in dieser letzten Hinsicht erwies sich das Gebiet der „Drei Brüder“ östlich von Fusch an der Glocknerstraße im Bundesland Salzburg. Dort, in den Bündner Schiefern der Hohen Tauern, entdeckte ein Salzburger Student, mein Studienkollege Josef Sägmüller, im Jahr 1979 Fossilien aus der frühen Kreide-Zeit. Eine kleine Sensation! Leider starb „Sägi“ bald darauf bei einem Fahrradunfall. Bei einer späteren Nachsuche wurden in den Schutthalden Gesteinsplatten mit verschiedenen Spurenfossilien entdeckt. Wie meist in solchen Fällen, übernahm Alfred Uchman von der Universität Krakau, einer der weltweit führenden Experten für Spurenfossilien, die Bearbeitung der Funde. Alfred konnte etliche der Spuren identifizieren. Die vorkommenden Arten belegen einen tiefmarinen Lebensraum innerhalb des Penninischen Ozeanbeckens.

Zu den bei Fusch gefundenen Spurenfossilien aus der frühen Kreide-Zeit gehören auch diese sternförmigen Gänge von *Haentzschelinia* (Die 5-Cent-Münze dient als Größenvergleich).

Tiefseeablagerungen sind für die Erhaltung von Lebensspuren besonders günstig, weil die Bewohner des Tiefseebodens über lange Zeiträume völlig ungestört leben und genüsslich im Schlamm nach Futter wühlen können, ohne dass die Spuren ihrer Tätigkeit von äußeren Einwirkungen zerstört werden. Dort unten ist alles eins: Statt Tag und Nacht dauernde pechschwarze Finsternis und statt jahreszeitlicher Wechsel die immer gleiche Wassertemperatur von etwa 4 °C. Einzig und allein Trübeströme stören ab und an das abgrundtiefe Idyll, was aber nur in langen zeitlichen Abständen von einigen Hundert bis einigen Tausend Jahren geschieht. Passiert das, ist es eine tödliche Katastrophe für die Bodenbewohner, die mitgerissen oder unter der Sedimentfracht begraben werden. Die armen Schlucker ersticken unter dem Schlamm und Sand des Turbidits und verwesen. Die Spuren, die sie zu Lebzeiten auf dem Meeresboden als Relief hinterlassen haben, werden vom Turbidit ausgegossen und so auf der Unterseite der Turbiditlagen konserviert.

Abgesehen von einzelligen Foraminiferen, die in der Tiefsee ihre sandkorngroßen Schalen aus winzigen Quarzkörnern mit einem Sekret zusammenkleistern, besitzen die meisten Bewohner des Tiefseebodens keine Hartteile, die sich fossil erhalten könnten. Die Existenz dieser knochenlosen Tiere, namentlich Würmer, Krebse und Mollusken, ist daher fast ausschließlich durch die Spuren belegt, die sie beim Fressen, Kriechen und Wühlen erzeugten. Auch wenn diese Spuren manchmal etwas abfällig als „stratigrafisch weitgehend wertlos“ bezeichnet werden, so liefern sie doch wichtige Informationen darüber, was einst auf dem dunklen Meeresgrund alles herumkrebste. Die Spuren sind vielfältig wie das Leben selbst, aber oft schwer zu deuten. So wurden manche der Spuren früher sogar für die Überreste von Pflanzen (Fucoiden) gehalten, wie etwa die verästelten Wühlspuren von *Chondrites*. Nicht von ungefähr bezeichnete man Lebensspuren auch als Hieroglyphen, geheimnisvolle Zeichen, die mühsam entziffert werden müssen. Mit dem Lesen der fossilen Hieroglyphen beschäftigt sich eine eigene Wissenschaft, die Ichnologie (das griechische Wort *ichnos* bedeutet Spur). Aus der Fülle ostalpiner Spurenfossilien ragen zwei Arten besonders heraus: *Pinsdorfichnus abeli*, die größte je in den Ostalpen gefundene Lebensspur, und das geheimnisvolle Wabenmuster von *Palaeodictyon strozzi*.

In diesem handgroßen Stück Greifensteiner Sandstein (Troppberg bei Purkersdorf, Niederösterreich) sind 54 Millionen Jahre alte Spuren verschiedener Tierarten aus der frühen Eozän-Zeit verewigt: Die Spirale in der Bildmitte (*Spiroraphe involuta*) liegt neben der Ypsilon-förmigen Spur der Gattung *Thalassinoides* und der rätselhaften Gitterstruktur von *Palaeodictyon strozzi*, die vor allem in der rechten Bildhälfte gut erkennbar ist.

Pinsdorfichnus abeli

Im Juni 1903 vermeldeten die Zeitungen eine kleine Sensation. In einem Sandsteinbruch am Pinsdorfberg bei Gmunden in Oberösterreich waren in der Rhenodanubischen Zone Fossilien gefunden worden, wie man sie bisher noch nicht gesehen hatte. Das „Linzer Volksblatt“ berichtete ausführlich über die „außerordentlichen und abnormen Fossilien, die der Fantasie den größten Spielraum geben“, und das Britische Museum in London wollte die erstaunlichen Versteinerungen sogar kaufen, doch der Besitzer, der Steinmetzmeister Leopold Nussbaumer, mochte sich nicht von ihnen trennen und richtete kurzerhand selbst ein kleines Privatmuseum ein, das bis zum Jahr 2022 bestand. Meterlang und mehr als dezimeterbreit ziehen sich diese Spuren über den ehemaligen Meeresboden und erinnern unwillkürlich an den Abdruck eines Motorradreifens. Diese Interpretation können wir mit Sicherheit ausschließen, aber das ist auch schon alles, denn welches Tier die Spur erzeugt haben könnte, liegt noch völlig im Dunkeln der Tiefsee. Womöglich leben dort sogar noch heute Verwandte jenes Geschöpfes, das sich vor rund 70 Millionen Jahren über den spätkretazischen Meeresboden bewegt hatte, vielleicht ist seine ganze Sippschaft auch schon längst ausgestorben. *Pinsdorfichnus abeli,* so der heutige Name des merkwürdigen Spurenfossils, bleibt nach wie vor ein Rätsel und eine Herausforderung für die geologischen Fährtensucher und Spurenleser, und beileibe nicht die einzige.

Palaeodictyon strozzi

Die regelmäßigen Gitterstrukturen von *Palaeodictyon* finden sich bereits in Tiefseeablagerungen, die vor 500 Millionen Jahren entstanden sind, und auch am heutigen Meeresboden wurden sie von Tauchrobotern in Meerestiefen unterhalb von 2.500 Metern entdeckt. Die Roboter konnten sogar Sedimentproben nehmen. Damit schien die Lösung des Rätsels nur mehr eine Frage der Zeit zu sein, aber weit gefehlt: Die Erzeuger dieser seltsamen Spuren spürte man trotzdem nicht auf. Adolf Seilacher, eine Koryphäe der Ichnologie aus Deutschland, vermutete, dass es sich bei *Palaeodictyon* um eine Bakterienkultur handelt, die von anderen Tiefseebewohnern als Nahrungsreserve angelegt wurde, so ähnlich wie unsereins Salat in Reih und Glied im Gemüsegarten zieht. Bestätigt hat sich diese Erklärung bislang nicht, und so harrt der Erzeuger von *Palaeodictyon* noch immer seiner Entdeckung.

Pinsdorfichnus abeli vom Pinsdorfberg bei Gmunden ist das bislang größte Spurenfossil aus ostalpinen Gesteinen (Länge des Bildausschnitts ca. 120 cm).

3•3 Paläozän- bis mittlere Eozän-Zeit

Gegen Ende der späten Kreide-Zeit bedeckte ein tropisches Meer das Gebiet der künftigen Ostalpen. Im warmen Wasser wimmelte das Leben. Nichts, aber schon gar nichts, hatte an einem Tag vor 66 Millionen Jahren darauf hingedeutet, dass dieses Südseeidyll gleich der Vergangenheit angehören würde. Ohne Vorwarnung und von einer Sekunde auf die andere: Bumm und aus! Ende der Kreide-Zeit und des ganzen Mesozoikums!

Luis (links) und Walter Alvarez an der Kreide/Paläogen-Grenze bei Gubbio im Jahr 1981. Der weiße Kalk, auf dem Walters Hand liegt, ist die oberste Schicht der Kreideablagerungen. Die roten Kalke darüber sind die Basis des Paläogen (Foto: Lawrence Berkeley Laboratory, US Government).

Die Kreide/Paläogen-Grenze

Lange blieb es völlig rätselhaft, wieso mehr als die Hälfte aller aus dem Mesozoikum bekannten Tier- und Pflanzenarten anscheinend von heute auf morgen von der Bühne des Lebens verschwanden. Neben den Dinosauriern gehörten alle Ammoniten, Inoceramen und Rudisten zu den prominentesten Opfern des Massenaussterbens. Mit einem Schlag war alles futsch und beim Teufel!

Die Antwort auf das Rätsel fand sich in der Bottaccione-Schlucht nahe der Kleinstadt Gubbio, die etwa 160 km südöstlich von Florenz im italienischen Apennin liegt. Beim Internationalen Geologenkongress in Florenz im August 2004 konnte ich dieses faszinierende Kapitel Wissenschaftsgeschichte aus erster Hand hören, erzählt vom amerikanischen Geologen Walter Alvarez, der ein Vierteljahrhundert vorher entscheidend an der Lösung des Rätsels beteiligt gewesen war.

In der Gola del Bottacione trennt eine nur zentimeterdicke Tonschicht weiße mesozoische Kalke von roten Kalken aus dem Känozoikum. Die Tonschicht ist fossilfrei, aber sowohl die roten wie die weißen Schichten enthalten sandkorngroße Mikrofossilien, sogenannte Foraminiferen, die zu Lebzeiten als tierisches Plankton in den oberen Meerwasserschichten lebten. Entscheidend ist, dass die Foraminiferen unter der Tonschicht völlig anderen Arten und Gattungen angehören wie jene über dem Ton. Und nicht nur das: Die meisten der Arten, die vor der Ablagerung der

Tonschicht gelebt hatten, tauchten später in der Erdgeschichte nicht wieder auf, waren also damals endgültig ausgestorben. Demgegenüber waren die meisten Arten über der Tonschicht neue Arten, die es zuvor nicht gegeben hatte. Schlagartig, aufgrund einer plötzlichen dramatischen Veränderung, schien sich damals das Leben im Meer grundlegend geändert zu haben. Doch im 20. Jahrhundert wollte kein Erdwissenschaftler mehr an Katastrophen glauben, war es doch ein Dogma der Evolutionstheorie, dass sich die Lebenswelt auf der Erde nicht plötzlich, sondern allmählich und stetig in einem langen fortdauernden Prozess entwickeln sollte.

Isabella Premoli-Silva, Mikropaläontologin von der Universität Mailand, vermutete deshalb, dass der plötzliche Wechsel in der Zusammensetzung der Foraminiferenfaunen nur vorgetäuscht sei. Ein solcher falscher Eindruck könnte beispielsweise entstehen, wenn die fossilfreie Tonschicht in einer Zeit stark reduzierter Sedimentation abgelagert worden wäre. Dann würde diese dünne Lage einen langen Zeitabschnitt repräsentieren, aus dem keine Fossilien erhalten waren. Die Frage war also: Wieviel Zeit steckt in der Tonschicht?

Darüber diskutierten Isabella Premoli-Silva und Walter Alvarez, der das Problem auch mit seinem Vater Luis Alvarez besprach, einem Nobelpreisträger für Physik an der Universität Berkeley. Luis war für seine unkonventionellen Ideen bekannt und ging das Problem mit einem völlig neuen Ansatz an, bei dem die Geochemie die entscheidende Rolle spielte. Die winzigen extraterrestrischen Teilchen, die ständig auf die Erde herunterregnen, enthalten im Vergleich zur Erdkruste viel höhere Mengen des Elements Iridium. In Gebieten mit hoher Sedimentation wird dieser Teilchenregen stark verdünnt durch die anderen Sedimentpartikel. Dort aber, wo wenig anderes Material sedimentiert wird, sollten diese Teilchen viel stärker in den Vordergrund treten. Daher verfiel Luis Alvarez auf die Idee, dass der Anteil von Iridium im Sediment einen guten Hinweis auf die Sedimentationsrate geben könnte. Viel Iridium wäre gleichbedeutend mit sehr geringer Sedimentation, wobei viel Iridium bedeutete, dass pro Million Kilogramm Gestein ein paar Zehntelgramm dieses Elements enthalten sein sollten.

Glücklicherweise bestand in Berkeley im Labor von Frank Asaro und Helen Michel die Möglichkeit, auch solche minimalen Gehalte von Iridium zu messen. Das dauerte, aber dann lagen die Ergebnisse vor und sorgten für ungläubiges Staunen. Die Iridiumgehalte der Tonschicht waren ein Vielfaches höher als erwartet.

Die Forscher aus Berkeley hatten Blut geleckt. Sie waren irgendeiner völlig neuen Sache auf der Spur und scheuten keine Mühe. In Stevens Klint in Dänemark und im Woodside Creek in Neuseeland wurden zwei weitere Stellen beprobt, an denen die Kreide/Paläogen-Grenze aufgeschlossen war. Und wieder dasselbe Ergebnis: auch dort viel zu viel Iridium, um es mit Schwankungen der Sedimentationsrate erklären zu können! Außerdem wäre es höchst unwahrscheinlich, dass weltweit zur gleichen Zeit in allen Meeresgebieten keine Sedimente abgesetzt worden wären.

Der Aufschluss am Woodside Creek auf der neuseeländischen Südinsel war der erste Ort auf der Südhalbkugel, an dem die erhöhten Iridium-Werte an der Kreide/Paläogen-Grenze nachgewiesen wurden. Damit war klar, dass ein weltweit wirksames Ereignis die Iridium-Anreicherung verursacht haben musste.

Im Elendgraben auf dem Gebiet der Salzburger Gemeinde Abtenau wurde die Iridium-Anreicherung in einer maximal 5 mm dicken gelben Lage gefunden.

An einem Tag wie jedem anderen

Offenbar handelte es sich dabei um eine globale Anomalie, für die es eine Ursache geben musste. Aber welche? Das gab den Spekulationen freie Bahn, bis die amerikanische Forschergruppe um Alvarez im Jahr 1980 die Hypothese aufstellte, dass die wahrscheinlichste Quelle dieser hohen Iridium-Gehalte der Einschlag eines Asteroiden sei. Diese Kleinplaneten enthalten im Vergleich zur Erdkruste unverhältnismäßig viel Iridium. Verirren sie sich zur Erde, schlagen sie dort mit einer mörderischen Geschwindigkeit von etwa 70.000 km pro Stunde ein und setzen dabei innerhalb von Sekunden unvorstellbare Energiemengen frei.

Die Hypothese stieß zunächst auf erbitterten Widerstand, aber mit jedem Jahr wurde sie durch neue wissenschaftliche Ergebnisse aus allen Teilen der Erde untermauert. Trotzdem glauben auch heutzutage manche Forscher nicht an eine extraterrestrische Herkunft des Iridiums, vielmehr vermuten sie seinen Ursprung in gewaltigen vulkanischen Ausbrüchen. Sie ignorieren dabei die Tatsache, dass in der Tonschicht auch Quarzkörner mit Deformationen gefunden wurden, die nur bei immens hohen Drucken entstehen, wie sie bei Atombombenexplosionen oder Meteoritenimpakten vorkommen, nicht aber bei Vulkanausbrüchen.

Diese „geschockten Quarzkörner" in Kombination mit dem hohen Iridium-Gehalt sind ein klarer Beleg, dass der Grenzton einen Impakt dokumentiert. Als letzter Stein in diesem aufregenden Puzzle fehlte nur noch ein entsprechender Krater. Wo war bloß dieses vermaledeite Loch? Im Jahr 1990 wurde es endlich gefunden. Der Krater liegt im flachen Meer vor der mexikanischen Halbinsel Yucatan, unweit der Küstenstadt Chicxulub, hat einen Durchmesser von etwa 200 km und ein Alter von 66 Millionen Jahren. Als Faustregel gilt, dass der Durchmesser eines Einschlagskraters ungefähr 15- bis 20-mal größer ist als sein Verursacher, wodurch der Durchmesser des Asteroiden auf rund 10 km geschätzt werden kann.

Der Grund für die weltweite Auslöschung von Tier- und Pflanzenarten war nicht der unmittelbare Impakt, der trotz seiner Gewalt regional beschränkt war. Ausschlaggebend für die globale ökologische Katastrophe waren vielmehr der Staub und die Gase, die durch den Impakt in die hohe Atmosphäre gelangten. Dadurch wurde ein Großteil der üblichen Sonneneinstrahlung abgeschirmt und eine Art Winter brach über den ganzen Globus herein. Kälte und Dunkelheit waren für die Pflanzenwelt fatal und damit für den Beginn der Nahrungskette. Wenn Pflanzen großräumig absterben, sterben auch die Pflanzenfresser und mit diesen verlieren wiederum die Fleischfresser ihre Existenzgrundlage. Ein weltweites Massenaussterben war die Folge. Da denken jetzt wahrscheinlich viele: eine Apokalypse ohne Trost, trübsinniger geht es nicht! Doch es gibt keinen Grund Trübsal zu blasen, sind doch gerade wir die eigentlichen Nutznießer des ganzen Desasters, das die letzten Dinosaurier rigoros ausradierte und damit den Weg frei machte für uns Säugetiere. Der Impakt war also im wahrsten Sinn des Wortes ein epochemachendes Ereignis, das die Erde in ein neues Zeitalter katapultierte!

Spuren des Impakts in den Ostalpen

Nachdem die Forschergruppe um Alvarez ihre Arbeit veröffentlicht hatte, setzte weltweit eine Jagd nach Kreide/Paläogen-Grenzschichten ein, um die Impakt-Hypothese zu prüfen. Bis heute wurden mehr als 300 Stellen mit dieser Grenze rund um den Globus höchst akkurat untersucht, und allerorten fand sich die iridiumreiche Lage, womit sich die ursprüngliche Hypothese zu einer gut untermauerten Theorie wandelte.

Schon bald nach der Alvarez-Publikation waren in den Ostalpen bayerische und österreichische Arbeitsgruppen heftig auf der Suche nach der Kreide/Paläogen-Grenze und sie wurden auch fündig: die Bayern im Lattengebirge bei Bad Reichenhall, die Österreicher im Elendgraben bei Rußbach in Salzburg, an der Roten Wand bei Gosau in Oberösterreich und im Knappengraben bei Gams in der Steiermark. An diesen Stellen, die alle in Gosau-Schichten der Nördlichen Kalkalpen liegen, wurde die iridiumreiche Lage entdeckt, die der Beweis ist, dass die Abfolge der Schichten im Grenzbereich Kreide/Paläogen ungestört und komplett ist.

Klingt ja ganz einfach: Suchen wir mal schnell die Kreide/Paläogen-Grenze! Wie aber findet man eine nur wenige Millimeter dicke Lage in einem Gebirge wie den Alpen? Hoffnungsgebiete, also solche, wo Kreide- und Paläogengebiete nebeneinanderliegen, werden mit Hilfe von bereits bestehenden geologischen Karten ausgesucht. Dann beginnt die Feinarbeit. Hunderte Sedimentproben werden genommen und die darin enthaltenen Mikro- oder Nannofossilien untersucht. Sie geben Auskunft über das relative Alter der Gesteine, in diesem Fall also ob Kreide oder Paläogen. Dann muss man zurück zum Aufschluss, um den Abschnitt zwischen der letzten Kreide- und der ersten Paläogenprobe genauer zu

Die Gosau-Schichten der Roten Wand in Oberösterreich vom Parkplatz am Vorderen Gosausee aus gesehen. Im oberen Teil der Wand konnte der Wiener Geologe Roman Lahodynsky die Kreide/Paläogen-Grenze entdecken.

Die Kreide/Paläogen-Grenze im Krautgraben in Gams bei Hieflau in der Steiermark. Der Kollege sitzt auf der obersten Kreide-Schicht und blickt in Richtung Paläogen (aus Egger et al., 2009).

beproben und die Position der gesuchten Schicht so immer weiter einzuengen. Am Ende steht bis auf wenige Meter genau fest, wo die Lage sein könnte. Wenn dieser Bereich verwachsen oder mit Erde bedeckt ist, helfen nur mehr Krampen und Schaufel, um ans Ziel zu bekommen. Die folgenden drei Anekdoten sollen zeigen, was ein Geologe so alles unternehmen muss, um ans Ziel zu kommen und dass der Weg zur Erkenntnis holprig und sehr dreckig sein kann.

In der Wildschweinsuhle

Nachdem ich 1987 zur österreichischen Kreide/Paläogen-Arbeitsgruppe gestoßen war, die der Mineraloge Anton Preisinger (1925–2020) leitete, beteiligte ich mich immer wieder an der Jagd nach der an Iridium reichen Grenzschicht. Besonders in Erinnerung ist mir in diesem Zusammenhang der Saubach im Wildpark Sparbach südlich von Wien. Unglücklicherweise war dort die hoffnungsvolle Stelle direkt neben einer Wildschweinsuhle. Manfred Eschig und ich zogen die Gummistiefel an und stiegen in die knietiefe, stinkende Pampe, um die Böschung aufzugraben. Ein paar Meter weiter hangaufwärts beobachteten uns fröhlich wirkende und aufgeregt grunzende Wildschweine. Endlich hatten wir den Boden so weit abgetragen, dass darunter die frischen roten Mergelschichten zum Vorschein kamen. Diese reinigten wir sorgfältig, um sie nach einer kurzen wohlverdienten Pause vermessen und beproben zu können. Ach, wenn es doch so einfach gewesen wäre!

Kaum hatten wir uns ein paar Meter von unserer Böschung entfernt, machten die Wildschweine ihrem Namen alle Ehre und begannen wie wild loszurüsseln. Saufrech rutschten sie den Hang hinunter und auf der Suche nach Futter durchwühlten sie aufgeregt die frisch aufgeworfene Erde. Ein paar Augenblicke genügten ihnen, um unseren mühsam geschaffenen sauberen Aufschluss völlig zu versauen. Gar nicht so leicht, Schweine von einem reich mit Würmern, Engerlingen und leckeren Wurzeln gedeckten Tisch zu vertreiben. Nachdem das geschafft war, krempelten wir die Ärmel hoch und machten uns erneut an die Arbeit. Nur dass wir es nicht mehr wagten, unsere Grabung unbeaufsichtigt zu lassen. Mit Krampen und Schaufel fuchtelnd verteidigten wir im Interesse der Wissenschaft den Aufschluss gegen die Schweine, bis wir endlich die Gesteinsabfolge gereinigt, vermessen und beprobt hatten. Ein paar Tage später, nach der Auswertung der Proben am

Mikroskop, stand der nächste Besuch bei den Schweinen im Saubach an. Alles wieder von vorn, hinein in die Suhle, nur dass wir nun schon etwas besser wussten, wo die Iridiumlage zu erwarten war und wir weniger weit zu graben brauchten. Beim vierten Besuch hatten wir endlich den fraglichen Bereich auf weniger als einen Meter eingeengt. Nach sorgfältiger Reinigung inspizierten wir Zentimeter für Zentimeter die roten Mergel, die vor uns lagen. Wir fanden keine gelbliche Lage, wie sie für die Grenzschicht typisch ist, sondern kleine Plättchen von Kalzit, wie sie an Brüchen vorkommen, an denen das Gestein verstellt ist. Die mikroskopische Untersuchung stellte dann endgültig klar, dass unsere ganze Mühe vergebens war. Saublöderweise grenzten die Kreidegesteine tektonisch an einen höheren Abschnitt des Paläogens. Die Kreide/Paläogen-Grenze mit der Iridiumlage war im Saubach nicht aufgeschlossen, sondern durch einen Bruch im Gestein so weit versetzt, dass wir sie nicht freilegen konnten. Das gleiche Problem hatten wir bei etlichen anderen ostalpinen Aufschlüssen, die wir tage- oder wochenlang untersuchten, nur um dann feststellen zu müssen, dass sie für unser Vorhaben nicht geeignet waren.

Hofrat mit Chauffeur

Eine weitere Aufgrabung aus denselben Jahren drängt sich in meine Erinnerung. Damals begleitete ich Herbert Stradner, Hofrat und somit einer der höchsten Beamten der Geologischen Bundesanstalt, nach Gams bei Hieflau in der Steiermark. Wir wollten in der Fortsetzung der schon bekannten Kreide/Paläogen-Grenzschicht im Knappengraben weiter hangaufwärts noch einen weiteren Aufschluss der Grenze schaffen. Dieter Kukula, Hausmeister und Chauffeur an der Bundesanstalt, hatte uns mit dem Dienstauto vor Ort gebracht. Wie Straßenarbeiter schulterten der Herr Hofrat und ich Krampen und Schaufel und machten uns auf den Weg hinein in den Wald. Der Chauffeur stellte demonstrativ seinen mitgebrachten Liegestuhl auf die Forststraße, machte es sich darin mit der Zeitung bequem und meinte in unsere Richtung: „Ihr hättet auch was Ordentliches lernen sollen." Einige Jahre später wurde ich der Nachfolger von Hofrat Stradner an der Geologischen Bundesanstalt. Rückblickend gesehen, hätte ich wissen müssen, worauf ich mich da einlasse.

Friede seiner Asche!

Trotz aller Widrigkeiten ist die Suche nach der Kreide/Paläogen-Grenze ein faszinierendes Abenteuer, das bei den Beteiligten oft lange nachwirkt, manchmal sogar über den Tod hinaus, wie eine makabre letzte Anekdote zeigt: Im Knappengraben forschte auch eine russische Arbeitsgruppe mit großer Begeisterung. Als der Leiter dieses Teams einige Jahre später in Moskau verstarb, meldete sich seine Witwe bei einem unserer Kollegen. Sie fragte an, ob er mit ihr nicht den Knappengraben aufsuchen könne, in Erinnerung an ihren Mann, der diesen Ort so geliebt hatte. Eine solche Bitte kann man nicht abschlagen, und so brachte der Kollege die trauernde Witwe mit seinem Auto zum Aufschluss. Kaum dort angekommen, packte sie die Urne ihres verstorbenen Mannes aus und verstreute – seinem letzten Wunsch gemäß – die Asche kurzerhand über der Böschung. Ein schönes Beispiel für wissenschaftliche Begeisterung, aber auch eine Warnung an Geochemiker, zukünftige Proben im Knappengraben nicht allzu oberflächennah zu nehmen. Die Probe könnte sonst bereits durch einen Kollegen kontaminiert sein!

Nächste Doppelseite: Die höchstgelegene Kreide/Paläogen-Grenze der Ostalpen ist noch nicht eingehend untersucht. Blick vom Galtseitejoch nach Osten auf den 2.774 m hohen Muttekopf (links) und das 2.692 m hohe Rothorn (rechts) bei Imst in Nordtirol. Auf dem Foto sind vorwiegend turbiditische Gosau-Schichten zu sehen, die in der schüsselförmigen Mulde links des Rothorns gerade noch bis in das Paläogen emporreichen. Abgesehen von diesem kleinen Rest ist der Großteil des Paläogens, das wahrscheinlich eine Mächtigkeit von mehr als einem Kilometer hatte, bereits der Erosion zum Opfer gefallen.

Paläozän-Zeit

Nach dem Impakt und dem davon ausgelösten Massenexodus dauerte es mindestens eine Million Jahre, bis sich die Ökosysteme einigermaßen erholt hatten. Wobei „erholt" nicht das richtige Wort ist, denn durch den Impakt veränderten sich viele Lebensräume grundlegend. So war der tropische Regenwald der Kreide-Zeit kein verfilzter Dschungel, vielmehr ein lichter Wald aus Farnen und Nadelbäumen, durch den sich selbst die größten Saurier mühelos bewegen konnten. In den modernen tropischen Regenwäldern hingegen, die sich nach dem Impakt entwickelten, spielen Nadelbäume kaum mehr eine Rolle, sondern breitkronige Laubbäume bilden ein dichtes Dach, durch das kaum Sonnenlicht bis zum Boden vordringt. Wenngleich auch in den Ostalpen und ihrem Vorland keine Festlandablagerungen aus der Paläozän-Zeit bekannt sind, so haben sich doch vom Wind vertragene Pollen und Sporen in küstennahen Meeres-Sedimenten erhalten. Diese rund 58 Millionen Jahre alten Ablagerungen wurden im Kroisbach am Haunsberg (Salzburg) untersucht und lieferten eine Pollenflora, die fast ausschließlich von Laubbäumen stammt, wie sie heute noch in den Subtropen vorkommen.

Schlangen als Thermometer

Ungefähr gleich alt wie der ostalpine Pollen, jedoch viel reichhaltiger und spannender sind die Überreste eines Regenwalds, die in einem Kohlebergwerk in Kolumbien abgebaut werden. Über seine sensationellen Funde berichtete Carlos Jaramillo, der an einer Zweigstelle der berühmten Smithsonian Institution in Panama forscht, zum ersten Mal auf der von mir im Jahr 2011 in Salzburg organisierten internationalen Paläogen-Tagung. Sollten Sie zu den Ophidiophobikern gehören, also zu jenem Drittel der Menschheit, das schon beim bloßen Anblick einer Schlange einen mordsmäßigen Schreck bekommt, ist es besser, sie überspringen die nächsten Absätze, die ihre schlimmsten Befürchtungen übertreffen könnten.

Carlos erzählte damals, dass er im Kohlebergwerk Cerrejón gemeinsam mit Pflanzenfossilien auch spektakuläre Tierknochen gefunden hatte. Säugetiere waren nicht darunter, die waren damals noch selten, dafür aber etliche Wirbel einer unbekannten Riesenschlange, die auf den Namen *Titanoboa cerrejonensis* getauft wurde. Hört unsereins „südamerikanische Riesenschlange", denkt er gleich an die Anakonda, die tatsächlich auch jetzt noch in Kolumbien vorkommt. Mit einer maximalen Länge von 7 bis 8 m gehört sie zu den größten derzeit existierenden Schlangen, gemeinsam mit den Pythons, die in den tropischen Gebieten Afrikas und Asiens leben. Dass die größten Schlangen in den schwülfeuchten Tropen leben, ist kein Zufall, denn als wechselwarme Tiere sind sie sehr von der Außentemperatur abhängig. Je höher die durchschnittliche Jahrestemperatur ist, desto größer können Schlangen werden. Riesenschlangen sind also eine Art Thermometer.

Im Vergleich zu ihren paläogenen Verwandten nehmen sie sich unsere heutigen Riesenschlangen eher possierlich aus. Die *Titanoboa* war mindestens dreizehn Meter lang, bis zu einen Meter dick – also breiter als die Tür des Zimmers, in dem Sie gerade sitzen – und mehr als eine Tonne schwer. Damit war sie wahrscheinlich das größte im Paläogen lebende Landtier und ihre gewaltigen Dimensionen sind Ausdruck des Treibhausklimas, das sich bald nach dem Chicxulub-Impakt wieder weltweit einstellte. Schätzungen zufolge lag die Jahresmitteltemperatur in den Tropen im Paläogen bei etwa 30 °C und damit um etwa 5 °C höher als heute. Zusätzlich zu diesem ohnehin schon schweißtreibenden Klima gab es im Eozän – nach erdgeschichtlichen Größenvorgaben – kurze Abschnitte von wenigen Hunderttausend Jahren, in denen die Atmosphärentemperatur noch zusätzlich weltweit „aufgeheizt" wurde. Diese kurzen extremen Wärmeepisoden sind beispiellos in der Erdgeschichte und gerade deswegen im Hinblick auf die derzeitige globale Klimaerwärmung besonders interessant.

Eozän-Zeit

Ihren Höhepunkt fanden diese Klimaextreme vor etwa 56 Millionen Jahren, am Beginn der Eozän-Zeit. Geochemische Untersuchungen von Sedimentgesteinen aus dieser Zeit zeigen eine markante Änderung in der Zusammensetzung der Kohlenstoff-Isotope. Diese deuten darauf hin, dass damals große Mengen von Treibhausgasen wie Kohlenstoffdioxid und Methan in die Atmosphäre gelangten. Treibhausgase lassen die durch das Sonnenlicht angeregte Wärmestrahlung der Erdoberfläche nicht in den Weltraum entweichen, sondern fangen sie in der Atmosphäre ein. Ganz ohne Treibhausgase wäre die Erde ein ziemlich unwirtlicher Ort mit Temperaturen weit unter dem Gefrierpunkt. Ist dagegen der Anteil der Treibhausgase in der Atmosphäre sehr hoch, wird es ungemütlich heiß. Diese Zusammenhänge erkannte der schwedische Chemiker Svante Arrhenius bereits im Jahr 1896, ohne dass sie jemand ernst genommen hätte.

Auch die wärmste Klimaepisode der letzten 250 Millionen Jahre Erdgeschichte wurde durch enorm hohe Konzentrationen von Treibhausgasen in der Atmosphäre ausgelöst. Aber woher kamen damals, am Beginn der Eozän-Zeit vor 56 Millionen Jahren, die vielen Treibhausgase? Menschen, die wie wir heutzutage Kohle und Erdöl verbrannt hätten, gab es noch nicht, dafür aber zwei andere Quellen.

Zum einen intensiven Vulkanismus, der vor etwa 60 Millionen Jahren in der Nordatlantischen Magmatischen Provinz einsetzte. Auf einer Fläche von mehr als einer Million Quadratkilometern wurden dort mehr als sechs Millionen Kubikkilometer Basalt gefördert! Dieser Vulkanismus war zunächst nicht explosiv, sondern Lavafontänen schossen bloß einige Zehner- oder Hundertermeter in die Luft und die abfließende Lava bildete breite Ströme und bedeckte als Deckenbasalt riesige Landgebiete. Erst später wurden diese Gebiete vom Atlantik unter Wasser gesetzt.

Zum andern führte das durch den Vulkanismus freigesetzte Kohlenstoffdioxid zu einem Anstieg der Temperatur der bodennahen Atmosphäre und diese wiederum zur Erwärmung der Oberfläche der Ozeane. Damit veränderten sich die Meeresströmungen. Wärmeres Wasser gelangte in die Tiefsee und löste dort eine Kettenreaktion aus. Methan, das bei hohem Wasserdruck und niedrigen Temperaturen als festes Gashydrat („Methaneis“) die Porenräume mancher Tiefseesedimente ausfüllen kann, wurde instabil. Das Gashydrat zerfiel in gasförmiges Methan, das im Meerwasser nach oben stieg, wobei es zum Teil in Kohlenstoffdioxid umgewandelt wurde. Dieses Kohlenstoffdioxid und das restliche Methangas gelangten in die Atmosphäre, wo sie als Treibhausgase die globale Klimaerwärmung weiter anheizten.

Beängstigende Parallelen

Geochemische Untersuchungen von Sedimenten belegen, dass durch diese Prozesse vor 56 Millionen Jahren innerhalb von einigen Jahrhunderten oder Jahrtausenden, also sehr kurzen Zeiträumen nach erdgeschichtlichen Dimensionen, etwa 2.000 Milliarden Tonnen Kohlenstoff in die Atmosphäre gelangten. Vergleichen wir die damalige Geschwindigkeit des Treibhausgasausstoßes mit unserer heutigen Situation, so sind die Parallelen unübersehbar. Gegenwärtig werden jährlich durch menschliche Aktivitäten, vor allem durch die Verbrennung von Kohle, Öl und Gas und durch die Zementproduktion rund 10 Milliarden Tonnen Kohlenstoff in die Atmosphäre geblasen, deren Kohlenstoffgehalt seit Beginn der Industrialisierung bereits um mehr als 200 Milliarden Tonnen angestiegen ist. Aller Wahrscheinlichkeit nach sind wir auf dem Weg in eine neue Treibhauswelt und eine buchstäblich aufschlussreiche Vorstellung, wie es dann auf der Erde aussehen könnte, liefern uns auch die Gesteine, die auf dem Gebiet der späteren Ostalpen in der frühen Eozän-Zeit entstanden sind. Vom Festland bis in die Tiefsee waren hier alle Lebensräume vertreten.

Nypa-Palmen an einer Flussmündung in Indonesien. So ähnlich sah es zu Beginn der Eozän-Zeit in Kärnten aus.

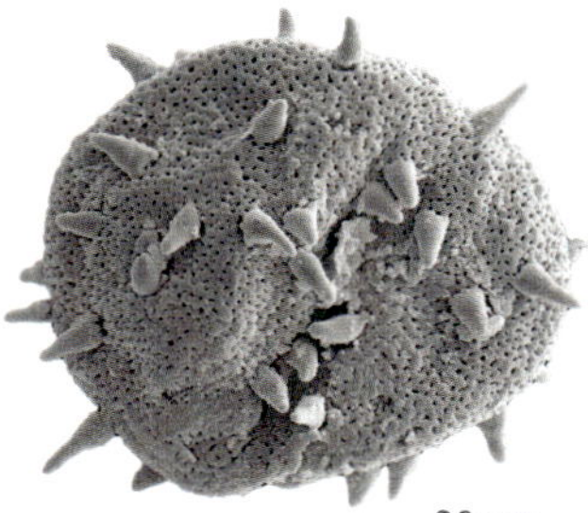

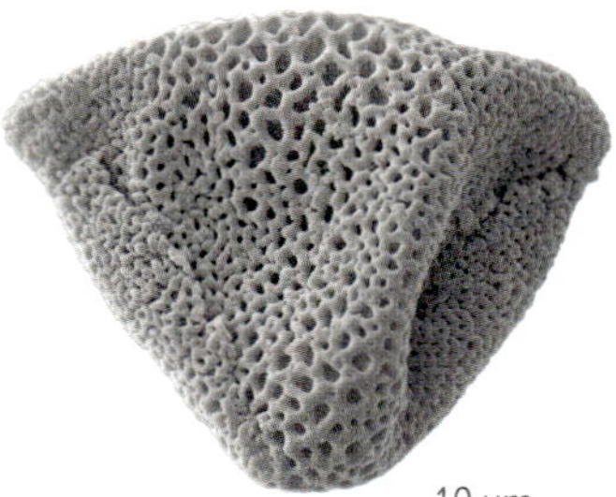

Elektronenmikroskopische Aufnahmen von Pollenkörnern der Nypa-Palme (oben) und einer weiteren Palmenart aus dem unteren Eozän des Krappfelds in Kärnten (Fotos: Christa-Charlotte Hofmann).

Tropisches Land

Festlandablagerungen aus der Eozän-Zeit sind in den Ostalpen nur sehr spärlich an den ehemaligen Küsten des Penninischen Ozeans erhalten. Diese wenigen Vorkommen sprechen eine deutliche Sprache, die eindrücklich auf die Entstehung dieser Gesteine in tropischen Gefilden hinweist.

Kohle und Pflanzen

Vom Südrand des Penninischen Ozeans stammen die Gosau-Schichten des Krappfelds nördlich von Klagenfurt in Kärnten. Dort wurde bis zum Jahr 1939 Kohle abgebaut, die ihre Existenz dem reichen Pflanzenwuchs verdankt, der während der frühesten Eozän-Zeit in einer Sumpflandschaft gedieh. Die Pflanzenarten lassen sich mit den Pollenkörnern bestimmen, die in den Begleitsedimenten der Kohle überaus reichhaltig und gut erhalten vorkommen. Christa Hofmann und Reinhard Zetter vom Institut für Paläontologie der Universität Wien haben diese Pollenflora eingehend untersucht. Viele der von ihnen nachgewiesenen Pflanzengattungen existieren heute nur noch in den Feuchttropen in unmittelbarer Nähe zum Äquator. So ist beispielsweise das gemeinsame Vorkommen von Nypa-Palmen und Mangroven typisch für die Ufer vieler Flussmündungen in Südostasien. Ähnliche Umweltbedingungen wie sie dort heute herrschen, prägten in der frühen Eozän-Zeit weite Teile Europas, wie die Verbreitung der tropischen Nypa-Palmen zeigt, die nach Norden zumindest bis England vorkamen.

In einer Senke zwischen den Granithügeln, wo sie von der Erosion verschont wurde, liegt die Mühlviertler Kaolin-Lagerstätte.

Kaolin

Es verwundert also nicht, dass auch unmittelbar nördlich des Penninischen Ozeans im Eozän tropisches Klima herrschte, für das die Vorkommen von Kaolin einen deutlichen Beweis liefern. Kaolin oder „Porzellanerde" ist nach dem chinesischen Ort Gao Ling in der Provinz Jiangxi im Südosten Chinas benannt, wo im 7. Jahrhundert die Kunst der Porzellanherstellung entdeckt wurde. Der Rohstoff dafür kam direkt vor der Haustür gebrauchsfertig vor. Es ist ein blendend weißer Ton, der hauptsächlich aus dem Mineral Kaolinit mit geringen Beimengungen von Quarz und Feldspat besteht. Marco Polo, der als erster Europäer China besuchte, brachte im 14. Jahrhundert das Porzellan nach Europa, wo das Geheimnis der Porzellanherstellung erst viel später gelüftet wurde. Die erste europäische Porzellanmanufaktur wurde im Jahr 1710 in Meißen gegründet, acht Jahre später folgte die Eröffnung einer weiteren Manufaktur in Wien.

Kaolin entsteht, wenn an Feldspat reiche Gesteine wie Granit unter feuchttropischen Klimabedingungen verwittern. Kaolin ist also nichts anderes als ein tropischer Boden, der unter den gleichen Bedingungen wie der schon vorher besprochene Bauxit entsteht, allerdings nicht auf karbonatischem, sondern auf granitischem Untergrund, wie er in der Böhmischen Masse im südlichen Mühlviertel vorkommt. Dort, nur wenige Kilometer östlich von Linz, in Kriechbaum bei Schwertberg („Schwertberger Ton"), wird seit dem 19. Jahrhundert das größte Kaolin-Vorkommen im Umkreis der Alpen abgebaut. Der hier gewonnene Rohstoff wird neben der keramischen Industrie vor allem in der Papierindustrie verwendet. Vor Ort gibt es ein kleines, aber feines Museum (www.kaolinum.at), in dem die Geschichte des Bergbaus

Erst im Elektronenmikroskop sind im Schwertberger Kaolin die sechseckigen Kaolinitkristalle erkennbar, die ziehharmonikaförmig angeordnet sind (Foto: Rouben Surenian).

anschaulich gemacht wird, der mit einigen weiteren kleineren Lagerstätten dafür sorgt, dass Österreich zu den zehn weltweit größten Produzenten von Kaolin gehört. Die Lagerstätte bei Schwertberg liegt direkt auf Mauthausener Granit. Dieser entstand im Paläozoikum vor rund 300 Millionen Jahren einige Kilometer tief in der Erdkruste, wurde durch spätere Erosion freigelegt und bildete in der Eozän-Zeit eine Landoberfläche. Das damalige tropische Klima führte zu einer tiefgründigen Verwitterung des Granits und damit zur Bildung der Kaolinlagerstätte, die infolge einer Absenkung der Erdkruste in der Oligozän-Zeit vom Meer überflutet wurde.

Klimamonumente aus Granit

Kaolinböden bedeckten das Granitland des Mühl- und Waldviertels einst großflächig, fielen aber bis auf kleine Reste, die sich in günstigen Lagen erhalten haben, späterer Erosion zum Opfer. Kurzum: Sie wurden im Lauf der Zeit vom Regen weggeschwemmt oder vom Wind fortgeblasen. Unter dem abgetragenen Kaolinboden kamen andere Klimazeugen aus der Eozän-Zeit ans Tageslicht. Es sind imposante abgerundete Granitblöcke, die aussehen, als hätten schlampige Riesenkinder ihre Spielsachen in der Landschaft verstreut. Das bekannteste Vorkommen solcher Steinmonumente ist die Blockheide bei Gmünd im Waldviertel, aber auch in vielen anderen Gemeinden des Granitlands der Böhmischen Masse sind derartige Kolosse zu finden und oft als Naturdenkmale besonders geschützt. Die Granite, aus denen sie bestehen, stammen aus dem Paläozoikum oder Präkambrium. Ihre typischen Formen bekamen die Blöcke aber erst durch die chemische Verwitterung, insbesondere im feuchtheißen Klima der Eozän-Zeit. Das Wasser der häufigen und heftigen tropischen Regengüsse sickerte durch den Kaolinboden und drang entlang von feinen Längs- und Querrissen tief in die Granite ein. Entlang der Risse zerfielen die Granite allmählich zu lockerem Grus. Durch die spätere Abtragung des Bodens wurde die Granitoberfläche freigelegt und der sandige Grus fortgespült. Zurück blieben runde Blöcke („Wollsäcke") oder – wenn die Verwitterung noch nicht so weit fortgeschritten war –, übereinandergestapelte „Matratzen".

Der Pilz-Felsen, der Wackelstein und die gewaltigen „Matratzen" des Christophorus-Steins sind nur drei der vielen Steinskulpturen in der Blockheide bei Gmünd in Niederösterreich. Wie der 5 m lange Schwammerling im oberösterreichischen Naturpark Rechberg (gegenüberliegende Seite) bestehen sie aus granitischen Gesteinen, die zwischen 340 und 300 Millionen Jahre alt sind. Erst eine runde Viertelmilliarde Jahre später modellierte das feuchtheiße Klima der Paläogen-Zeit die markanten Formen dieser Steinmonumente.

Blick von Osten auf den Schlossberg und den Wartstein im Ortszentrum von Mattsee (Salzburg). Beide Hügel bestehen aus untereozänem Nummulitenkalksandstein.

Küstennahes Meer

Vom Festland begeben wir uns nun ins Meer, das in der Eozän-Zeit den Großteil des Gebietes der späteren Ostalpen bedeckte. Ein weltweiter Anstieg des Meeresspiegels hatte im Verlauf der frühen und mittleren Eozän-Zeit Festlandgebiete unter Wasser gesetzt. Dabei waren auch die vorher erwähnten kohleführenden Ablagerungen des Krappfeldes überflutet worden, wie Meeresablagerungen beweisen, die massenhaft Schalen von einzelligen Tieren, sogenannter Großforaminiferen, enthalten.

Hört man das Wort „Einzeller", denkt man zuerst an mikroskopisch kleine Lebewesen. Diese Vorstellung ist hier aber nicht richtig, denn die Gehäuse von Großforaminiferen können Durchmesser von einigen Zentimetern erreichen. Solche imposanten Einzeller besiedeln auch heute noch – oft angeheftet an Seegras – die Böden seichter tropischer Meere, wo sie mit Algen in Symbiose leben. Diese brauchen Sonnenlicht zum Überleben, daher kommen Großforaminiferen kaum in Wassertiefen von mehr als 70 m vor.

Ihre weiteste Verbreitung und größte Häufigkeit hatten Großforaminiferen in der späten Paläozän- und frühen Eozän-Zeit, wo sie durch das außerordentlich warme Klima und entsprechend hohe Meerwassertemperaturen ideale Lebensbedingungen fanden. Deshalb treten ihre Überreste aus dieser Zeit sogar gesteinsbildend auf, während andere wichtige Kalkbildner, wie die Steinkorallen, unter der Hitze litten und nur sehr untergeordnete Bedeutung hatten. Aus der frühen Eozän-Zeit sind keine großen fossilen Korallenriffe bekannt.

Ein herausragender Spezialist für die Foraminiferen der Ostalpen war der Mikropaläontologe Herbert Hagn (1927–2003), Professor an der Bayerischen Staatssammlung für Paläontologie und historische Geologie. Seine Publikationen sind bis heute eine Fundgrube interessanter Forschungsergebnisse und behandeln nicht nur paläontologische, sondern auch volkskundliche und archäologische Themen. Darüber hinaus war Hagn bekannt als begeisterter Biertrinker und berüchtigt für seine Schlagfertigkeit, und manchmal konnte er auch ein richtig grober Lackel sein. So auf einer Alpentagung in Berchtesgaden im Jahr 1983, als er von einem Kollegen, ebenfalls Universitätsprofessor, süffisant gefragt wurde, ob sein nicht unbeträchtlicher Bauch nun ein Bier- oder vielleicht doch ein Weinfass wäre. Hagn gab dem frechen Frager eine vernichtende Antwort: „Das können sie leicht selbst herausfinden. Sie müssen nur am Spundloch riechen!" Der Fragesteller zog es vor, das Weite zu suchen.

Neubeuern

Die deftige Antwort Hagns kommt einem wieder in den Sinn beim Betrachten des sehr freizügigen St. Florian, der am Marktplatz des hübschen bayerischen Orts Neubeuern recht ungeniert seinen nackten Hintern präsentiert. Tatsächlich hat Hagn über das „steinreiche" Neubeuern etliche Arbeiten veröffentlicht. Der Ort, unweit von Rosenheim am östlichen Inn-Ufer gelegen, steht auf einem isolierten

A

B

C

Wie Gemälde wirken die Dünnschliffbilder von Kalken mit Massenvorkommen verschiedener Gattungen eozäner Großforaminiferen.

A Nummuliten, Discocyclinen und eine Alveoline (unterer Bildrand), Kärnten, Krappfeld, Dobran-Steinbruch.

B Nummuliten und Alveolinen, Kärnten, Krappfeld, Dobran-Steinbruch.

C Nummuliten und Assilinen, Salzburg, Naturdenkmal Hochstein am Heuberg.

Hügel, den selbst der mächtige Inn-Gletscher nicht einebnen konnte. Bei dem widerstandsfähigen Gestein handelt es sich in erster Linie um einen untereozänen Kalksandstein, der massenhaft Großforaminiferen der Familie *Nummulitidae* enthält, wozu die Gattungen *Nummulites* und *Assilina* zählen. Schon Mathias Flurl (1756–1823), der 1792 die erste Gesamtdarstellung der bayerischen Geologie veröffentlichte, beschrieb dieses Vorkommen von Nummulitenkalksandstein, den er als „Haberkörndlstein" bezeichnete, weil die Querschnitte der Großforaminiferen an Hafer oder andere Getreidekörner erinnerten. Daher nannte man im 18. Jahrhundert derartige Kalksandsteine oft auch „Fruchtsteine" (lapides frumentarii). Der Haberkörndlstein stand direkt im Ortsgebiet von Neubeuern zur Verfügung und war als ausgezeichneter Baustein begehrt.

Und weil wir schon in Neubeuern sind und uns mit dem Eozän beschäftigen, lassen wir uns auch zwei weitere geologische und kulturhistorische Leckerbissen nicht entgehen, die beide vom Marktplatz zu Fuß erreichbar sind, wenn man einen zweistündigen Spaziergang auf dem Schiffleut-Wanderweg (www.kulturdorf-neubeuern.de) nicht scheut. Gleich nördlich vom Ort befindet sich die Wolfsschlucht, die nichts anderes ist als ein alter Steinbruch, in dem man Schleif- und Wetzsteine abbaute. Für diesen Zweck war am besten ein feinkörniger Sandstein geeignet, der etwas älter als der Haberkörndlstein ist und aus der späten Paläozän-Zeit stammt. Die steilstehende Sandsteinlage wurde gezielt ausgeräumt, wodurch der riesige künstliche Graben, die Schlucht, entstand.

Wenig östlich von Neubeuern liegt der Mühlsteinbruch von Hinterhör. Der dortige Sandstein entstand in der mittleren Eozän-Zeit. Fast 300 Jahre lang, von 1572 bis 1860, wurden aus diesem Material Mühlsteine gewonnen, wodurch die etwa 50 m lange und 30 m hohe Felswand durchlöchert wurde wie ein Schweizer Käse, was ja irgendwie gut zum Helvetikum passt! Mathias Flurl (1792) beschreibt die Gewinnung der Mühlsteine, die nach ihrer Fertigstellung auf dem Inn verschifft wurden:

„Wenn sie nämlich mit dem Eisen einen hinlänglichen tiefen Schram in das Gestein gebrochen haben, so treiben sie hölzerne Keile in denselben, und beschütten sie so lange mit Wasser, bis das aufgeschwollene Holz den Felsen unter fürchterlichen Krachen voneinander sprengt."

Vor dem Burgfelsen aus „Haberkörndlstein" steht auf dem Marktplatz von Neubeuern eine frivole Statue des Hl. Florian.

In jahrhundertelanger Arbeit wurde durch den Abbau von Wetz- und Schleifsteinen die Wolfsschlucht geschaffen.

Die meterbreiten runden Löcher im eozänen Sandstein von Hinterhör gehen auf die Gewinnung von Mühlsteinen zurück.

Blick von Süden auf das Grünten-Massiv und den Sonthofener Ortsteil Winkel, der am Ausgang der Starzlach-Klamm liegt, durch die ein Wanderweg zum alten Eisenbergwerk führt.

Canyoning im untereozänen Nummulitenkalk der Starzlach-Klamm bei Sonthofen im Allgäu. Wer nichts Besseres zu tun hat, kann auf diese Weise zum Schaubergwerk am Grünten kommen. Durch die Klamm führt aber auch ein gemütlicher Wanderweg dorthin.

Eisenerz

Als weiteres kostbares Erbe aus der Eozän-Zeit enthalten die Nummulitenkalksandsteine an einigen Stellen am Nordrand der Ostalpen so reichlich sedimentäres Eisenerz, dass sich am Grünten bei Sonthofen im Allgäu (www.erzgruben.de) und westlich von Salzburg am Kressenberg bei Teisendorf (www.bergbaumuseum-achthal.byseum.de) bis ins frühe 20. Jahrhundert auch ein bergmännischer Abbau lohnte.

Das Eisen gelangte in der frühen Eozän-Zeit in gelöster Form über Flüsse ins Meer. Damit Eisen in Lösung gehen kann, muss das Wasser leicht sauer sein. Das Meerwasser dagegen ist neutral und daher wird das Eisen dort rasch ausgefällt. Wenige Millimeter große braune Eisenerzkügelchen bilden sich am Meeresgrund und werden durch die Wellenbewegung und Strömungen örtlich angereichert.

Die Bedeutung des Kressenbergs liegt nicht nur im historischen Bergbau, sondern er spielt auch als Fossilfundstelle eine bedeutende Rolle, da er den Grundstock für die Bayerische Staatssammlung für Paläontologie und Historische Geologie lieferte. Diese berühmte Kollektion Kressenberger Eozän-Fossilien ging allerdings im 2. Weltkrieg verloren. Doch nur zwanzig Kilometer nordöstlich des Kressenbergs liegt ein weiterer berühmter Fundort solcher Fossilien im alten Steinbruch von St. Pankraz. Dort wurden früher Quarzsand für die Glasindustrie im nahen Bürmoos und Flussbausteine für die Salzachregulierung abgebaut. Neben unzähligen Muscheln, Schnecken, Seeigeln und Haizähnen zählen die Zähne von Krokodilen und Tapiren, der Panzer einer großen Landschildkröte und die Früchte tropischer Bäume (Icacinaceen) zu den Glanzstücken der in St. Pankraz gemachten Funde. Sie zeigen, dass die Meeresablagerungen unweit der Küste eines Festlands gebildet wurden, von wo aus einem tropischen Regenwald die Überreste von Pflanzen und Tieren eingeschwemmt wurden.

Vor rund 50 Millionen Jahren, in der frühen Eozän-Zeit, bedeckte ein seichtes Meer den Südrand der damaligen Europäischen Kontinentalplatte. Es hinterließ Ablagerungen, die oft massenhaft Fossilien enthalten. Zu ihnen gehört der hier abgebildete faustgroße Nautilus *Euciphoceras regalis* aus Kressenberg in Bayern. Nautiliden sind gehäusetragende Tintenfische wie es auch ihre Verwandten, die Ammoniten, waren. Im Gegensatz zu den Ammoniten überlebten die Nautiliden aber das Desaster am Ende der Kreide-Zeit und kommen heute noch im Pazifik und Indischen Ozean vor. Im Aquarium von Noumea in Neukaledonien, wo das Foto gemacht wurde, können diese faszinierenden Tiere (*Nautilus pompilius*) beobachtet werden. Beim fossilen Exemplar ist die Schale nicht erhalten, sondern nur das Sediment, mit dem sie nach dem Tod und der Verwesung ihres ehemaligen Bewohners ausgefüllt wurde. Dieser „Steinkern" zeigt den Innenbau des Gehäuses, das aus Kammern besteht. Diese Hohlräume sind beim lebenden Tier mit einem Gasgemisch gefüllt, nur in der äußersten Kammer befindet sich der Weichkörper des Tiers. Diese „Wohnkammer" ist beim abgebildeten Steinkern nicht erhalten.

In das küstennahe Meer wurden gelegentlich Überreste landlebender Tiere und Pflanzen gespült. Ein Prunkstück ist der über 60 cm lange Panzer der Schildkröte *Eochersina steinbacherae,* die Hans-Volker Karl von der Universität in Jena beschrieb und zu Ehren der Finderin benannte. Hilda Steinbacher (1930–1993), eine begeisterte Fossiliensammlerin aus Berchtesgaden, fand den Panzer im Jahr 1976 im Steinbruch von St. Pankraz und schenkte ihn dem Haus der Natur in Salzburg. Zum Vergleich: Die größten heute lebenden Landschildkröten kommen auf den Galapagos- und Seychellen-Inseln vor und können etwa doppelt so groß werden wie die Steinbacher'sche Schildkröte.
Foto: Anna Bieniok, Haus der Natur

Professor Alfred Uchman (Krakau) bei der Arbeit am Fürstenbrunner Aufschluss. Die Untergrenze der kalkfreien roten Schichten markiert den Beginn des Eozäns. Die grauen Kalkmergel darunter wurden am Ende der Paläozän-Zeit gebildet.

Die roten Lagen zeigen eine ungestörte feine Schichtung, die nicht durch im Schlamm wühlende Tiere zerstört wurde.

Tiefsee

Die extremen klimatischen Verhältnisse der frühen Eozän-Zeit haben ihre Spuren nicht nur am Festland und in Küstengewässern, sondern auch in Tiefseeablagerungen hinterlassen. In den Ostalpen wurden sie an mehreren Stellen untersucht, am gründlichsten in den Gosau-Schichten der Nördlichen Kalkalpen bei Fürstenbrunn südlich der Stadt Salzburg. Dort ist der Übergangsbereich vom Paläozän zum Eozän besonders deutlich ausgeprägt, weil inmitten von grauen Kalkmergeln fünf Meter dicke rote, kalkfreie Tonsteine auftreten. Diese Sedimente sind in Wassertiefen zwischen 1.000 m und 2.000 m entstanden und zeigen eine feine Bänderung aus mm-dicken Lagen. Dass diese völlig ungestört übereinanderliegen, verblüfft, denn üblicherweise durchwühlen am Meeresboden lebende Tiere das Sediment und zerstören dabei derartige Strukturen. Gemeinsam mit Alfred Uchman von der Universität Krakau und Francisco Rodríguez-Tovar von der Universität in Granada durchforstete ich Lage für Lage der roten Schichten nach Lebensspuren, ohne jedoch fündig zu werden. Offenbar war während der Zeit ihrer Ablagerung, die sich über ungefähr 150.000 Jahre erstreckte, der Tiefseeboden lebensfeindlich gewesen. Und dieses Phänomen ist nicht auf Fürstenbrunn beschränkt, sondern kennzeichnend für altersgleiche Tiefwasserablagerungen rund um den Globus.

Die weltweite Auslöschung des Lebens auf tiefgelegenen Meeresböden am Beginn der Eozän-Zeit ist ein in der Erdgeschichte einzigartiges Ereignis. Selbst der zerstörerische Impakt an der Kreide/Paläogen-Grenze hatte keinen nennenswerten Einfluss auf die Tiefseebewohner. Die Gründe für das Auslöschungsereignis vor 56 Millionen Jahren liegen noch im Dunkeln, sicher ist, dass es mit einer Änderung der Chemie des Meerwassers einherging. Diese zeigt sich auch in Fürstenbrunn durch das Auftreten kalkfreier Sedimente, die auf eine plötzliche Untersättigung des Wassers an Kalk und damit auf eine erhöhte Kalklöslichkeit hinweisen. Durch diese „Versauerung“ des Meerwassers lag die Kalzitkompensationstiefe (CCD), also jene Wassertiefe, unterhalb der Kalk in den Ozeanen vollständig aufgelöst wird, vermutlich in weniger als 1.000 m Tiefe, während sie sich in heutigen Ozeanen zwischen 4.000 m und 5.000 m Wassertiefe befindet.

Die verstärkte Löslichkeit von Kalk kann aber nicht die Ursache für die Auslöschung der Tiefsee-Fauna gewesen sein, denn auch unterhalb der CCD tummelt sich in den Ozeanen üblicherweise vielfältiges Leben. Auch Sauerstoffmangel kann die Krise nicht ausgelöst haben, denn die Rotfärbung der Sedimente deutet auf eine gute Durchlüftung des Meeresbodens hin. Durch die Änderung der Strömungsverhältnisse im Ozean verdoppelte sich die Temperatur des Wassers in der Tiefsee von etwa 4 °C auf 8 °C. War es das, was den Tiefseebewohnern den Garaus machte? Wir wissen es nicht und müssen die Antwort schuldig bleiben.

Gigantische Vulkanausbrüche

Die Umgebung der Stadt Salzburg bietet die größte Vielfalt ostalpiner Gesteine aus der frühen Eozän-Zeit. Ein weiterer Aufschluss, der neben Fürstenbrunn großes internationales Interesse erregte, war der Kohlbachgraben bei Anthering, wo erstmals in den Ostalpen die Zeugen kolossaler Vulkanausbrüche gefunden wurden, die sich vor rund 54 Millionen Jahren ereignet hatten.

Am Beginn der Geschichte steht ein glücklicher Zufall auf einem Radausflug. Es war ein ungewöhnlich heißer Junitag Mitte der 1980er-Jahre. Froh über eine schattige Stelle, legte ich nahe dem Dorf Anthering auf einer kleinen Brücke eine kurze Rast ein. Und hoppla, unten im Bachbett lag eine Menge Sandsteingeröll herum, obwohl dort nach den damals vorhandenen geologischen Karten eigentlich nur Moränen aus der letzten Eiszeit vorkommen sollten. Das machte mich stutzig. Um der Sache auf den Grund zu gehen, sperrte ich das Rad ab und ging in das Tälchen hinein. Schon nach ein paar Metern traten aus der Böschung Sandsteine und Mergel, die sicher keine Moräne waren. Werkzeug und Probenbeutel hatte ich nicht dabei, also kratzte ich ein paar Gesteinsbröckchen aus dem Hang und steckte sie in die Hosentasche, um sie zu Hause unter dem Mikroskop zu untersuchen. Es war ein Volltreffer! Das Gestein enthielt Fossilien aus der frühen Eozän-Zeit! Eine kleine Sensation, denn derartig junge Ablagerungen waren aus der Rhenodanubischen Zone in Salzburg damals noch völlig unbekannt.

Als ehrgeiziger junger Akademiker, noch dazu auf Jobsuche, wollte ich die Sache möglichst schnell in einer Fachzeitschrift publizieren. Gleich am nächsten Tag radelte ich wieder zum Antheringer Bach und nahm weitere Proben. Dabei fielen mir mehrere dünne Lagen auf, die nur zwischen 3 mm und 3 cm dick waren. Durch ihre auffällige weiße Färbung hoben sie sich aber deutlich vom umgebenden grauen Gestein ab. Bei der mineralogischen Untersuchung durch Elisabeth Kirchner von der Universität Salzburg entpuppten sie sich als vulkanische Aschenlagen. Vulkanasche ist kein Verbrennungsprodukt wie die Asche aus dem Ofen, sondern bezeichnet vulkanisches Auswurfmaterial, das so feinkörnig ist, dass seine einzelnen Komponenten mit freiem Auge nicht erkennbar sind. Wieder hatten wir etwas völlig Neues entdeckt: den ersten Nachweis von Vulkanismus aus der frühen Eozän-Zeit in den Ostalpen! Aber wo war der Vulkan, der die Asche vor 54 Millionen Jahren ausgespuckt hatte?

Hätte sich nicht ein weiterer Zufall ereignet, stünden wir noch immer ratlos da mit der Frage nach dem Ursprung der Aschen. Doch im Jahr 1996 hielt ich in Spanien einen Vortrag über unsere Funde und lernte dort Birger Schmitz aus Schweden und Claus Heilmann-Clausen aus Dänemark kennen. Sie erzählten, dass es in Dänemark und in der Nordsee Aschen gleichen Alters und gleicher chemischer Zusammensetzung gäbe, die in Zusammenhang mit der Entstehung des Nordatlantiks stünden und etwa aus der Gegend des heutigen Island kämen.

Nun war der Bann gebrochen und eine erfolgreiche Zusammenarbeit begann. Weitere geochemische und stratigrafische Untersuchungen zeigten, dass die dänischen und österreichischen Vulkanaschen tatsächlich aus der gleichen Quelle kamen. Aufgrund der weiten räumlichen Verbreitung dieser Aschen war klar, dass sie aus außergewöhnlich heftigen Eruptionen stammen mussten. Hier kommt nun Ewald Brückl ins Spiel, Geophysikprofessor an der Technischen Universität Wien, der über das nötige mathematische Rüstzeug verfügte, aus der Dicke der Aschenlagen und ihrer Entfernung vom Eruptionszentrum die Größe der Eruptionen zu berechnen. Niemand von uns hätte sich träumen lassen, was dabei herauskam: die Aschen waren Zeugen gigantischer Ausbrüche, von denen jeder mehr als 100 km³ Auswurfmaterial in die Atmosphäre geschleudert hatten, der größte sogar mehr als 1.000 km³!

Ausbrüche mit diesen Dimensionen werden Mega- und Supereruptionen genannt und sind keinesfalls alltäglich. Ihr gehäuftes Auftreten in der frühen Eozän-Zeit stand im Zusammenhang mit der Entstehung des Nordatlantik, bei der aus kilometerlangen Spalten riesige Mengen basaltischer Lava gefördert wurden. Als beim Vordringen in das neue Atlantikbecken die Wassermassen auf eine dieser Eruptionsspalten und das daraus hervorquellende tausend Grad heiße Magma trafen, kam es über einige Hunderttausend Jahre hinweg immer wieder zu gigantischen Dampfexplosionen. Diese schleuderten Vulkanstaub bis in die hohe Atmosphäre, wo er sich weit verteilen konnte, bevor er als Vulkanasche auf die Erdoberfläche zurückrieselte.

Durch Verwitterungsprozesse wird Vulkanasche rasch in sogenannte Bentonite umgewandelt, die im Wesentlichen aus dem Tonmineral Montmorillonit bestehen. Ohne es zu wissen, sind die meisten von uns schon mit Bentonit in Kontakt gekommen und haben ihn vielleicht sogar verspeist. Denn Bentonit kommt in vielen Bereichen zum Einsatz, weil er wie ein Schwamm Flüssigkeiten aufsaugt. Daher ist er als

Estwing

Katzenstreu sehr gut geeignet, wurde erstaunlicherweise bis vor Kurzem aber auch als Nahrungsmittelzusatz E558 verwendet. Da Bentonit bei der Aufnahme von Flüssigkeit aufquillt, sorgte er unter anderem dafür, dass Würste schön prall waren und trotzdem beim Anschneiden nichts verspritzten, was einem das Hemd versaute.

In Anthering steht es jedem frei, die Bentonite nicht nur zu betrachten, sondern auch zu verkosten. Gut schmecken sie nicht, soviel sei gesagt, und lästig ist, dass sie mit der Zunge verkleben, von wo man sie nur schwer wieder herunterbekommt. Der Besuch der Bentonitaufschlüsse ist also kein Gourmetausflug, aber dennoch lohnend, weil er Einblicke in ein dramatisches Kapitel der Erdgeschichte ermöglicht, das durch intensive vulkanische Aktivität geprägt war.

Das Ende des Penninischen Ozeans

Der Fund der eozänen Vulkanaschen und die Klärung ihrer Herkunft aus dem Nordatlantik gehören zu den spannendsten Entdeckungen meines Geologenlebens. Nach wie vor rätselhaft ist, wieso es innerhalb der mächtigen Stapel ostalpiner Kreide- und Paläogensedimente nicht auch Hinweise auf explosive Eruptionen gibt, die direkt an den ehemaligen Rändern des Penninischen Ozeans stattfanden. Zumindest wäre das bei einer aktiven Subduktionszone so zu erwarten, wie sie im Süden des Penninischen Beckens existierte, wo die ozeanische Lithosphäre unter die Adriatische Platte hineingezogen wurde. Trotz intensiver Suche konnten aber weder in den Nördlichen Kalkalpen noch in der Rhenodanubischen Zone Spuren von vulkanischen Gesteinen entdeckt werden, die mit dieser Subduktion in Zusammenhang standen.

Das endgültige Ende dieses Ozeans liegt in der mittleren Eozän-Zeit und kann mit Hilfe der jüngsten penninischen Sedimentgesteine und der darin enthaltenen Fossilien rekonstruiert werden. Vor rund 48 Millionen Jahren, gegen Ende der frühen Eozän-Zeit, wurden die Rhenodanubischen Gesteine zu Decken gestapelt. Diese begannen vor rund 45 Millionen Jahren den nördlich anschließenden Kontinentalabhang zu überschieben. Dort machte sich die tektonische Unruhe im Vorfeld durch submarine Felsstürze bemerkbar, bei denen hausgroße Blöcke granitischer Gesteine von steilen untermeerischen Klippen abbrachen und auf den weichen Schlamm des Meeresbodens stürzten. Die bekanntesten Vorkommen solcher Granite befinden sich im Pechgraben bei Großraming im östlichen Oberösterreich und in

Für die granitischen Gesteine des Buch-Denkmals und des Achthals sind rote Kalifeldspäte typisch.

Achthal bei Teisendorf in Oberbayern, wo der Granit sogar in einem kleinen Steinbruch abgebaut wurde.

Bereits im Jahr 1856 wurde das oberösterreichische Granitvorkommen dem Berliner Geologen Leopold von Buch (1774–1853), einem der Gründerväter der modernen Geologie, als Denkmal gewidmet. Abgesehen von seiner geologischen Bedeutung als Monument für das Hinscheiden des Penninischen Ozeans, ist das Buch-Denkmal also auch ein Hotspot für die Wissenschaftsgeschichte.

Vor etwa 42 Millionen Jahren war der Penninische Ozean dann endgültig Geschichte, als die Adriatische und die Europäische Lithosphärenplatte kollidierten. Dieser Vorgang beendete auch die Ablagerung der Gosau-Schichten auf der Adriatischen Platte, die teilweise über den Meeresspiegel gehoben wurde. Gleichzeitig bewegte sich der alpine Deckenstapel weiter nach Norden und sein Gewicht drückte die Europäische Platte nach unten, so entstand dort ein neues Meeresbecken. Dieses Vorlandbecken, das auch als Molassebecken bezeichnet wird, nahm in der Folge den Abtragungsschutt der Alpen auf, die nun langsam begannen emporzusteigen, womit ein völlig neues Kapitel in der Geschichte der Alpen begann.

Zwei von insgesamt zwanzig millimeterdünnen Lagen von auffällig weiß gefärbter Vulkanasche aus Anthering (Salzburg). Sie stammen von Megaeruptionen, die in der frühen Eozän-Zeit etwa in der Gegend des heutigen Island stattfanden.

Die Granitblöcke des Leopold-von-Buch-Denkmals in Oberösterreich sind die Reste eines submarinen Felssturzes aus der Eozän-Zeit.

Dem
Andenken
an
LEOPOLD von BUCH
geweiht
nach dem Beschlusse
am 20. September 1856
in der XXXII. Versammlung
deutscher Naturforscher u. Aerzte in Wien,
unter Mitwirkung zahlreicher Freunde der
Naturwissenschaften in Deutschland,
Italien, Belgien, Frankreich, England u. s. w.

4. Teil

Harte oligozäne Konglomerate der Weißach-Formation bilden das Naturdenkmal Scheibum, die engste Stelle der Ammer-Schlucht in Bayern. Die rund 28 Millionen Jahre alten Konglomerate sind verfestigte Flussschotter der sogenannten „Unteren Süßwassermolasse".

Spätes Eozän bis Pliozän

40–2,6 Millionen Jahre vor heute

Ab der mittleren Eozän-Zeit begann der alpine Deckenstapel sich über den Südrand der europäischen Kontinentalplatte zu schieben und diesen Rand durch sein Gewicht nach unten zu drücken. Dadurch entstand über dem früheren helvetischen Schelf ein neues Sedimentationsbecken, das im Süden einige Hundert Meter tief war, während es gegen Norden, zum europäischen Festland hin, verflachte. Die in diesem asymmetrischen Vorlandbecken abgelagerten Sedimente werden Molasse genannt und entstanden teils im Meer, teils auf dem Festland.

Auch während der Molassesedimentation bewegte sich der Deckenstapel noch etwa 20 Millionen Jahre lang weiter nach Norden und überschob dabei auch noch den südlichen Teil des Vorlandbeckens mindestens 30 km weit. Der Deckenstapel hatte also eine durchschnittliche Geschwindigkeit von 1,5 mm pro Jahr. Von wegen Schneckentempo! Dagegen ist jede Schnecke ein gehörnter Blitz! Aber wer langsam geht, kommt auch ans Ziel, und Zeit hatten die Decken ja genug.

Den Beweis für diese Nordbewegung des Deckenstapels lieferten Erdölbohrungen, die unter den alpinen Decken auf Molassesedimente aus der späten Oligozän-Zeit trafen. Unmittelbar auf dieses Oligozän sind die Helvetischen Decken geschoben, die vom Schelf und Kontinentalrand des früheren europäischen Kontinents abgehobelt wurden. Darüber folgen die Rhenodanubischen Decken, die aus dem Penninischen Ozeanbecken stammen und schließlich als höchstes die Decken der Nördlichen Kalkalpen, die ursprünglich ein Teil des Afrikanischen Kontinents waren. Ganz schön kompliziert! Doch wenn Kontinente zusammenkrachen, bleibt eben kein Stein auf dem andern.

Und das ist bei Weitem noch nicht die ganze Geschichte, denn in den Alpen wurden Erdkrustenteile nicht nur durch Überschiebungen übereinandergestapelt, sondern schrammten auch entlang mehr oder weniger senkrecht im Gestein stehender Bruchflächen seitlich aneinander vorbei. An solchen Seitenverschiebungen bauten sich die enormen Spannungen ab, die sich durch den Druck der zusammenstoßenden Kontinente in der Kruste gebildet hatten. Die „Schrammen", die dabei auf den Bewegungsflächen im Gestein entstanden, sind oft noch heute erkennbar. Bei den Geologen heißen sie „Striemung" und die Flächen, auf denen sie vorkommen, werden „Harnische" genannt.

Tausende Meter tiefe Bohrungen wie hier in Niederösterreich zeigen, dass unter den triassischen bis eozänen Gesteinen der alpinen Decken oligozäne Molassesedimente liegen.

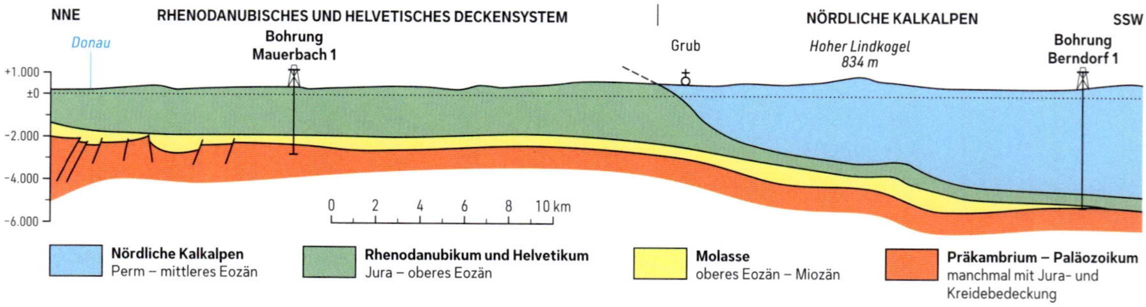

Harnisch mit deutlichen Striemungen in den Nördlichen Kalkalpen im Schwechat-Tal bei Baden in Niederösterreich (aus Egger & Wessely 2014).

Eine solche große Seitenverschiebung trennt die Alpen von den Karpaten. Schon ein flüchtiger Blick auf die Landkarte enthüllt, dass die Karpaten mindestens 100 km weiter nach Nordosten verschoben sind als die Alpen. Und noch etwas zeigt die Karte: Zwischen den Alpen und Karpaten liegt die bis zu 50 km breite Ebene des Wiener Beckens, das einzige große „Loch", in dem sonst von Nizza bis zum Schwarzen Meer durchlaufenden Gebirgszug. Der Aufbau des Wiener Beckens ist durch Tausende Bohrungen, die seit 1930 auf der Suche nach Erdöl und Erdgas angelegt wurden, bestens bekannt. Verblüffend ist, dass der Deckenstapel, der sonst das Hochgebirge der Alpen bildet, im Wiener Becken bis zu 5.000 m tief unter der Erdoberfläche versenkt ist, begraben unter mächtigen Sedimenten aus der mittleren und späten Miozän-Zeit. Diese zeigen, dass sich hier die Erdkruste nach dem Ende der Deckenüberschiebungen stark absenkte. Eine Erklärung für diese Absenkung, die in völligem Gegensatz zur Hebung der übrigen Alpen steht, fand im Jahr 1985 die amerikanische Geologin Leigh Royden.

Leigh erkannte, dass der Auslöser für die Entstehung des Wiener Beckens die große Seitenverschiebung gewesen war, die Alpen und Karpaten voneinander trennt. Genauer gesagt, war eine Krümmung im Verlauf dieser Seitenverschiebung der entscheidende Faktor. Abhängig vom Bewegungssinn der Krustenblöcke werden diese an solchen Biegungen entweder aneinandergepresst oder auseinandergezogen. Im zweiten Fall kommt es durch die Dehnung zu einem Einsinken der Kruste. Das Wiener Becken ist das größte derartige Dehnungsbecken in den Alpen. Daneben gibt es aber auch etliche kleinere in der Miozän-Zeit entstandene Strukturen dieser Art.

Auch die kleineren Dehnungsbecken sind an Seitenverschiebungen gebunden. Die an diesen Störungszonen ablaufenden Bewegungen zerbrachen und zerrieben angrenzende Gesteine, die deswegen leichter von der Erosion entfernt werden konnten. Deshalb folgen viele Fluss- und Bachläufe solchen Störungszonen. Der Verlauf der Mürz und des anschließenden Oberlaufs der Mur sind ein Beispiel dafür. Die Becken entlang der Mur-Mürz-Störung werden als Norische Senke bezeichnet, die im Gegensatz zum Wiener Becken nie vom Meer geflutet wurde. Sie enthält mächtige mittelmiozäne Fluss-, See- und Sumpfablagerungen und hatte wegen der darin vorkommenden Braunkohlelagerstätten lange Zeit große wirtschaftliche Bedeutung.

Außer dem Becken von Tamsweg in Salzburg und dem Becken von Gloggnitz in Niederösterreich liegen alle Becken der Norischen Senke in der Steiermark. Das größte ist jenes von Fohnsdorf, wo im ältesten Kohlebergbau der Ostalpen bereits 1675 Kohle für den Betrieb des Eisenwerks des Fürsten Schwarzenberg gewonnen wurde. Richtig in Schwung kam der ostalpine Kohlebergbau aber erst im 18. Jahrhundert, als die Eisenindustrie einen großartigen Aufschwung erlebte. Bis dahin waren Holz und Holzkohle die wichtigsten Brennstoffe gewesen, der durch den großen Verbrauch ausgelöste Holzmangel regte die Suche nach alternativen Energieträgern an, die Kohle kam da gerade recht. Das Fohnsdorfer Bergwerk reichte schließlich mehr als einen Kilometer in den Untergrund und war damit der tiefste Braunkohlebergbau weltweit. Rund drei Jahrhunderte baute man Braunkohle bei Fohnsdorf ab, bis im Jahr 1978 das Bergwerk geschlossen wurde.

Die kohleführenden Schichten der Norischen Senke lieferten zahlreiche Fossilien, in erster Linie natürlich Pflanzen, die Rückschlüsse auf das Klima am Beginn der mittleren Miozän-Zeit erlauben. Umfangreiche Untersuchungen von Margit Ströbitzer im Becken von Tamsweg zeigen, dass dort damals ähnliche Wälder existierten, wie sie heute in den tropischen und subtropischen Bergregionen Ostasiens vorkommen.

Außer in der Norischen Senke gibt es Braunkohlevorkommen auch in der Molassezone und entlang der ISAM-Seitenverschiebung, die sich von Innsbruck über Salzburg bis Amstetten in Niederösterreich verfolgen lässt. Die Braunkohle von Häring südöstlich von Kufstein besteht aus den Resten von Pflanzen, die in der Oligozän-Zeit wuchsen. Miozäne Sedimente sind entlang der ISAM-Seitenverschiebung bislang nicht entdeckt worden, weil sie vermutlich schon längst der Abtragung zum Opfer gefallen sind.

4•1 Späte Eozän- bis frühe Miozän-Zeit

Nördliche Kalkalpen

Bevor wir uns in das nördlich des alpinen Deckenstapels neu entstandene Molassebecken begeben, werfen wir einen Blick auf die Nördlichen Kalkalpen, die als oberste Decke auf dem Stapel liegen. Bis in die mittlere Eozän-Zeit bildeten sie den Boden eines tiefen Meeres, auf dem die Sedimente der Gosau-Gruppe abgelagert wurden. Als vor etwa 42 Millionen Jahren die Adriatische und die Eurasische Platte zusammenstießen, zerbrach die Erdkruste im Bereich des Deckenstapels in zahlreiche Schollen, die sich unterschiedlich hoben und senkten. Einzelne dieser Schollen tauchten kurzzeitig aus dem Meer auf und wurden erodiert. Der dabei entstehende Abtragungsschutt wurde von Flüssen in das angrenzende Meer verfrachtet, das in der späten Eozän- und in der frühen Oligozän-Zeit noch den Großteil des späteren Gebirges bedeckte. Die in dieser Zeit am Festland und im Meer abgelagerten Sedimente können bis zu tausend Meter dick sein und werden zur Inntal-Gruppe zusammengefasst. Diese Gesteine wurden auf den nach Norden wandernden Decken abgelagert und sind inzwischen schon fast völlig der Erosion zum Opfer gefallen. Lediglich in einigen geschützten Bereichen zwischen dem Tiroler Inntal und Salzburg sind kleine Reste von ihnen erhalten geblieben.

Häringer Schichten

Die bekanntesten Ablagerungen der Inntal-Gruppe sind die Häringer Schichten nordwestlich von Wörgl (Tirol), nicht nur weil dort bis 1954 Braunkohle abgebaut wurde, sondern auch, weil es nirgendwo sonst in den Ostalpen Blätter, Zweige und Samen von Pflanzen aus der frühen Oligozän-Zeit gibt. Sumpfzypressen, Fächerpalmen und Lorbeergewächse sind nur einige Vertreter dieser artenreichen Flora, die auf einen subtropischen Wald hindeutet, der vor etwa 32 Millionen Jahren in der Nähe einer Küste wuchs. Die Sommer dort waren heiß und regenreich und auch im Winter gab es keinen Frost. Die mittlere Jahrestemperatur lag ungefähr zwischen 16 °C und 18 °C und damit bei Werten, wie sie jetzt im Tiroler Inntal nur zwischen Juni und August auftreten. Kurzum: Im Vergleich zu heute herrschte damals dort ewiger Sommer.

Der erste Erforscher der Häringer Flora war Constantin von Ettingshausen (1826–1897), ein Pionier der Paläobotanik. Sage und schreibe 122 bis dahin unbekannte Pflanzenarten konnte er unter den 4.000 Pflanzenfossilien entdecken, die er in vier Wochen des Jahres 1850 mit einigen Helfern in Häring aufgesammelt hatte. Was für uns heute so einfach klingt, war damals eine logistische Meisterleistung. Schließlich war die Bahnverbindung von Wien nach Westen noch nicht gebaut, und in der Postkutsche dauerte die Reise nach Tirol ungefähr eine

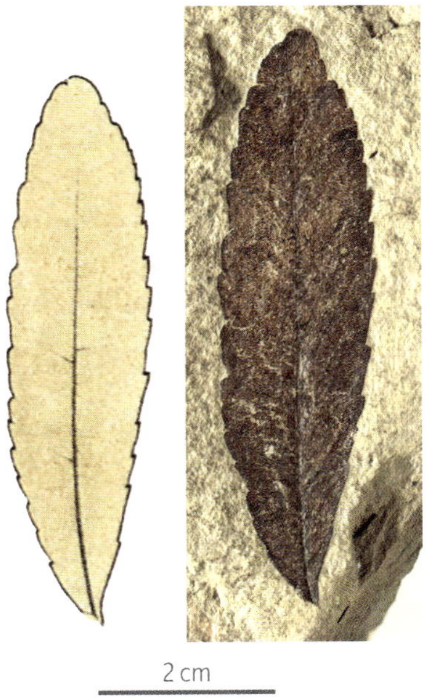

Zanthoxylon haeringianum ist nur eine der vielen neuen Pflanzenarten, die Ettingshausen in Häring entdeckte. Die Zeichnung links ist aus seiner Originalarbeit, das Foto rechts zeigt dasselbe Blatt, das sich in den Sammlungen der Geologischen Bundesanstalt befindet (aus Meller in Egger, 2010).

Ein Seeigel aus den unteroligozänen Meeresablagerungen von Häring.

Woche lang. So eine Reise wollte gut überlegt sein, damit alles, was erledigt werden sollte, auch tatsächlich erledigt werden konnte. So fuhr Ettingshausen im Mai 1850 zuerst nach Graz und Slowenien, von dort weiter nach Innsbruck und Häring und anschließend noch für einige Zeit nach Salzburg. Erst im September kam er zurück an seinen Arbeitsplatz an der Geologischen Reichsanstalt in Wien. Herrlich, wenn man bedenkt, dass er während seiner halbjährigen Abwesenheit nicht zu telefonieren brauchte, keine E-Mails oder SMS-Nachrichten empfangen konnte und auch an keinen Videokonferenzen teilnehmen musste. Ungestört konnte er sich seiner Arbeit widmen, denn selbst Briefkontakte waren nur eingeschränkt möglich, wie ein Schreiben zeigt, das Ettingshausen von einer anderen Dienstreise aus

Vor 30 Millionen Jahren lagen große Teile der späteren Alpen noch unter dem Meeresspiegel (verändert nach Rögl 1998).

Direkt neben dem Karstlehrpfad am Dachsteinplateau fällt auf dem ansonsten kahlen Kalk dieses Stückchen Wiese auf. Bei näherem Hinsehen bemerkt man im Gras massenhaft zentimetergroße Kieselsteine aus Quarz, die von den Altvorderen Augensteine genannt wurden.

Ungarn nach Wien sandte. In dem heute am Naturhistorischen Museum in Wien aufbewahrten Brief entschuldigt er sich:

„Verzeihen Sie, dass ich genötigt bin, den Brief unfrankiert abzusenden, denn allgemein beklagt man sich hier, dass frankierte Briefe unterschlagen werden."

Obwohl die Häringer Flora aus Landpflanzen besteht, wurden diese in einem flachen Meeresgebiet abgelagert, wohin sie Flüsse von einem nahen Festland einschwemmten. Über den Schichten mit den Pflanzen liegen Meeresablagerungen mit einer reichen Fauna, aus der vor allem die Seeigel erwähnenswert sind, weil diese, wie alle Stachelhäuter, nur bei vollmarinen Bedingungen existieren können. Sie zeigen uns sehr deutlich, dass mindestens bis zum Ende der frühen Oligozän-Zeit vor 28 Millionen Jahren dieses Gebiet der heutigen Nördlichen Kalkalpen noch unter dem Meeresspiegel gelegen war.

Vermutlich bedeckte das Meer damals sogar noch den Großteil der späteren Kalkalpen. Darauf deuten Gerölle oligozäner Meeressedimente hin, die der unermüdliche Münchner Professor Herbert Hagn (s. Kap. 3.3) an mehreren Stellen im Molassebecken entdeckte. Gar nicht maulfaul erklärte Hagn den Wert seiner Untersuchungen folgendermaßen:

„Weniger respektvoll könnte man sagen, dass die Alpen dem Gebiss eines alten Mannes gleichen, dem schon die meisten Zähne ausgefallen sind. Die Goldzähne liegen heute im Alpenvorland."

Augensteine

In der späten Oligozän-Zeit hob sich zuerst der westlich des heutigen Inntals gelegene Teil der Ostalpen. Das dabei entstandene Geländerelief führte zu einer starken Abtragung in der Gegend der späteren Nördlichen Kalkalpen und der Rhenodanubischen Zone. Gerölle dieser alpinen Einheiten, die im Oberoligozän der westbayerischen Molasse überaus häufig sind (s. S. 180), sind Beweise für diese Erosion.

Ganz anders verlief die morphologische Entwicklung der Ostalpen östlich des Inntals. Erst etwa 10 Millionen Jahre nachdem im Westen die Heraushebung zum Gebirge schon längst begonnen hatte, fingen auch im Osten Teile der Nördlichen Kalkalpen und der Rhenodanubischen Zone in die Höhe zu wachsen. Davor, in der späten Oligozän- und frühen Miozän-Zeit, befand sich dieses Gebiet nur knapp über dem Meeresspiegel. Durch diese Niederungen strömten Flüsse, die aus Süden Quarzkiesel und Gerölle metamorpher Gesteine mitbrachten und als Schotter ablagerten. Kleine Reste dieser einstigen Schotterbedeckung sind auf den Karstplateaus der Nördlichen Kalkalpen manchmal erhalten geblieben. Das bekannteste Vorkommen ist die Augensteingrube auf dem Dachstein-Plateau. Die „Augensteine" sind weiße und gelbliche Quarzkiesel, die dort zu Tausenden auf dem hellgrauen Trias-Kalk liegen. Bitte liegenlassen: Die runden, harten Kieselsteinchen stehen unter Naturschutz!

Blick von der Echelsbacher Brücke hinunter zur Ammer, die in steilgestellte Schichten der Schuppenmolasse eine tiefe Schlucht eingeschnitten hat.

Molassebecken

Begeben wir uns nun endlich in das Goldzahn-Eldorado des Professors Hagn! Mit einer aus der Mode gekommenen Redewendung könnte man sagen, dass die Molassezone zu den Alpen gehört wie das Amen zum Gebet. Schließlich verdankt der Ablagerungsraum der Molasse seine Entstehung den Bewegungen des alpinen Deckenstapels, schließlich ist ein Teil der Molasse noch selbst in diesen Stapel integriert, und nicht zuletzt bestehen die Molassegesteine fast zur Gänze aus Abtragungsschutt der sich hebenden Alpen. Etwas abfällig wird diese Zone daher manchmal auch als „Müllgrube" der Alpen bezeichnet.

Die „Grube" oder – geologisch gesprochen – das „Vorlandbecken" im Norden der Ostalpen ist 500 km lang, in etwa 60 km breit und die durchschnittliche Dicke der Sedimentfüllung kann ganz grob auf etwa 2 km geschätzt werden. Das Volumen der Molassesedimente beträgt demnach etwa 60.000 km^3! Mit dieser Menge könnte man das Gebiet der heutigen Schweiz gleichmäßig mit einer 1.500 m dicken Sedimentschicht überziehen. Es ist daher wohl keine Übertreibung zu sagen, dass in der Molasse ein ganzes Gebirge begraben liegt. Wird diese immense Menge „Müll" richtig getrennt und sortiert, lassen sich darin die Schätze finden, mit denen Spezialisten wie Herbert Hagn die Heraushebung der Alpen zum Gebirge entschlüsseln konnten.

In den ersten Jahrmillionen seiner Existenz war das ostalpine Molassebecken auf seiner ganzen Länge vom Meer bedeckt und es wurden vorwiegend feinkörnige Sedimente (Tonmergel-Schichten) und Sande abgelagert. Der westliche Teil des Beckens war seichter und wurde rasch mit diesen Sedimenten aufgefüllt, sodass sich westlich des heutigen München ein Festland entwickelte.

Den besten Einblick in diese Gesteinsabfolge bekommt man in der tief eingeschnittenen Ammer-Schlucht in Bayern. Sechs Kilometer südlich der denkmalgeschützten Echelsbacher Brücke, die mit einem eleganten 130 m langen Bogen die Schlucht zwischen Rottenbuch und Bad Bayersoien überspannt, sind im Flussbett bei der Ortschaft Kammerl zunächst die steilgestellten Tonmergel-Schichten zu sehen, dann die Sandsteine und Konglomerate der Baustein-Schichten und schließlich beim Naturdenkmal Scheibum rot gefärbte Konglomerate der Weißach-Schichten, die nicht im Meer, sondern schon am Festland gebildet wurden.

Bei Kammerl, sechs Kilometer südlich der Echelsbacher Brücke, fließt die Ammer über rund 33 Millionen Jahre alte Tonmergel-Schichten. Anders als die Konglomerate und Sandsteine boten diese dem Fluss wenig Widerstand, weswegen das Tal hier relativ breit ist.

Etwas flussabwärts von Kammerl befindet sich das Naturdenkmal Scheibum. Diese schmalste Stelle der Ammer-Schlucht wird von harten Konglomeraten der Weißach-Schichten gebildet. Diese sind rund 28 Millionen Jahre alt und leiteten im westlichen Teil des ostalpinen Molassebeckens eine Phase festländischer Sedimentation ein.

Blick von Osten auf den Gipfel des Hochgrats (1.834 m) bei Oberstaufen im Allgäu. Er ist der höchste Molasseberg östlich des Rheintals. Sein Gipfel und die Wandstufen bestehen aus verfestigtem Schotter (Nagelfluh) eines Schwemmfächers, den ein Vorläufer des heutigen Iller-Flusses zwischen 27 und 20 Millionen Jahren vor heute (späte Oligozän- bis frühe Miozän-Zeit) aufschüttete.

Expedition Nagelfluh

Nagelfluh („Herrgottsbeton") am Hochgrat. Das Geröll wurde vor 25 Millionen Jahren in den Nördlichen Kalkalpen abgetragen und von einem Fluss nach Norden transportiert.

Die Komponenten der Konglomerate kamen aus den im Süden emporwachsenden Alpen, die in der späten Oligozän-Zeit schon ein respektables Gebirge gewesen sein müssen, sonst hätten sie nicht diese Massen von Geröll liefern können. Abgesehen vom Geländerelief, spielte für den Gerölltransport auch das Klima eine wichtige Rolle. Subtropische monsunartige Regenfälle produzierten schlagartig enorme Niederschlagsmengen und verwandelten sonst ruhige Fließgewässer in reißende Ströme, die Gesteinsbrocken mit Durchmessern bis zu einem halben Meter transportierten. Ließ in den trockenen Episoden die Transportkraft der Flüsse wieder nach, lagerten sie den mitgeführten Schotter ab. Durch die Hohlräume zwischen den einzelnen Geröllen zirkulierte Grundwasser, aus dem Kalk auskristallisierte, der im Lauf der Zeit den Schotter zu einem festen Konglomerat zementierte.

Diese Konglomeratlagen sind so hart und widerstandsfähig, dass sie in der Landschaft markante Steilstufen und Felswände bilden. Da die Gerölle der Konglomerate meist härter sind als das sie umgebende Bindemittel, verwittern sie langsamer und bilden auf der Gesteinsoberfläche noppenartige Erhebungen. Diese erinnerten die Altvorderen an die Köpfe eingeschlagener Nägel, weswegen in der Schweiz, in Vorarlberg und im Allgäu das Gestein Nagelfluh genannt wird. Fluh ist ein alemannisches Wort für Felswände und Felsgipfel. Im Gegensatz zu Sulzfluh oder Kanisfluh ist Nagelfluh aber nicht der Name eines bestimmten Bergs, sondern die Bezeichnung für eine Gesteinsart. Ehrfurchtsvoll und poetisch zugleich heißt diese bei den gottesfürchtigen Allgäuern auch „Herrgottsbeton". Und die Allgäuer wissen, wovon sie reden, schließlich ragt bei ihnen der höchste Molasseberg östlich des Rheintals empor, der 1.834 m hohe Hochgrat, der ganz aus solchem Herrgottsbeton besteht. Den Schotter dafür hat vor 25 Millionen Jahren eine Vorläuferin des heutigen Iller-Flusses aus den Nördlichen Kalkalpen herangeschafft.

Wuchtige Molasseberge wie der Hochgrat gehören beim besten Willen nicht zum flachen Vorland des Gebirges. Vielmehr ist er, wie auch die anderen Erhebungen des Naturparks „Nagelfluhkette", den sich Bayern und Vorarlberg teilen, ein markanter

Vor 25 Millionen Jahren lag die westliche Küste des Molassemeeres (Paratethys) etwa im Gebiet des heutigen München (verändert nach Rögl 1998).

Teil hochalpiner Landschaft. Wer sich, wie der Autor, schwitzend und keuchend die steile Nordflanke des Hochgrats hochquält, wird kaum daran zweifeln. Kein Wunder, dass die Allgäuer Gemeinde Oberstaufen mit dem Slogan „Expedition Nagelfluh!" für die Wanderwege dort Werbung macht.

Sümpfe und Strände

Die Konglomerate wurden am Rand der aufsteigenden Alpen abgelagert, dort, wo die Flüsse das flache Vorland erreichten und sich ihre Transportkraft wegen dem verringerten Gefälle stark verminderte. An diesen Stellen schütteten sie riesige Schwemmkegel auf, die nach außen flacher werden und so allmählich in die Vorlandebene übergingen. Dort strömten die Flüsse gegen Osten und mündeten etwas westlich des künftigen Münchner Stadtgebiets an einer sumpfigen Küstenebene ins Meer. Die in den Küstensümpfen wachsenden Pflanzen waren nach ihrem Absterben das Ausgangsmaterial für die Peitinger Pechkohle. Diese hochwertige Braunkohle, die beinahe den Heizwert von Steinkohle erreicht, wurde am Hohen Peißenberg (988 m) bei Peiting im Lechtal bis 1968 abgebaut. Ungefähr 10 km nördlich der Echelsbacher Brücke kann eines der Kohleflöze östlich von Peiting direkt neben der Straße (B472) bei Bühlach besichtigt werden.

Etwa zur gleichen Zeit als im künftigen Bayern am Rand des Molassemeeres geheimnisvolle braune Sümpfe schaurig glucksten, herrschten weiter im Osten fast paradiesische Zustände: Die Meeresküste war von hellgelben Sandstränden gesäumt, die nur von einzelnen malerischen Granitfelsen unterbrochen waren. Wer da an die heutigen Seychellen denkt, liegt wahrscheinlich nicht ganz falsch. Der Sand bestand fast ausschließlich aus Quarzkörnern, die übrigblieben, nachdem die Brandung alle weniger widerstandsfähigen Mineralkörner und Gesteinsstückchen zerrieben hatte. Dieser Quarzsand wird heute Linzer oder Melker Sand genannt und ist ein begehrter Rohstoff für die Herstellung von Glas und für andere industrielle Zwecke, nicht zuletzt ist er durch seine Herkunft von einem fossilen Strand bestens geeignet für Plätze, auf denen Beachvolleyball gespielt wird.

Die Peitinger Pechkohle entstand aus abgestorbenen Pflanzen, die vor 25 Millionen Jahren in einem Sumpf wuchsen.

Wer würde nicht gern in so einer riesigen Sandkiste spielen? Der Melker Sand entstand vor 25 Millionen Jahren an einem Meeresstrand (Wachberg bei Melk, Niederösterreich).

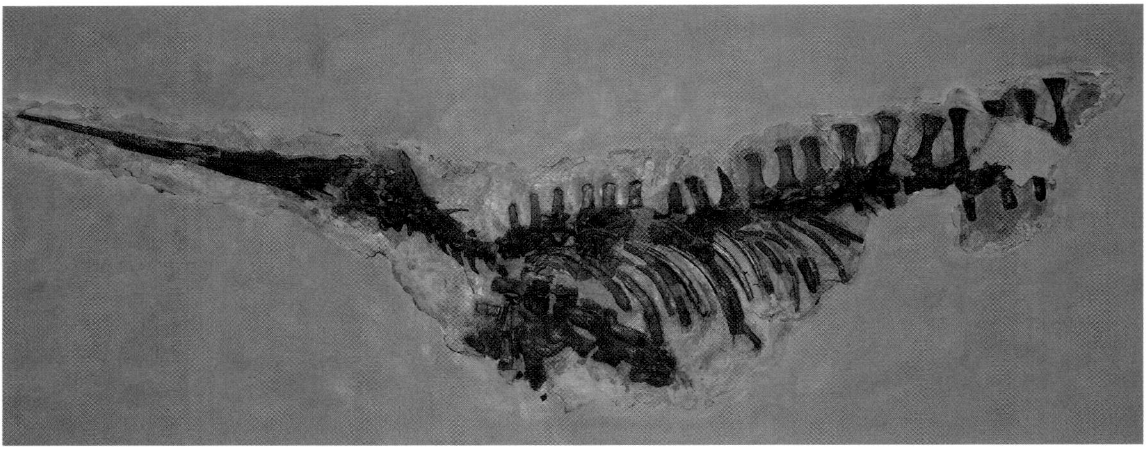

Zweieinhalb Meter langes Skelett eines urtümlichen Delphins mit langgezogener Schnauze aus Pucking bei Linz (Foto: Oberösterreichisches Landesmuseum).

Südlich dieser Sandküste tummelten sich im offenen Meer erstaunliche Lebewesen. Ganz oben in der Nahrungskette standen riesige Haie, neben denen ein heute lebender Weißer Hai nahezu schwachbrüstig wirken würde. Die oft mehr als 10 cm langen Zähne dieser Riesenhaie sind nicht selten zu finden, im Gegensatz zu ihren Skeletten, die aus Knorpeln und nicht aus Knochen bestanden und deswegen kaum eine Chance auf Erhaltung im Sedimentgestein hatten.

Aufsehenerregende Fossilfunde in Molassesedimenten aus der frühesten Miozän-Zeit machten Hobbypaläontologen im Jahr 1980 beim Bau des Traun-Kraftwerks Pucking zwischen Linz und Wels. Sie entdeckten die 22 Millionen Jahre alten Skelette eines delphinähnlichen Zahnwals (*Schizodelphis* sp.) und eines riesigen Mondfisches, dem von einem Wissenschaftlerteam rund um die tschechische Spezialistin Ruzena Gregorova der Name *Austromola angerhoferi* gegeben wurde. Es sind die Überreste eines der größten je gefundenen Knochenfische, der zu Lebzeiten 3,2 m lang und mehr als eine Tonne schwer war. Mondfische, die es auch heute noch gibt, sind eigenartige Kreaturen mit riesigen Rücken- und

Bizarre Mondfische, wie dieses im Jahr 1910 vor der kalifornischen Küste gefangene Exemplar, schwammen vor 22 Millionen Jahren auch im Molassemeer südlich von Linz (Foto: Peter Victor Reyes).

Bauchflossen, aber ohne Schwanzflosse. Stattdessen ist ihr Hinterende mit einem welligen Saum ausgestattet. Die Skelette von Wal und Mondfisch sind im Schlossmuseum Linz ausgestellt.

Die Fossilfunde in Pucking wurden in feinsandigen bis siltigen Mergeln gemacht, die im ober- und niederösterreichischen Alpenvorland gemeinhin als Schlier bezeichnet werden. Früher hatte fast jeder Bauer dort seine Schlier-Grube. Das weiche Gestein wurde abgebaut, über den Winter im Freien liegengelassen, damit es unter der Einwirkung der Niederschläge und des Frosts zerfiel, und dann als Mineraldünger auf die Äcker ausgebracht. Noch wirkungsvoller war der Dünger, wenn der Schlier in Gruben, sogenannten „Rötzen", einige Zeit mit Stallmist bedeckt wurde. Das dabei entstandene Gemisch enthielt neben Kalk und anderen Mineralen reichlich organischen Dünger wie Phosphate und Nitrate.

Fjorde und Archipele

Ab der späten Oligozän-Zeit bildeten die aus dem Meer auftauchenden Alpen eine Barriere, die das Meer im Molassebecken vom Weltozean weitgehend abtrennte. Nur zu Zeiten eines hohen globalen Meeresspiegels stand dieses Randmeer (Paratethys) über schmale Meeresstraßen mit dem offenen Ozean in Verbindung. Insbesondere war das in der frühen Miozän-Zeit der Fall, als vor etwa 20 Millionen Jahren ein massiver Meeresspiegelanstieg große Landgebiete unter Wasser setzte. Die Sandstrände und Kohlesümpfe der Oligozän-Zeit wurden überflutet und verschwanden im Meer, Unterläufe von Flüssen wurden zu langen Meeresfjorden und Hügellandschaften zu Inselarchipelen.

Der Untergang der Wachau

Keine Angst. Es geht jetzt nicht um die Auswirkungen des gegenwärtigen Massentourismus, der alles ruiniert, was einmal schön war, sondern wir trösten uns mit einem Blick in die Vergangenheit und gehen deshalb 20 Millionen Jahre zurück. Damals war die untere Wachau, also das Donautal zwischen den heutigen Orten Spitz und Krems in Niederösterreich, schon ein Flusstal. Es entstand höchstwahrscheinlich zwischen 60 und 50 Millionen Jahren vor heute, als in der frühen Paläogen-Zeit der Meeresspiegel niedrig war, weswegen die Flüsse ein stärkeres Gefälle und mehr Erosionskraft hatten. Die untere Wachau ist vermutlich das älteste Tal Österreichs, ein Superlativ, der bisher in der geologischen Literatur völlig unbeachtet geblieben ist. In der Oligozän-Zeit lag die Küste schon nahe dem Ausgang der Wachau. So knapp vor seiner Mündung hätte ein Fluss nicht mehr die Kraft gehabt, ein tiefes Tal einzuschneiden. Als in der frühen Miozän-Zeit der Meeresspiegel stark anstieg, drang das Meer in das Flusstal ein und machte daraus eine langgezogene Bucht, in der es seine Sedimente hinterließ.

Odyssee nach Eggenburg

Nun wird es klassisch, nur dass wir nicht wie einst Odysseus die Ohren unserer Reisegefährten mit flüssigem Wachs verschließen müssen, damit sie nicht dem Gesang der Sirenen ausgesetzt sind. Unsere Sirenen singen nicht! Bestenfalls könnten sie mit dem Klappern ihrer Knochen kauzige Paläontologen betören. Und auch sonst hinkt der Vergleich, denn dank der wackeren Österreichischen Bundesbahnen wird die Zugfahrt von Wien ins 60 km entfernte Eggenburg nur in Ausnahmefällen ein ganzes

Vor 20 Millionen Jahren schuf ein starker Anstieg des Meeresspiegels eine Verbindung zwischen dem Molassemeer (Paratethys) mit dem Mittelmeer (verändert nach Rögl 1998).

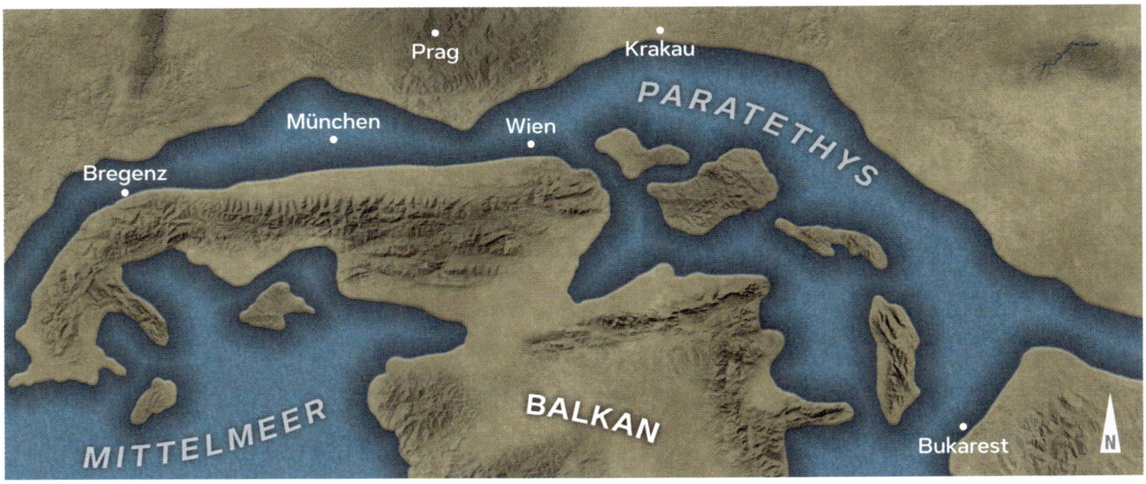

Blick vom Vogelbergsteig nach Süden auf das Donautal der unteren Wachau bei Dürnstein in Niederösterreich. Am gegenüberliegenden Ufer, vor dem Anstieg des Dunkelsteiner Walds, wurden Meeresablagerungen aus der Miozän-Zeit erbohrt. Derartige Ablagerungen treten zwischen Spitz und Krems immer wieder im Donautal auf. Sie zeigen, dass durch den signifikanten

Meeresspiegelanstieg in der frühen Miozän-Zeit ein bereits bestehendes Flusstal vom Meer geflutet wurde, wodurch ein ungefähr 15 km tiefer Fjord entstand. Die untere Wachau ist wahrscheinlich das älteste Tal im heutigen Österreich und wurde schon vor etwa 60 Millionen Jahren von einem Fluss durchströmt.

Boden

4 Mit der Klimaerwärmung nach dem Höhepunkt der letzten pleistozänen Kaltzeit begann über dem Löss vor etwa 15.000 Jahren die Bildung von Böden, deren dunkle organische Substanz aus abgestorbenen Pflanzenteilen besteht. Böden sind die Voraussetzung für die Landwirtschaft und damit unsere Lebensgrundlage.

Löss

3 Das genaue Alter der hellen Lösslage konnte noch nicht genau bestimmt werden. Wahrscheinlich entstand sie am Höhepunkt der letzten pleistozänen Kaltzeit und ist zwischen 30.000 und 20.000 Jahre alt.

Miozän

2 Der endgültige Rückzug des Meeres aus dem Gebiet des heutigen Eggenburg erfolgte vor etwa 15 Millionen Jahren in der mittleren Miozän-Zeit. Durch die folgende Erosion entstand auf den miozänen Ablagerungen ein Geländerelief, auf dem in der Pleistozän-Zeit der Wind Löss ablagerte.

Präkambrium

1 Der Thaya-Granit wurde vor etwa 580 Millionen Jahren im ausgehenden Präkambrium gebildet. Er entstand aus einem Magma, das einige Kilometer tief in der Erdkruste langsam abkühlte und dort zu einem festen Granit erstarrte. Dieser wurde durch die Erosion langsam freigelegt, sodass er schließlich eine Landoberfläche bildete. Vor rund 21 Millionen Jahren, in der frühen Miozän-Zeit, wurde dieses Land vom Meer überflutet. Zwischen dem Thaya-Granit und den darauf liegenden, dunkler gefärbten, geschichteten miozänen Meeresablagerungen ist also ein mehr als 500 Millionen Jahre langer Abschnitt der Erdgeschichte nicht durch Ablagerungen dokumentiert.

Stratigrafische Abfolge im Hengl-Steinbruch bei Limberg im westlichen Weinviertel. Um die Erdgeschichte des Gebiets in der richtigen zeitlichen Abfolge zu rekonstruieren, müssen wir uns von unten nach oben vorarbeiten.

Jahrzehnt dauern. Der Ausflug ist also eine vergleichsweise harmlose Odyssee, hält aber dennoch erstaunliche Entdeckungen bereit, vor allem wenn wir ihn für einen Besuch im Krahuletz-Museum nützen.

Dort finden wir sie endlich: die Sirenen, die hier nicht Parthenope oder Thelxiope heißen, sondern nicht weniger beeindruckend *Metaxytherium krahuletzi*. Diese Sirenen sind keine Sagengestalten, sondern die Überreste von Seekühen. Eine Gruppe von sieben dieser wasserbewohnenden Säugetiere, die Seegraswiesen am flachen Meeresgrund abweideten, kam vor 20 Millionen Jahren vermutlich bei einem Tropensturm ums Leben. Ihre Knochen wurden verteilt auf eine Fläche von einigen Hundert Quadratmetern in der Sandgrube von Kühnring südwestlich von Eggenburg gefunden. Benannt sind diese Sirenen nach dem Kauz, den sie mit ihren Knochen betörten: Johann Krahuletz (1848–1928) war kein Paläontologe, vielmehr ein manischer Sammler von allem und jedem, bevorzugt jedoch von Fossilien und volkskundlichen Objekten, die beide heute den Grundstock des Krahuletz-Museums bilden.

Igittigitt!

Freilich sind miozäne Seekuh-Skelette ausgesprochen seltene Attraktionen und liegen auch bei Eggenburg nicht einfach so in der Gegend herum. Mit etwas Pech, wie wir es im Jahr 1980 als Studienanfänger hatten, stößt man in den Sandgruben jedoch auf andere Wirbeltierreste.

Wir waren mit einem Betreuer unterwegs, der uns gerade die Technik der geologischen Kartierung nahebrachte, als wir ein junges Wildschwein entdeckten. Das Schweinchen war tot und schon halb skelettiert. Nun lernten wir zum ersten Mal ungebremste wissenschaftliche Begeisterung kennen. Unser Betreuer erklärte, dass es in der Studiensammlung des Salzburger Geologie-Instituts noch keine Wildschweinknochen gäbe und wir deswegen diesen wichtigen Fund unbedingt mitnehmen müssten, auch wenn er vielleicht etwas unangenehm rieche. Tatsächlich stank das Ding wie die Pest, trotzdem traute sich keiner von uns zu protestieren. Schließlich wollten wir uns nicht gleich zu Beginn unserer Berufsausbildung mit kleinlichen Bedenken disqualifizieren. Daher holten wir am Tag der Abreise den Kadaver aus der Sandgrube, bugsierten ihn in einen Müllsack und verstauten diesen im Kofferraum des Autos unseres Studienkollegen Kurt. Ohne auf weitere unappetitliche Details eingehen zu wollen: Die Heimfahrt war ein vierstündiges Leiden im Namen der Wissenschaft. Am schlimmsten traf es den armen Kurt, in dessen Auto sich der widerliche Aasgeruch unauslöschlich festsetzte.

Zogelsdorfer Sandstein

Bei einem Spaziergang rund um Eggenburg braucht es nur wenig Fantasie, um sich vorzustellen, dass die landschaftsprägenden sanften Granitkuppen einst Inseln eines tropischen Archipels waren. Durch den Meeresspiegelanstieg kurz nach Beginn der Miozän-Zeit hatte das Meer die Senken zwischen den Granithügeln geflutet und dort seine Spuren hinterlassen. Die ältesten Meeressedimente sind Konglomerate und Sande, die direkt auf rund 580 Millionen Jahre altem Granit liegen. Am besten ist der Kontakt zwischen Granit und den darauf liegenden Sedimenten südöstlich von Eggenburg zu sehen, im Steinbruch

Die Gattung *Chlamys* gehört zu der ausschließlich im Meer lebenden Familie der Kammmuscheln (Pectinidae). Diese Muscheln sind häufig in den untermiozänen Ablagerungen des Wein- und Waldviertels. Das hier abgebildete Exemplar von *Chlamys gigas* wurde 8 km südwestlich von Eggenburg in Loibersdorf gefunden.

der Fa. Hengl bei Limberg. Da der Steinbruch in Betrieb ist, muss ein Besuch dort aber unbedingt rechtzeitig angemeldet werden.

Durch den noch weiter andauernden Anstieg des Meeresspiegels versanken schließlich auch die meisten Inseln des Eggenburger Archipels im Meer. Dadurch gingen viele der Liefergebiete für den quarzreichen Sand verloren, der bis dahin das vorwiegende Sediment am Meeresgrund gewesen war. Stattdessen wurden dort nun in Wassertiefen von weniger als 50 m hauptsächlich kalkige Sedimente abgelagert. Aus diesen entstand der helle poröse Zogelsdorfer Kalksandstein, ein bei Bildhauern überaus beliebtes Material, das seit der Barock-Zeit in großen Mengen abgebaut wird. Beispiele für seine Verwendung sind in Wien die Figuren im Park des Schlosses Belvedere und die Herkules-Statuen am Michaelerplatz.

Bequem besichtigt werden kann dieses Gestein im Johannes-Steinbruch in Zogelsdorf, ungefähr 3 km südlich von Eggenburg. Einst befand sich der Johannes-Steinbruch im Besitz der Familie Suttner, deren prominentestes Mitglied Bertha von Suttner war. Bekannt ist, dass sie 1905 den Friedensnobelpreis bekam, weniger bekannt ist vielleicht, dass sie vor ihrer Heirat mit Baron Suttner, mit dem sie auf Schloss Harmannsdorf unweit von Zogelsdorf lebte, für kurze Zeit in Paris als Sekretärin für Alfred Nobel gearbeitet hat. Dieser verdankte seinen sagenhaften Reichtum, der bis heute die Nobelpreise finanziert, einem besonderen Gestein, dem Diatomit, von dem es in Paris keine Vorkommen gibt, wohl aber in Parisdorf und Limberg, nur einige Kilometer südöstlich von Eggenburg.

Weinviertler Diatomit

Diatomit oder Kieselgur besteht in der Hauptsache aus den filigranen Gehäusen einzelliger Pflanzen, sogenannter Kieselalgen oder Diatomeen. Diese Algen treiben als Plankton in den lichtdurchfluteten oberen Wasserschichten. Ihre Gehäuse sind aus amorphem Siliziumdioxid aufgebaut, einem Material, das wir unter dem Namen „Glas“ kennen. Bei sehr starker Vergrößerung offenbart sich eine ungeheure Formenvielfalt und durch viele kleine Poren ein sehr luftiger Baustil. Durch seine hohe Porosität kann ein Diatomit Flüssigkeiten wie ein Schwamm aufsaugen. Diese Eigenschaft machte sich Nobel 1867 zu Nutze, als er Diatomit mit Nitroglycerin tränkte. Dabei entstand Dynamit, das im Gegensatz zum Nitroglycerin nicht stoßempfindlich ist und auf Erschütterungen nicht explosiv reagiert. Endlich gab es einen gut zu transportierenden Sprengstoff, der sich für Alfred Nobel als Goldesel entpuppte.

Diatomit hat aber noch viele andere, weniger explosive Verwendungsmöglichkeiten. Vor allem zum Filtrieren von Bier oder Wein werden Kieselgur-Filter bis heute oft eingesetzt und man sollte glauben, dass damit klar ist, wofür die 18 Millionen Jahre alten Kieselgur-Vorkommen des Weinviertels vorwiegend abgebaut wurden. Aber weit gefehlt, kam er doch vor allem als Zuschlagstoff bei der Erzeugung von Leichtbausteinen zum Einsatz. Das versteht man sofort, wenn man in Parisdorf ein Stück Diatomit in die Hand nimmt, der aufgrund seiner hohen Porosität federleicht ist. Im Übrigen ist der Diatomit dort ein hellgraues, blätterig zerfallendes Gestein, das mit der Hand leicht zerkrümelt werden kann.

Im stillgelegten Johannes-Steinbruch am westlichen Ortsrand von Zogelsdorf können die alten Abbauspuren im Kalksandstein betrachtet werden und auch das Werkzeug, mit dem gearbeitet wurde.

Jede Gräte dieses ca. 15 cm langen Fischskelettes aus dem Diatomit von Limberg ist noch erkennbar. Der Fisch lebte vor rund 18 Millionen Jahren in dem Meer, von welchem das Weinviertel damals bedeckt war. Sammlung Geologische Bundesanstalt (GBA2007/170/16).

Damit sich am Meeresgrund ein Schlamm aus Kieselalgengehäusen bilden kann, müssen diese Algen massenhaft in den oberen Wasserschichten vorkommen. Das ist nur der Fall, wenn das Wasser dort reich an Stickstoff, Eisen und Phosphor ist, die als Dünger für die Algen wirken. Nach ihrem Tod sinken die Algen auf den Grund und ihre Gehäuse bilden dort das Ausgangsmaterial für den Diatomit. Durch die vielen verrottenden Pflanzenzellen ist das Wasser am Meeresboden so sauerstoffarm, dass dort kein Leben existieren kann. Der Diatomit zeigt daher eine feine Schichtung, die nicht durch im Schlamm wühlende Tiere zerstört wurde. Und auch Tierkadaver, die auf den Grund sinken, bleiben in dem feinkörnigen ungestörten Sediment hervorragend erhalten. Außer Fischskeletten wurden im Diatomit bei Limberg sogar Vogel- und Insektenreste gefunden, die vom nahen Land eingeschwemmt oder über dem Meer abgestürzt waren.

Blätterig zerfallender Diatomit im alten Abbau bei Parisdorf.

Versteinerte Sandrippel am Naturdenkmal Sandplatte in der Bregenzerach. Vor 20 Millionen Jahren haben an einem Strand hin und her schwappende Wellen diese symmetrischen Rippelmarken auf einer Oberfläche des Sandes geformt.

Rinnen und Kolke bilden an der Oberfläche der Sandplatte eine von der Bregenzerach geschaffene Miniaturlandschaft.

Strandspaziergang in Bregenz

Der gleiche Meeresspiegelanstieg, der die Wachau absaufen ließ und die Gegend von Eggenburg unter Wasser setzte, brachte das Meer vor 20 Millionen Jahren auch wieder ins westliche Bayern und nach Vorarlberg zurück. Um es gleich vorwegzunehmen: mit „Strand“ ist hier nicht das Bodenseeufer gemeint. Das wäre doch etwas zu hoch gegriffen. Noch abwegiger scheint es, dieses Wort in Zusammenhang mit der Bregenzerach zu verwenden und doch passt es hier besser, zumindest wenn wir es auf einen fossilen Strand münzen, der sich hier vor 20 Millionen Jahren erstreckte. Das Naturdenkmal „Sandplatte“ im Flussbett der Bregenzerach ist nicht zu verfehlen, denn sie liegt unmittelbar flussaufwärts von der Eisenbahnbrücke zwischen Lauterach und Bregenz.

Schon die Farbe der Sandsteine verrät uns etwas über ihren Entstehungsort. Sind sie trocken, zeigen sie ein helles grünliches Grau, im feuchten oder nassen Zustand sind sie deutlich grün. Die grüne Farbe verdankt sich einem geringen Gehalt an Glaukonit, einem Mineral, das ausschließlich am Meeresboden entsteht. Noch genauer lassen sich die Entstehungsbedingungen der Sandsteine bestimmen, wenn wir die Oberflächen der Schichten betrachten, die oft wellig ausgebildet sind. Diese „Wellen“, die Geologen nennen sie Rippel, bestehen aus langgestreckten, aber nur 2 cm hohen Sandsteinrücken, die nach beiden Seiten gleich steil abfallen. Solche symmetrischen Rippel sind typische Strandbildungen, die entstehen, wenn sich das Wasser gleichförmig über dem Sandboden hin und her bewegt. Die Sandplatte ist also ein fossiler Meeresstrand und auch heute ein beliebter Badeplatz der Bregenzer, wenngleich das Meer von hier schon längst verschwunden ist und die Bregenzerach den ehemaligen Strand langsam abträgt und in den Bodensee schwemmt. Dabei betätigt sich die Ache als Künstlerin, die aus der Oberfläche des Gesteins geschwungene Formen sorgfältig modelliert und so eine fantastische Miniaturlandschaft erschafft.

Aber nicht nur die Ache nützt den grünlichgrauen Sandstein aus der frühen Miozän-Zeit für ihre künstlerischen Zwecke, auch zahlreiche Architekten bauten damit und schufen als Höhepunkte bedeutende Kirchen wie das Konstanzer und das Überlinger Münster oder St. Gallus in Bregenz. Rund um den ganzen Bodensee war der Sandstein ein beliebtes und geschätztes Baumaterial. Gegenwärtig sind die bedeutendsten Steinbrüche des Bodensee-Sandsteins bei Rorschach am Schweizer Seeufer in Betrieb.

Bregenz, hier die in der Mitte des 13. Jahrhunderts gegründete Oberstadt, ist auf 20 Millionen Jahre alten Meeressedimenten aus der frühen Miozän-Zeit errichtet. Nach dem Rückzug des Meeres lagerte in der mittleren Miozän-Zeit eine Vorläuferin

der Bregenzerach Schotter, Tone und Sande ab. Die Flussschotter waren das Ausgangsmaterial für die harten Konglomerate (Nagelfluh) im Gipfelbereich des östlich der Stadt gelegenen 1.062 m hohen Pfänders, auf dem ein Rundfunksender steht.

4•2 Mittlere Miozän- bis Pliozän-Zeit

Vor rund 16 Millionen Jahren, am Beginn der mittleren Miozän-Zeit, war von Vorarlberg bis ins westliche Niederösterreich das Meer aus dem Alpenvorland wieder verschwunden. In Vorarlberg und im Allgäu lagerten Flüsse über den Meeresablagerungen mächtige Schotter ab, die jetzt zu Konglomeraten verfestigt sind. Außerhalb der Fließrinnen und während Zeiten geringer Wasserführung wurden auch Sand und Schlamm abgesetzt. Diese Flussablagerungen bauen den 1.062 m hohen Pfänder auf, den Hausberg von Bregenz. Durch den Druck der von Süden noch anschiebenden Alpen wurden die Molasseschichten am Pfänder schräggestellt, während sie nur wenig weiter nördlich, bei den Scheidegger Wasserfällen in Bayern, noch ihre ursprüngliche flache Lagerung zeigen.

Die Gerölle der mittelmiozänen Pfänder-Nagelfluh stammen fast durchwegs aus den Rhenodanubischen Decken, die damals den Großteil des Bregenzerwalds aufbauten. Ein Fluss, ein Vorläufer der Bregenzerach, transportierte das Geröll nach Norden ins Vorland. Im Bregenzerwald wurde durch die Abtragung der Rhenodanubischen Decken das darunterliegende tektonische Stockwerk des Helvetikums freigelegt, das gegenwärtig dort den größten Teil der Geländeoberfläche bildet.

Ein geschliffener Anschnitt der mittelmiozänen Pfänder-Nagelfluh zeigt ihre Zusammensetzung aus durch den Flusstransport gerundeten Sandsteingeröllen der Rhenodanubischen Zone (Bildbreite ca. 50 cm).

Der untere Scheidegger Wasserfall (Bayern) stürzt über eine harte Nagelfluh-Bank in die Tiefe. Oben und unten wird die Nagelfluh von weicheren sandigen Schichten begleitet. Wanderlustige können von hier in etwa 5 Stunden zum Pfändergipfel spazieren, wo die gleichen Molasseschichten nicht horizontal liegen wie bei Scheidegg, sondern durch den von Süden andrückenden alpinen Deckenstapel in Schräglage gekippt worden sind.

Asche zu Asche

Die aus den Alpen kommenden Flüsse vereinigten sich zu einem großen Strom, der nach Westen ins Rhone-Tal floss und ins Mittelmeer mündete. Die Quelle dieser Ur-Rhone lag in der Gegend des heutigen Amstetten in Niederösterreich! Eine Besonderheit in den Flussablagerungen sind Lagen von Vulkanasche, die bei Landshut in Niederbayern großflächig abgebaut werden.

Die Aschenlagen bei Landshut sind zwischen 14,8 und 14,2 Millionen Jahre alt und bis zu 2 m dick. Ihrem Alter nach könnten sie sowohl von den Hegau-Vulkanen stammen, die gleich westlich des heutigen Bodensees aktiv waren, als auch von den östlich der Alpen gelegenen Vulkanen im Pannonischen Becken. Die chemische Zusammensetzung der Landshuter Aschen deutet auf die zweite Möglichkeit hin. Seltsam ist dabei, dass diese Ausbrüche in Österreich, das näher zu den Eruptionszentren liegt, so gar keine Spuren hinterlassen haben. Aber egal! Wichtiger ist, dass sich die bayerischen Aschenlagen durch den Kontakt zum Grundwasser zu Bentonit zersetzt haben, einem wertvollen Rohstoff, der von der Kosmetik bis zur Bautechnik in vielen Branchen gefragt ist. Die Landshuter Lagerstätte, in der derzeit jährlich fast 100.000 Tonnen Bentonit in der Molassezone gewonnen werden, ist das bedeutendste Vorkommen dieses Rohstoffs in Deutschland und wird seit 1906 abgebaut oder eigentlich ausgegraben. Denn um an den Bentonit zu kommen, müssen zuerst die darüberliegenden, bis zu 16 m dicken Sedimentschichten entfernt werden. Die dabei in der Landschaft entstehenden Krater sind riesig und gefallen nicht jedem. Viel größer sind aber zwei andere Krater, die sich etwa 120 km nordwestlich von Landshut befinden. Diese liegen zwar schon knapp außerhalb des Alpenvorlands, dennoch wurde bei ihrer Entstehung der ganze Alpenraum tüchtig durchgeschüttelt, weswegen auch dieses Ereignis hier kurz erwähnt wird.

Der Bentonitabbau bei Landshut in Niederbayern, Foto: Clariant Produkte (Deutschland) GmbH.

Die St. Georgs-Kirche in Nördlingen mit ihrem 90 m hohen Glockenturm, dem Daniel, wurde im 15. und 16. Jahrhundert aus Suevit erbaut. Dabei handelt es sich um eine Brekzie, die beim Einschlag eines Asteroiden vor 15 Millionen Jahren entstand.

Und jetzt: 100.000 Atombomben!

Als wären heftige Vulkanausbrüche nicht schon dramatisch genug, schlugen am Rand des Molassebeckens vor etwa 14,5 Millionen Jahren auch noch zwei Trümmer eines extraterrestrischen Himmelskörpers ein. Nördlich der Donau, in der Schwäbischen Alb, schufen sie die kreisrunden Krater des Nördlinger Rieses mit einem Durchmesser von knapp mehr als 20 km und des 4 km breiten Steinheimer Beckens. Nach der Faustregel, dass der Durchmesser eines Einschlagskraters ungefähr zehnmal so groß ist wie das Projektil, das ihn erzeugte, war das größere dieser Trümmer ein 2 km großer Asteroid. Er traf auf die Erde mit einer Geschwindigkeit von etwa 70.000 km pro Stunde und bohrte sich 500 m tief in die Erdkruste. In der Fachliteratur finden sich verschiedene Angaben zu der dabei freigesetzten Energie. Manche glauben, sie wäre 100.000-mal größer gewesen als jene, die sich bei der Explosion der Atombombe in Hiroshima entladen hatte, andere halten gar die Freisetzung der Energie von 250.000 Atombombenexplosionen für möglich. Daraus ist ersichtlich, wie groß die Verheerungen gewesen sein müssen, die der Einschlag des Asteroiden anrichtete: Hunderttausend Atombomben mehr oder weniger spielen dabei keine Rolle!

Sekundenbruchteile vor dem Aufprall schmolz durch die enorme Hitze das Gestein an der Erdoberfläche und wurde durch den von Westen auftreffenden Asteroiden nach Osten geschleudert. Die Tropfen dieser Gesteinsschmelze kühlten in der Luft rasch zu festem Glas ab und flogen als zentimetergroße flaschengrüne diskusförmige Scherben bis zu 400 km weit bis ins heutige Tschechien. Dort werden diese durch den Nördlinger Impakt erzeugten und ausgeworfenen Gläser Moldavite genannt.

Bereits 1904 äußerte der Kaufmann Ernst Werner die Vermutung, das Ries wäre ein Einschlagskrater. Damit konnte er sich aber nicht gegen prominente Geologen wie Carl Wilhelm von Gümbel oder Eduard Suess durchsetzen, die eine vulkanische Entstehung des Rieses propagierten. Bis in die 1960er-Jahre blieb diese Meinung weitgehend unwidersprochen. Erst spätere Untersuchungen lieferten unbestreitbare Belege für einen Asteroideneinschlag, wie der Nachweis von Mineralen, die auf der Erde nur bei den ungeheuren Drucken eines großen Einschlags entstehen können.

Die Stadt Nördlingen liegt ungefähr in der Mitte des Einschlagkraters, über den man den besten Überblick gewinnt, wenn man auf den „Daniel“ steigt, den 90 m hohen Turm der gotischen St. Georgs-Kirche. Abgesehen vom Rundblick ist das Baumaterial des Turms und der ganzen Kirche bemerkenswert, denn es handelt sich dabei um Suevit, eine Brekzie aus beim Impakt zertrümmerten und teilweise aufgeschmolzenen Gesteinen.

In den weißen Häuschen, die sich am 255 m hohen Galgenberg von Wildendürnbach im Weinviertel aneinanderkuscheln, wohnt niemand. Es sind Preßhäuser, in denen der Wein gekeltert wird. Sie stehen auf tonig-sandigen Sedimenten der Laa-Formation

aus der frühen Miozän-Zeit. Nach der Ablagerung dieser Schichten zog sich das Meer zurück, überflutete aber in der mittleren Miozän-Zeit noch einmal das Gebiet, wovon die Schotter auf der Kuppe des Galgenbergs zeugen.

Ein letztes Überschwappen

Auch aus dem heute nördlich der Donau gelegenen Gebiet Niederösterreichs hatte sich das Meer am Ende der frühen Miozän-Zeit zurückgezogen, nachdem dort noch die tonreiche Laa-Formation abgelagert worden war. Sie ist nach Laa an der Thaya benannt und hat große Bedeutung als Rohstoff für die Ziegelindustrie. Nach der Ablagerung dieser kilometerdicken Meeressedimente lag das Gebiet für einige Zeit als Festland über dem Meeresspiegel und ein Teil der untermiozänen Sedimente wurde erodiert. Nach einem Meeresspiegelanstieg in der mittleren Miozän-Zeit war es wieder vom Meer bedeckt, das sehr unterschiedliche Sedimente zurückließ. Manchmal sind es Schotterlagen, die beispielsweise am Galgenberg von Wildendürnbach über den Laaer Schichten liegen, in die man die Weinkeller der Kellergasse gegraben hat. An anderen Stellen finden sich dagegen tonige bis sandige, überaus fossilreiche Sedimente, die nach der sieben Kilometer nördlich von Hollabrunn gelegenen Ortschaft Grund benannt sind.

Die Grund-Formation ist altbekannt für ihre zahlreichen Fossilien, deren Bedeutung schon Moriz Hörnes (1815–1868) hervorgehoben hat. Hörnes war Kustos der Sammlung der Geologischen Reichsanstalt und ein weltweit angesehener Spezialist für fossile Mollusken, insbesondere für miozäne Muscheln und Schnecken des Wiener Beckens. Grund liegt zwar außerhalb des Wiener Beckens in der Molassezone, wurde aber von Hörnes in seine monografischen Arbeiten miteinbezogen. Selbst für Nicht-Paläontologen ist es ein Genuss, in diesen Werken zu blättern und die hochentwickelte Kunst der Illustration auf den Fossiltafeln zu bewundern. Allein das 1856 erschienene Werk über die fossilen Schnecken enthält 56 ganzseitige Lithografien, wofür hier als Beispiel eine Tafel mit Vasenschnecken *(Pyrula rusticula)* gebracht wird, die in Grund in großen Mengen auftreten. Auch bei einer paläontologischen Forschungsgrabung, die erst Ende der 1990er-Jahre in der Kellergasse von Grund durchgeführt wurde, kam eine riesige Anzahl von ihnen ans Tageslicht. Die idyllische Kellergasse mit ihren vielen Weinkellern war sicher der richtige Ort, um diese schöne Ausbeute gebührend zu feiern.

Nach dem kurzen marinen Intermezzo in der mittleren Miozän-Zeit, dem letzten Überschwappen des Meeres über einen kleinen Teil des Alpenvorlands, das neben der Grund-Formation auch durch die Kalke der Mailberg-Formation, einer Varietät des Leithakalks, dokumentiert ist, wurde dieser Teil der Molassezone endgültig zum Festland. Nur das etwas weiter östlich gelegene Wiener Becken lag auch in der späten Miozän-Zeit noch unter dem Meeresspiegel. Dieses Becken verdankt seine Entstehung den großen Seitenverschiebungen, an denen ab der mittleren Miozän-Zeit Teile der Ostalpen nach Osten wanderten.

Vasenschnecken (*Pyrula rusticula*) waren vor 15 Millionen Jahren häufige Bewohner des Meeres der mittleren Miozän-Zeit. Die lithografische Darstellung stammt aus der von Moriz Hörnes 1856 publizierten Monografie über fossile Mollusken. Die meisten darauf abgebildeten Individuen kommen aus Grund im Weinviertel (Niederösterreich), woher auch die Exemplare auf dem Foto stammen. Sie wurden bei einer paläontologischen Grabung in der Kellergasse von Grund geborgen.

R. Schönn lith.

Lith. u. gedr. in d. k. k. Hof u. Staats-Druckerei

1-10. *Pyrula rusticula Bast.*

Herausgegeben von der k. k. geologischen Reichsanstalt.

Torte auf Wanderschaft

Zur gleichen Zeit, als in Nördlingen der Asteroid einschlug und knapp östlich der heutigen Alpen die Vulkane explodierten, kamen die Überschiebungen der ostalpinen Decken allmählich zum Stillstand. Stattdessen begann ein keilförmiges Stück des Deckenstapels nach Osten zu wandern. Die Bewegungen dieses Krustenteils, der die Form eines Tortenstücks hat, waren die Reaktion auf den starken Druck, mit dem sich ein nach Norden vorspringender Teil der Adriatischen Platte in die Europäische Platte bohrte.

Das „Tortenstück" wird an den Seiten von steilstehenden Bruchflächen im Gestein begrenzt, an denen die Bewegungen abliefen. Das Bruchsystem im Süden des Tortenstücks ist schon lange als Periadriatische Naht bekannt und so markant, dass die Geologen dort seit alters her die Grenze zwischen den Ost- und Südalpen ziehen. Damit sich das Tortenstück nach Osten bewegen kann, braucht es aber auch auf der gegenüberliegenden Seite eine entsprechend große Bruchstruktur. Eine solche war aber, als Leigh Royden zum ersten Mal die Idee des Auswanderns eines Keils ostalpiner Kruste nach Osten formulierte, noch nicht bekannt. Wo war dieser riesige Bruch und wieso war er bisher unentdeckt geblieben?

Blick vom Gipfel des Dobratsch (2.166 m) in Richtung Westen auf das Kärntner Gailtal. Die Gail folgt hier der Periadriatischen Naht, einer riesigen Störung, an der das Gestein stark zerbrochen ist und daher leicht erodiert werden kann. Diese Störung bildet die Grenze zwischen den Süd- und Ostalpen.

Blick vom Hochstaufen (1.771 m) auf die bayerische Stadt Bad Reichenhall. Diese liegt in einem Becken, das sich an der großen ISAM-Seitenverschiebung abgesenkt hat. Die Berge rund um das Becken bestehen aus Karbonatgesteinen aus der Trias-Zeit, der Beckenboden wird von Sandsteinen und Mergeln aus der Kreide- bis späten Eozän-Zeit gebildet. Darüber lagen mit großer Wahrscheinlichkeit noch mindestens kilometerdicke oligozäne Sedimente, die von der Erosion vollständig entfernt wurden.

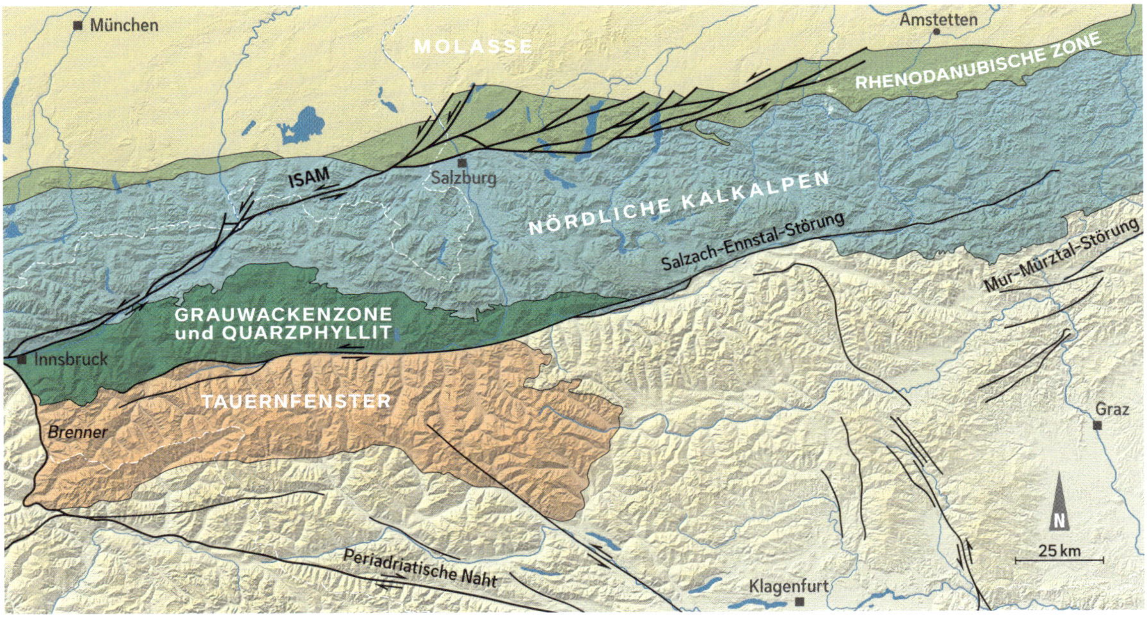

In der frühen Miozän-Zeit bewegte sich ein keilförmiger Krustenteil nach Osten. Im Norden wurde dieses „Tortenstück" von der ISAM-Seitenverschiebung begrenzt, im Süden von der Periadriatischen Seitenverschiebung. Diese beiden großen Seitenverschiebungen waren über die Brenner-Störung bei Innsbruck miteinander verbunden (nach Egger & Peresson 1997).

Die Entdeckung der ISAM

Um in der Geologie größere Zusammenhänge zu erkennen, braucht es einen langen Atem und sehr viel Begeisterung. Mehr als tausend Tage war ich in den nördlichen ostalpinen Einheiten bergauf, bergab gelaufen und hatte Tausende Messdaten und Proben gesammelt und analysiert. Dann war es so weit: Ich konnte eine neue geologische Karte des Gebiets zeichnen und darauf war ein klares System von Störungen erkennbar. An vielen Bruchlinien, die von Südwesten nach Nordosten liefen, waren die Einheiten der Rhenodanubischen Zone gegeneinander verschoben. Besonders deutlich sind diese Verschiebungen am Nordrand der Zone zu erkennen, den sie staffelförmig nach Nordosten versetzen. Dort ist auch noch die untermiozäne Molasse von den Seitenverschiebungen betroffen, womit das miozäne Alter der Bewegungen klar war, deren gesamter Versatz sich auf etwa 50 km summiert.

Ein so großes Störungssystem kann sich nicht einfach in Nichts auflösen, sondern muss sich irgendwie nach Süden fortsetzen, aber dort schienen die Brüche am Nordrand der Kalkalpen zu enden. Was aber, wenn dieser Nordrand selbst eine große Seitenverschiebung wäre? Tatsächlich kommen im Nordteil der salzburgischen und oberösterreichischen Kalkalpen Gesteine vor, die in dieser Einheit sonst nur viel weiter südlich anzutreffen sind, wie Hallstätter Kalke und Dachsteinkalk. Der Nordrand des Verbreitungsgebietes dieser Gesteine zieht von Salzburg nach Westen und trifft in Tirol, in der Gegend von Kufstein, auf das Inntal. Genau in der westlichen Fortsetzung dieser Linie folgt das Inntal zwischen Kufstein und Innsbruck einer riesigen Bruchzone, an der die Kalkalpen an altpaläozoische Gesteine grenzen. Da der Südrand der Kalkalpen auf der östlichen Talseite etwa 50 km nördlicher liegt als auf der gegenüberliegenden Seite, hat auch hier eine große Seitenverschiebung stattgefunden, die den östlichen Teil des Deckenstapels nach Nordosten verfrachtete. Der Bewegungssinn und das Ausmaß der Bewegung entspricht völlig den Gegebenheiten, die ich östlich von Salzburg angetroffen hatte!

Damit war die Sache klar: Die große Seitenverschiebung aus dem Inntal setzt sich nach Osten weiter fort und kann über Salzburg bis ins westliche Niederösterreich verfolgt werden. Sie bekam von mir daher im Jahr 1996 den Namen Innsbruck-Salzburg-Amstetten-Seitenverschiebung oder kurz: ISAM. Mit dem Strukturgeologen Herwig Peresson war ich unterwegs, um weitere Argumente für unsere große Störung zu sammeln, die wir dann auf mehreren internationalen Tagungen präsentierten, so etwa im Jahr 2000 beim Internationalen Geologenkongress in Rio de Janeiro. Es gibt keinen Grund, zu verheimlichen, dass ich am liebsten an den Vortrag in Innsbruck im Mai 1998 zurückdenke, an die verdutzten Gesichter der braven Tiroler Kollegen, als diese hörten, dass „ihre Inntal-Störung" doch keine rein Tiroler Angelegenheit ist.

Blick nach Westen in den Talschluss des Bockhart-Tals, eines westlichen Seitentals des Gasteinertals in den Hohen Tauern (Salzburg). Hinter der Bockhart-Scharte (2.226 m) ragt aus dem Rauriser Tal der Hocharn (3.254 m) wuchtig empor, wo sich einst in mehr als 3.000 m Höhe der höchstgelegene Goldbergbau der Alpen befand. Aus dem Bockhart-Tal ist aus dem 14. Jahrhundert der älteste urkundlich belegte Goldbergbau in den Hohen Tauern bekannt. Die Goldsuche ging hier bis ins 20. Jahrhundert weiter. Knapp über dem unteren Bildrand ist eine rötliche Halde erkennbar, aufgeschüttet aus Gestein, das

beim Vortrieb des 418 m langen Bockhart-Unterbaustollens zwischen 1912 und 1923 aus dem Berg gefördert wurde. Kriegsbedingt waren die Arbeiten an diesem Stollen immer wieder längere Zeit unterbrochen worden. Der Stollen verläuft von hier nach Westen unter die Bockhart-Scharte hinein. Er ist ungefähr parallel zum Imhof-Unterbaustollen angelegt, der sich zwei Kilometer weiter südlich befindet. In beiden Stollen wurden dieselben Erzgänge angetroffen, die quer zu den Stollenverläufen orientiert sind.

Tauernfenster

Eine rein Tiroler Angelegenheit ist die 50 km lange Brenner-Störung, an der die ISAM mit der Periadriatischen Naht verbunden ist. Von der Brenner-Störung weg bewegte sich das „Tortenstück" nach Osten, wodurch östlich des Brenners die Erdkruste gedehnt wurde und ausdünnte. Das oberste Stockwerk des Deckenstapels, das Austroalpin, war daher hier weniger dick als in der Umgebung und konnte von der Erosion rascher entfernt werden. So entstand zwischen dem Brenner und dem Katschberg ein „Loch" in den austroalpinen Decken, in dem deren freigelegter Untergrund sichtbar ist. In der Geologensprache heißen solche Löcher „Fenster", im konkreten Fall „Tauernfenster". Der Fensterrahmen sind die austroalpinen Decken, der Fensterinhalt sind Decken des Penninikums und des Helvetikums. Daher ist das Tauernfenster sogar ein Doppelfenster, weil man, wenn man hineinblickt, gleich zwei tiefere tektonische Haupteinheiten sehen kann.

Altersmäßig reichen die Gesteine des Tauernfensters vom Präkambrium bis in die Kreide-Zeit. Paläogene Gesteine konnten noch nicht nachgewiesen werden, sollten aber früher oder später noch gefunden werden, da sie auch im etwas weiter westlich gelegenen Engadiner Fenster vorhanden sind, wo fossile Großforaminiferen im Penninikum sicher das Paläozän und vielleicht sogar das Eozän belegen.

Die heute im Tauernfenster an der Erdoberfläche vorkommenden Gesteine waren vor 30 Millionen Jahren, in der frühen Oligozän-Zeit, noch zwischen 12 km und 20 km tief unter dem Austroalpin versenkt. Dort unten herrschten Temperaturen zwischen 400 °C und 550 °C und Drucke die 5.000- bis 7.000-fach höher waren als der Luftdruck auf Meeresniveau. Unter diesen Bedingungen wandelten sich die Gesteine um, wurden metamorph. Später gelangten sie durch die beschriebene Ausdünnung der obersten Kruste näher an die Erdoberfläche. Trotzdem musste die Erosion noch einen etwa 5–6 km dicken Gesteinsstapel abtragen, bevor es vor etwa 12 Millionen Jahren so weit war: Die Gesteine des Tauernfensters erblickten das Licht der Welt! Der Zeitpunkt dieser Geburt lässt sich mit dem ersten Erscheinen von typischen Mineralen und Gesteinen aus dem Tauernfenster in miozänen Sedimenten bestimmen.

Ohne die starke Abtragung wären die zentralen Ostalpen heute ungefähr 10.000 m hoch! So aber sorgte die Erosion dafür, dass das Gebirge trotz ständiger Hebung nicht in den Himmel wuchs. Bei dieser Hebung rissen Klüfte im Gestein auf, durch die heiße wässerige Lösungen strömten, aus denen in der Abkühlphase der Metamorphose unterschiedlichste Mineralien auskristallisierten. Die prächtigen Stufen dieser alpinen Kluftminerale genießen unter Sammlern Weltruf, hier ist aber nicht der Platz, näher darauf einzugehen. Konzentrieren wir uns daher auf das wertvollste Mineral dieser Klüfte, auf das Gold!

Goldrausch in den Hohen Tauern

Goldwäscher waren an der Salzach und ihren Zubringern schon in der Kelten- und Römerzeit aktiv. Das in den Flusssedimenten vorkommende Gold stammt von Lagerstätten in den Hohen Tauern, von wo es vom Wasser mitgerissen wurde. Der bergmännische Abbau dieser hochalpinen Lagerstätten begann erst im 14. Jahrhundert und seine Zentren lagen in Salzburg, im Gasteiner- und Raurisertal und im Lungau. Ortsbezeichnungen wie Goldberg, Silberpfenning, Erzwiese oder Rotgülden erinnern heute noch an diese Bergbauvergangenheit, die im 16. Jahrhundert ihren Höhepunkt erreichte, als im damaligen Fürsterzbistum Salzburg jährlich mehrere Hundert Kilogramm Gold gewonnen wurden. Im 19. Jahrhundert wurde der Goldbergbau eingestellt, aber auch danach gab es immer wieder Versuche, den Bergbau neu zu beleben. Einer dieser Initiativen verdankt der Imhof-Unterbaustollen seine Existenz.

Karl Imhof war eigentlich Tunnelbauingenieur gewesen und als solcher zwischen 1901 und 1909 maßgeblich am Bau des Eisenbahn-Tauerntunnels zwischen Böckstein und Mallnitz beteiligt. Damals wurde er auf die alten Goldbergwerke in diesem Gebiet aufmerksam und bemühte sich in der Folge um eine Wiederaufnahme des Bergbaus. Im Jahr 1912 begann am Gasteiner Nassfeld (heute heißt es Sportgastein) der Bau des

Aus einem Golderzgang im Raurisertal stammt dieses 5 cm breite Stück, das im Haus der Natur in Salzburg ausgestellt ist. Das gediegene Gold kommt gemeinsam mit milchig-weißem Quarz vor (Foto: Anna Bieniok, Haus der Natur, Salzburg).

Imhof-Stollens, der nach mehreren langen Bauunterbrechungen im Jahr 1945 in das Rauriser Tal durchgeschlagen wurde. Der 5.300 m lange Stollen verläuft quer zu mehreren bis zu 2 m dicken Golderzgängen. Selbstverständlich bestehen diese Gänge nicht aus gediegenem Gold, sondern in erster Linie aus Quarz, Arsenkies und anderen Erzen. In einer Tonne dieses Gesteins sind durchschnittlich etwa 7–8 g Gold und um die 40 g Silber enthalten.

Während des 2. Weltkriegs schufteten Kriegsgefangene und Zwangsarbeiter im Stollen, danach wurden die Arbeiten eingestellt und durch den Stollen für kurze Zeit eine Touristenbahn geführt, die sich aber auch als unrentabel erwies. Erst lange danach, zwischen 1983 bis 1986, nahm die kanadische St. Joe Explorations GmbH neue Untersuchungen vor, die klären sollten, ob sich ein moderner Bergbau lohnen würde. Dazu mussten neue Karten des Stollensystems angefertigt und in Abständen von wenigen Metern Gesteinsproben mit dem Presslufthammer genommen werden. Zu den für diese Arbeiten angeheuerten Geologiestudenten zählte auch ich und war überaus dankbar, bei diesem Abenteuer dabei zu sein, das überdies noch gut bezahlt wurde.

Eine Gruppe erfahrener Kärntner Bergleute, die wir nach dem Namen ihres Chefs die „Findenigs" nannten, sorgte dafür, dass der Stollen wieder einigermaßen gefahrlos begehbar war. Sie beseitigten auch das herabgestürzte Gestein im Stollen, hinter dem sich das Bergwasser zu kleinen Seen aufgestaut hatte. Darin sammelte sich meterdicker roter Schlamm. Sobald ein Steinhaufen weggeräumt war, riss die Strömung den Schlamm mit, der den Siglitzbach rot färbte. Einmal, nach dem Entfernen eines besonders großen Verbruchs, nahm auch die Gasteiner Ache, die im Ortszentrum über einen malerischen Wasserfall stürzt, die schlammrote Farbe an. Durch die Rotfärbung wurde der Wasserfall nicht weniger malerisch, ganz im Gegenteil. Doch in Gastein wertete man das als böses Omen. Wegen des zu erwartenden Schwerverkehrs und der geplanten Erzaufbereitung mit giftigem Quecksilber stand man dort dem Bergbau ohnehin ablehnend gegenüber. Das Problem erledigte sich schließlich von selbst: Der Bergbaufirma ging das Geld aus und Gastein wurde 1991 Teil des Nationalparks Hohe Tauern, womit das endgültige Ende des Bergbaus besiegelt war.

Am nordwestlichen Stadtrand von Wien, hier in der Eichelhofstraße im 19. Gemeindebezirk, liegt Blockwerk einer mittelmiozänen Küste direkt auf Sandstein der Rhenodanubischen Zone.

Wiener Becken

Die Seitenverschiebungen, die Teile des alpinen Deckenstapels nach Osten wandern ließen, bewirkten auch die vor 15 Millionen Jahren einsetzende Entstehung des Wiener Beckens. An mehreren Stellen sind an den Rändern dieses Beckens Ablagerungen zugänglich, die den Beginn der Meeresüberflutung in der mittleren Miozän-Zeit eindrücklich dokumentieren. Trotz des schon erwähnten weltweiten Anstiegs des Meeresspiegels, war in der Umgebung des künftigen Wien die Absenkung der Erdkruste ausschlaggebend für die Rückkehr des Meeres.

In Nußdorf, am nordwestlichen Stadtrand von Wien, liegen Ablagerungen der mittel-miozänen Meeresküste direkt über kreidezeitlichen Gesteinen der Rhenodanubischen Zone. Vor 15 Millionen Jahren war hier eine Steilküste, an die das Meer anbrandete. In der Brandungszone wurden auch große Gesteinsbrocken hin und her gerollt und ihre Ecken und Kanten dabei abgeschliffen. Diese gerundeten Blöcke mit einem Durchmesser bis zu einem halben Meter, können an der Eichelhofstraße als Naturdenkmal bestaunt werden.

Nicht nur wegen der Geologie, sondern auch wegen der reizvollen Landschaft und der schönen Aussicht, ist ein Ausflug über die slowakische Grenze lohnend. Stündlich fährt die Schnellbahn vom Wiener Hauptbahnhof nach Devinska Nova Mes, einem Vorort von Bratislava. Von dort ist es nur ein halbstündiger Spaziergang zum Sandberg, der ein Stück über dem Grenzfluss March am Abhang der Kleinen Karpaten liegt. Die sandigen, in ihrem unteren Abschnitt auch konglomeratischen Schichten aus der mittleren Miozän-Zeit bedecken hier direkt steilgestellte Kalke aus der Trias- und Jura-Zeit. Wegen seines Reichtums an miozänen Fossilien, von denen hier über 300 verschiedene Arten gefunden wurden, ist auch der Sandberg ein Naturdenkmal.

Konglomerate und Sandsteine kommen bevorzugt entlang der ehemaligen Küsten des Wiener Beckens vor, wo Flüsse ihre Sedimentfracht ablagerten und die Brandung ältere Gesteine aufarbeitete. In den zentralen Teilen des Beckens wurde dagegen überwiegend feinkörniger Schlamm abgelagert, der sogenannte „Tegel“, der in zahlreichen Tongruben für die Ziegelproduktion abgebaut wurde. Abermillionen solcher Ziegel aus gebranntem miozänem Lehm sind in den Häusern und Palästen des gründerzeitlichen Wien verbaut! Während sich die Ziegel meist bescheiden hinter Stuckfassaden und Verputz verstecken, diente ein anderes miozänes Baumaterial insbesondere auch der Repräsentation. Vom Stephansdom bis zur Staatsoper, überall kam der Leithakalk zum Einsatz, der in der mittleren Miozän-Zeit dort entstand, wo das Wasser seicht und ungetrübt war.

Zu den vielen in Devinska Nova Mes gefundenen Fossilien gehört auch dieser handtellergroße Zahn des Riesenhais *Otodus megalodon*. Mit einer Länge von bis zu 20 m war er der größte Räuber im Meer der Miozän-Zeit. Der größte jetzt lebende Hai, der Weiße Hai, wird dagegen nur schlappe 6 m lang. *Otodus megalodon* starb gegen Ende der Pliozän-Zeit aus.

Leithakalk

Der Name Leithakalk gibt bereits einen guten Hinweis auf ein Hauptverbreitungsgebiet dieses Gesteins, auf das Leithagebirge im Burgenland, wobei die Bezeichnung „Gebirge“ für einen gerade einmal 500 m hohen Hügelzug nach Angeberei klingt. Aber dafür kann das Leithagebirge nichts. Wie eine flache Insel ragt es im Wiener Becken empor. Als vor 13–15 Millionen Jahren dieses Becken noch vom Meer gefüllt war, war das künftige Leithagebirge tatsächlich eine aus metamorphen Gesteinen aufgebaute Insel, deren Küste von seichten Karbonatplattformen umgeben war. Unter den zahlreichen Lebewesen dieser Meeresgebiete waren Rotalgen die wichtigsten Kalkbildner.

Kalkrotalgen besitzen ein stark verkalktes Gewebe und brauchen wie alle Pflanzen Sonnenlicht für die Fotosynthese. Dafür benützen sie rote Pigmente, denen sie auch ihre charakteristische rote Farbe verdanken. Mit ihnen nutzen sie aus dem Lichtspektrum das kurzwellige blaue Licht als Energiequelle, das abhängig von der Klarheit des Wassers bis in Wassertiefen von bis zu 200 m vordringen kann. Daher kommen Rotalgen bis in solche Meerestiefen vor, während Grünalgen auf viel seichteres Wasser beschränkt sind, weil ihre Pigmente nur langwelliges Licht verarbeiten können, das viel weniger tief ins Meer eindringt.

Kalkrotalgen überziehen als harte Krusten am Meeresboden Felsen und Riffe, auf weicherem Grund können sie Knollen (Rhodolithe) bilden, die lose auf dem Meeresboden liegen und durch Wellen und Strömungen bewegt werden. Die schönsten Rhodolithe im Leithakalk wurden nahe dem Gezeitenbereich in sehr seichtem Wasser gebildet und sind jetzt in den Steinbrüchen zwischen St. Margarethen und Rust im Burgenland zu finden.

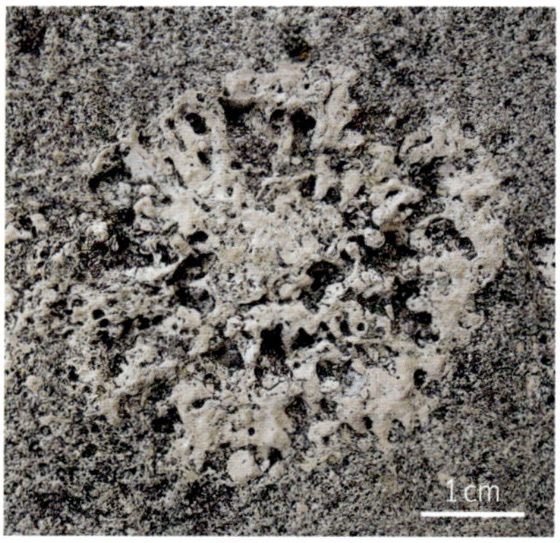

Typisch für den Leithakalk sind Rotalgenknollen (Rhodolithe).

Der Römersteinbruch bei St. Margarethen im Burgenland ist noch immer eine der wichtigsten Gewinnungsstätten für den Leithakalk. Im Hintergrund der Neusiedlersee.

Menschen und Typen

Alcide Dessalines d'Orbigny (1802–1857)

Wie die meisten Naturforscher seiner Zeit war der Franzose Alcide d'Orbigny ein Tausendsassa und erwarb sich Verdienste in unterschiedlichsten Bereichen, die heute Zoologie, Anthropologie, Archäologie, Geologie und Paläontologie heißen. Kein Wunder also, dass zahlreiche Tiere und Pflanzen ihm zu Ehren benannt sind, darunter *Ctenomys dorbignyi*, eine in Argentinien vorkommende Kammratte (anders als man vermuten würde, handelt es sich dabei nicht um ein Nagetier, sondern um einen Verwandten der Stachelschweine) und der in der gleichen Gegend lebende Rotbürzelcanastero (*Asthenes dorbignyi*), ein hübscher kleiner Vogel.

Das Hauptinteresse d'Orbignys galt jedoch den Meerestieren und hier wiederum den Kleinstlebewesen, die er unter dem Mikroskop untersuchte. Im Jahr 1826 veröffentlichte er seine Studien unter dem Titel *„Tableau méthodique de la classe des Céphalopodes"* und machte darin auf eine Tiergruppe aufmerksam, die er Foraminiferen nannte. Diese meist nur sandkorngroßen einzelligen Tierchen leben in ungeheuren Massen in den heutigen Meeren und haben eine Geschichte, die 540 Millionen Jahre weit in die Erdgeschichte zurückreicht. Aus Kalk oder aus Sedimentpartikeln aufgebaute Foraminiferenschalen sind seit Beginn des Paläozoikums ein wichtiger Bestandteil der meisten Meeresablagerungen.

Besonders häufig und formenreich treten Foraminiferenschalen in den mittelmiozänen Mergeln des Wiener Beckens auf. Das erkannte als Erster der österreichische Finanzbeamte Joseph von Hauer (1778–1863), der diese Mikrofossilien mit großer Begeisterung sammelte und die Fülle und Schönheit ihrer Formen unter dem Mikroskop betrachtete. Wie jeder leidenschaftliche Sammler wollte Hauer natürlich mehr über die Objekte seiner Begierde wissen. Deswegen kontaktierte er Alcide d'Orbigny in Paris und als dieser Interesse zeigte, schickte er ihm 228 handgefertigte, mit Korken verschlossene Glasfläschchen mit genauso vielen verschiedenen Foraminiferenarten. D'Orbigny war begeistert, denn noch nie zuvor waren in einem einzelnen Gebiet so viele verschiedene Arten gezählt worden. Zwei Jahre lang widmete er sich intensiv dem Studium dieser bis dato einzigartigen Sammlung, die das Wiener Becken zum Kernland der Erforschung fossiler Foraminiferen macht.

Dank der finanziellen Unterstützung durch den österreichischen Kaiser Ferdinand I. konnte im September 1846 das Buch *„Die Fossilen Foraminiferen des Tertiaeren Beckens von Wien, entdeckt von Seiner Excellenz Ritter Joseph von HAUER und beschrieben von Alcide d'ORBiGNY. Veröffentlicht unter den Auspicien Seiner Majestaet des Kaisers von Österreich"* erscheinen, mit dem d'Orbigny zum Begründer der Mikropaläontologie wurde.

Wie damals üblich, definierte d'Orbigny seine neu entdeckten Arten mittels Beschreibung und hervorragenden lithografischen Abbildungen. Diese Praxis änderte sich erst im Lauf des 20. Jahrhunderts, als sich der Schwerpunkt bei der Definition einer Art auf das Material selbst verlagerte: Jede Art wird nun durch ein einzelnes ausgewähltes Exemplar definiert, das als Holotyp bezeichnet wird. Ältere Studien, in denen noch keine Holotypen festgelegt sind, werden von Neubearbeitern revidiert, die aus den meist zahlreichen Exemplaren des Originalmaterials ein Typexemplar auswählen. Doch die d'Orbigny-Sammlung war verschollen und so eine Neubearbeitung nicht möglich.

Im Jahr 1975 dann die Sensation: Die 228 Glasfläschchen tauchten in Wien an der Geologischen Bundesanstalt auf! Offenbar hatte d'Orbigny die bearbeiteten Fossilien wieder an den Eigentümer Joseph von Hauer zurückgesandt, dessen Fossiliensammlung 1851 von der damaligen Geologischen Reichsanstalt angekauft worden war. Dort hatten die fossilen Foraminiferen ein unbeachtetes Dasein geführt und waren im Lauf der Zeit vergessen worden. Die Wiederentdeckung dieser bedeutenden Sammlung ist vor allem dem Wiener Mikropaläontologen Adolf Papp (1915–1983) zu verdanken, der gemeinsam mit einem Kollegen schließlich auch die Neubearbeitung der Sammlung in Angriff nahm. Die Ergebnisse dieser Arbeit sind in einer umfangreichen Publikation dargestellt. Leider verstarb Adolf Papp kurz vor Erscheinen dieses prächtigen Bandes und und so war es ihm nicht vergönnt, sein Werk in Händen zu halten.

Die massenhaft in Nexing auftretenden Muschelschalen stammen nur von wenigen Arten, von denen hier die gerippten Schalen der Herzmuschel *Obsoletiforma* und die glatten Schalen der Venusmuschel *Venerupis* zu sehen sind.

Die Verwitterung hat an der Oberfläche dieses Kalksteins (Oolith) millimetergroße Kügelchen (Ooide) freigelegt, Wolfsthal (Niederösterreich).

Eiersteine und Hühnerfutter

Etwas jünger als der Leithakalk sind die Oolithe („Eiersteine"), die zwischen 13 und 12 Millionen Jahren vor heute in einem nicht mehr als 5 m tiefen Meeresteil entstanden. Sie bestehen fast vollständig aus nur Millimeter großen runden Kalkkügelchen (Ooiden). Betrachtet man ein aufgebrochenes Ooid mit der Lupe, sieht man im Zentrum einen Kern, der von mehreren konzentrischen Kalklagen überzogen ist. Für die Entstehung solcher Ooide braucht es Zweierlei: feine Sedimentkörner, die von den Wellen hin- und herbewegt werden, damit sich darauf allseitig und gleichmäßig Kalk absetzen kann, und Meerwasser mit einem erhöhten Salzgehalt, weil nur dann Kalk aus dem Meerwasser ausfällt. Das Vorkommen von Oolithen zeigt, dass sich der Chemismus des Meerwassers geändert hat, was natürlich auch gravierende Folgen für die Meeresbewohner hatte. Viele Arten starben aus. Andere, denen der hohe Salzgehalt nichts ausmachte, konnten sich dagegen stark vermehren. Deswegen ist die Zusammensetzung der damaligen Meeresfauna durch eine geringe Anzahl an Arten gekennzeichnet, die dafür aber in rauen Mengen vorkommen, beispielsweise am Hendlfutterberg im niederösterreichischen Ort Nexing im Weinviertel.

Abermillionen Muschelschalen bilden den Hauptbestandteil des Hendlfutterbergs und fein zerrieben den Zusatz zu Hühner- und sonstigem Vogelfutter. Vögel brauchen Kalk, damit sie Eier mit ordentlichen Schalen legen können. Die bis zu 10 m hohen Muschelhaufen wurden durch starke Gezeitenströmungen oder als Folge heftiger Stürme in einer schmalen Bucht am Westrand des Paratethys-Meeres aufgetürmt. Damals hatte die Paratethys noch eine Verbindung zum Mittelmeer, die allerdings bald darauf unterbrochen wurde, weil vor etwa 12 Millionen Jahren der Meeresspiegel weltweit stark sank. Grund dafür war die Klimaabkühlung und die davon ausgelöste Bildung von Eisschilden auf dem Festland, in denen große Mengen Wasser gebunden waren.

Vom Meer zum See

Weil das Meer im Norden der Alpen seine Verbindung zum offenen Ozean verloren hatte, verringerte sich sein Salzgehalt durch das Wasser einmündender Flüsse immer mehr und es entstand einer der größten Seen, die je auf der Erde existierten. Er bedeckte weite Teile des östlichen Mitteleuropa und hatte zur Zeit seiner größten Ausdehnung eine Fläche von beinahe 250.000 km².

Von den heutigen Binnengewässern lässt sich das Kaspische Meer an der Grenze zwischen Europa und Asien am besten mit dem Pannon-See vergleichen. Der Name Meer ist in diesem Zusammenhang irreführend, denn das Kaspische Meer hat keine Verbindung zum Ozean und ist daher ebenfalls ein See. Seine Fläche ist nur geringfügig größer als es jene des Pannon-Sees war und der Salzgehalt seines Wassers beträgt etwas über 1% und liegt damit

Fossilien von Kronenschnecken der Gattung *Melanopsis* aus der Sandgrube bei St. Margarethen (Burgenland). Die Schnecken lebten vor ungefähr 11 Millionen Jahren im Brackwasser des Pannon-Sees.

ungefähr bei einem Drittel der Salzkonzentration in den Ozeanen. Ähnlich niedrige Salzgehalte hatte auch der Pannon-See, womit viele der vorherigen Meeresbewohner nicht zurechtkamen und ausstarben. Für einige weniger empfindliche Lebewesen begann dadurch eine Blütezeit, weil sie lästige Konkurrenz losgeworden waren. Zu den Profiteuren, deren große Stunde damals schlug – und weil wir uns mit Erdgeschichte beschäftigen, dauerte diese Stunde mehrere Hunderttausend Jahre –, zählten die Kronenschnecken der Gattung *Melanopsis.* Viele Millionen Jahre lang hatte sie im Meer in der Umgebung von Flussmündungen ein ziemlich bescheidenes Dasein geführt, bevor sie sich im Brackwasser des Pannon-Sees so richtig wohlzufühlen begann und massenhaft vermehrte. Innerhalb von wenigen Hunderttausend Jahren entwickelten sich im Pannon-See gleich mehrere neue *Melanopsis*-Arten. Erst eine neue Änderung der Umweltbedingungen, diesmal in Form ausgeprägter Klimaschwankungen, beendete vor 10 Millionen Jahren die Blütezeit der Kronenschnecken.

Für Wien und seine Umgebung haben die Hinterlassenschaften des Pannon-Sees eine buchstäblich herausragende Bedeutung. Schließlich ist ein großer Teil der Stadt aus Ziegeln gebaut, die aus den tonigen Seeablagerungen, dem „Wiener Tegel", gebrannt sind. An vielen Stellen gab es Lehmgruben, die größten am Wienerberg und in Oberlaa. Wahrscheinlich ist sich kaum einer der vielen Spaziergänger im dortigen Kurpark bewusst, dass die hübschen Teiche den Boden ehemaliger Ziegelgruben bedecken. Vor allem für die Bauten entlang und außerhalb der neuen Ringstraße wurden in der 2. Hälfte des 19. Jahrhunderts mehrere Milliarden Ziegel verbaut, die aus Lehm gebrannt worden waren, der sich am Boden des Pannon-Sees abgesetzt hatte.

Die Ziegelgruben im Stadtgebiet von Wien gehören alle längst der Vergangenheit an. Im Umkreis der Ostalpen befindet sich gegenwärtig der größte Abbau mittel- und obermiozäner Sedimente im Gemeindewald von St. Margarethen im Burgenland, nur 500 m von der ungarischen Grenze entfernt. Über Schotter- und Sandlagen eines Flussdeltas aus der mittleren Miozän-Zeit liegen dort feinkörnige Sedimente des Pannon-Sees, in denen fossile Schneckenhäuser reichlich vorkommen.

Der sagenumwobene Basilisk am Haus Schönlaterngasse 7 in der Wiener Innenstadt.

Sagenhafte Geologie

In den tieferen Teilen des Pannon-Sees war das Wasser sauerstoffarm, wodurch sich auf dem Seegrund winzige Körnchen von Eisensulfiden („Schwefelkies") bilden konnten. Kommen diese später mit Sauerstoff in Kontakt, verwandeln sie sich in Gips und dabei entsteht das hochgiftige und übel nach faulen Eiern stinkende Gas Schwefelwasserstoff. Da es schwerer ist als Luft, kann es sich in Brunnenschächten sammeln. Dieses geologische Phänomen ist Ausgangspunkt für die Sage vom Basilisken, von der es verschiedene Versionen gibt, nur der Ort des Geschehens ist immer der Brunnen des Hauses in der Schönlaterngasse Nr. 7 im Stadtzentrum von Wien.

Im Kern geht die Geschichte ungefähr so: Am 26. Juni 1212 bemerkte man beim Wasserschöpfen aus dem Brunnen, dass daraus ein furchtbarer Gestank aufstieg. An einem Seil wurde ein Mann hinuntergelassen, um nachzusehen, was dort unten los sei. Er wurde ohnmächtig wieder heraufgezogen und starb gleich darauf. Es konnte nur der giftige Hauch eines Basilisken gewesen sein, der ihn getötet hatte. Ein Basilisk soll aus einem Ei entstehen, das ein Hahn gelegt und eine Kröte ausgebrütet hat und er soll so scheußlich aussehen, dass er selbst stirbt, wenn er sein Bild in einem Spiegel sieht. In der Schönlaterngasse kam eine andere Art der Basiliskenbekämpfung zum Einsatz, wie auf einer an der Vorderfront des Hauses angebrachten Inschrift zu lesen ist, die hier in aktualisierter Schreibweise wiedergegeben wird:

„Anno Domini MCCXII ward erwählt Kaiser Friedrich II. Unter seinem Regiment ist von einem Hahn entsprungen ein Basilisk, welcher obenstehender Figur gleich; und ist der Brunnen voll angeschüttet worden mit Erde, darinnen ein solches Tier gefunden worden ist: ohne Zweifel, weil ob seiner giftigen Eigenschaft viele Menschen gestorben und verdorben sind. Renoviert Anno 1577 durch den Hausherrn Hans Spannring, Buchhändler."

Die in der Inschrift erwähnte Figur ist heute noch an der Fassade angebracht. Es handelt sich um ein seltsam geformtes Stück Sandstein. Sandlagen kommen im Tegel immer wieder vor und können lokal zu unregelmäßigen kugeligen Formen, sogenannten Konkretionen, verfestigt sein. Offenbar stieß man beim Bau des Brunnens auf eine solche Lage und durchbrach sie. Das danach im Schacht aufsteigende Wasser wurde von Schwefelwasserstoffgas begleitet, das sich im Brunnenschacht sammelte, der daraufhin wieder verfüllt wurde. Die Konkretion wurde in Erinnerung an das schauerliche Ereignis mit einer Krone und einem Schwanz ausstaffiert und an der Hausfassade ausgestellt. Ein Mahnmal, das an den Basilisken erinnert, aber auch ein Denkmal für den Pannon-See und seine Sedimente, denen die Stadt Wien sehr viel verdankt.

Ur-Donau

Während sich auf dem Boden des Pannon-Sees in den uferfernen Abschnitten in erster Linie Sand und Schlamm anhäuften, war Schotter das typische Sediment an den Flussmündungen. Das größte derartige Schottervorkommen befindet sich im Weinviertel, in der Umgebung der Orte Hollabrunn und Mistelbach, wo eine Vorläuferin der Donau ein großes Delta in den See geschüttet hat. Aber wie gibt es denn das? Gerade vorher haben wir doch noch behauptet, dass die Rhone in Niederösterreich entsprang. Das tat sie auch ein paar Millionen Jahre lang, aber dann hob sich die Erdkruste im Schwarzwald und in den südlich daran anschließenden Schweizer Jura-Bergen schneller als sich die Rhone in den Untergrund einschneiden konnte. Seit 12 Millionen Jahren bildet das herausgehobene Gebiet eine Barriere, eine neue Wasserscheide zwischen dem Einzugsgebiet der Rhone, die seit damals in den Schweizer Alpen ihren Ursprung hat, und einem neuen, nach Osten strömenden Fluss, der Ur-Donau.

Anders als die heutige Donau hatte die Ur-Donau ihre Quelle nicht im Schwarzwald, sondern in der Zentralschweiz. Die Hauptzubringer waren ein Vorläufer der heutigen Aare und der Alpenrhein, der vorbei am Gebiet des späteren Bregenz nach Norden floss und sich bei Ehingen mit der Aare vereinigte. Von dort strömte die Ur-Donau, über weite Strecken dem heutigen Donautal folgend, nach Osten und mündete in den Pannon-See. Erst nachdem vor etwa 6 Millionen Jahren dieser See völlig verschwunden war, konnte die Donau ihren weiteren Weg nach Osten bis zum Schwarzen Meer antreten. Dabei floss sie zuerst quer durch das heutige Weinviertel. Erst vor etwa 3 Millionen Jahren, gegen Ende der Pliozän-Zeit, waren es vermutlich wieder Erdkrustenbewegungen, die den Fluss in ein neues Bett zwangen. Seit damals strömt die Donau zwischen Kahlenberg und Bisamberg hindurch und gelangt über diese „Wiener Pforte" nach Wien.

Leben am Fluss

Die sich durchs Alpenvorland windende Ur-Donau hatte zahlreiche Fließrinnen, die oft ihre Position wechselten. In den Rinnen lagerte sie Schotter ab, in den Überflutungsbereichen dazwischen gab es Auwälder und versumpfte Altarme, in denen sich bei Hochwasser Schlamm absetzte. Die Vegetation ähnelte vor 11 Millionen Jahren schon stark dem heutigen Pflanzenwuchs, während die Tierwelt mit Affen, Nashörnern und Rüsseltieren noch sehr exotisch anmutete.

Vor etwa 11,5 Millionen Jahren verlor das Molassemeer seine Verbindung zum Mittelmeer und es entstand der Pannon-See, in den von Westen die Ur-Donau einmündete (verändert nach Rögl 1998).

Der von der Ur-Donau vor 11 Millionen Jahren aufgeschüttete Schotter in der Kiesgrube am Taubenkogel östlich von Hollabrunn in Niederösterreich besteht vor allem aus Quarzgeröllen.

Madelaine und Udo

Der prominenteste bayerische Affe kommt aus der Ostallgäuer Gemeinde Pforzen und heißt Udo. Viel ist nicht mehr von ihm übrig, lediglich 21 Knochenfragmente haben die Zeit überdauert und wurden von der Tübinger Paläontologin Madelaine Böhme in der Tongrube der ehemaligen Ziegelei Hammerschmiede ausgegraben. Madelaine hält große Stücke auf ihren Udo, der mit vollem Namen *Danuvius guggenmosi* heißt. Udo war ungefähr einen Meter groß, 30 kg schwer und hockte die meiste Zeit in den Bäumen. Das allein wäre noch nicht aufregend, das machen viele Affen. Aber nach der Meinung seiner Entdeckerin hatte Udo spezielle Talente: Er soll als erster Primat der Erdgeschichte bereits fähig gewesen sein, aufrecht zu gehen und zu stehen. Die Form seiner Gelenke, darunter Ellbogen, Hüfte, Knie und Sprunggelenk, würden darauf hindeuten. Ob er das wirklich konnte, und ob er deswegen schon als einer unserer direkten Vorfahren gewertet werden kann, ist allerdings höchst umstritten. Eindeutige Belege für den aufrechten Gang finden sich erst bei den etwa drei Millionen Jahre alten Australopithecinen, die in der Pliozän-Zeit in Afrika lebten, wo vor zwei Millionen Jahren auch die ältesten Vertreter unserer Gattung *Homo* auftauchten. Und so mag es schon sein, dass den Bayern der Ruf anhaftet „urig" zu sein und der Udo sogar ein richtiges „Urviech" war, dennoch liegt die Wiege der Menschheit mit großer Wahrscheinlichkeit in Afrika und nicht in Süddeutschland.

Steile Zähne

Udos Vorfahren waren wahrscheinlich auch afrikanische Migranten, genauso wie die Rüsseltiere, die in

Zwanzig Zentimeter lang ist dieser Backenzahn von *Tetralophodon longirostis*, der in einer Schottergrube bei Schneegattern im oberösterreichischen Kobernaußerwald gefunden wurde. Die starke Abkauung der Höcker deutet darauf hin, dass der Zahn von einem älteren Tier stammt (Sammlung Braunstingl).

Schädel und Halswirbel des Pferdchens *Hippotherium primigenium,* das vor 11 Millionen Jahren auf dem Gebiet des künftigen Wien lebte. Foto: Naturhistorisches Museum Wien (Inv.: 1875-0006-0001).

der Miozän-Zeit über die arabische Halbinsel nach Europa und Asien einwanderten, von wo sie über eine Landbrücke weiter nach Nord- und Südamerika gelangten. Rüsseltiere, die gegenwärtig nur noch mit je einer Elefantenart in Südasien und Afrika vertreten sind, waren einst mit vielen verschiedenen Arten weit verbreitet, von denen einige unter dem alten Gattungsnamen *Mastodon* zusammengefasst waren. Dieser Name setzt sich aus den griechischen Wörtern für Brust und Zahn zusammen. Mastodonten hießen übersetzt also eigentlich „Brustzähner". Natürlich hatten diese Rüsseltiere keine Zähne auf der Brust, sondern Backenzähne mit Höckerpaaren, die auf den Pariser Paläontologen Georges Cuvier so erotisierend wirkten, dass ihm gleich weibliche Brüste in den Sinn kamen. Vermutlich wäre diese Art von sexualisierter Paläontologie, die den mutmaßlichen Busenfetischisten Cuvier zum Vater der Paläontologie machte (s. Einleitung zu diesem Buch), heutzutage politisch völlig inkorrekt. Darum kann man von Glück sagen, dass das M-Wort in der aktuellen Paläontologie nicht mehr vorkommt, sondern durch andere Gattungsnamen ersetzt wurde, wie beispielsweise *Tetralophodon.*

Von der späten Miozän- bis in die mittlere Pliozän-Zeit kamen Vertreter der Gattung *Tetralophodon* in Afrika und Eurasien häufig vor. Sie besaßen vier Stoßzähne, die sich im Lauf der Evolution aus den Schneidezähnen entwickelt hatten, während der Rüssel entwicklungsgeschichtlich aus der Oberlippe und der Nase hervorging. *Tetralophodon*-Stoßzähne sind äußerst seltene Glücksfunde, die typischen höckerigen Backenzähne kommen dagegen gar nicht so selten vor. Das abgebildete Exemplar stammt aus einer Schottergrube im oberösterreichischen Kobernaußerwald, der auf einer weiten Schwemmebene steht, die vor 10 Millionen Jahren ein zur Ur-Donau fließender Alpenfluss aufgeschüttet hat.

Achtung: Wildwechsel!

Primaten und Rüsseltiere besiedelten von Afrika aus weite Teile der Erde, während sich die Pferde ab der frühen Eozän-Zeit auf dem nordamerikanischen Kontinent entwickelten und sich von dort über die zeitweise trockengefallene Beringstraße nach Asien und Europa ausbreiteten. Also starker Wildwechsel zwischen den Kontinenten! Etwa vor 11 Millionen Jahren erreichte so das ponyartige *Hippotherium primigenium* Mitteleuropa und lebte auch an den Ufern des Pannon-Sees und der Ur-Donau, wo es sich von Laub und Gras ernährte. Im Jahr 1875 wurde ein ausgezeichnet erhaltener *Hippotherium*-Schädel mitsamt einem Teil der Wirbelsäule in der Tongrube Inzersdorf im Süden von Wien gefunden. Der „Ziegelbaron" Heinrich von Drasche schenkte diesen Sensationsfund dem Naturhistorischen Museum.

Die Urahnen der Pferde waren in der Eozän-Zeit nicht viel größer als eine Katze oder ein kleiner Hund. Reiten hätte man auf ihnen nicht können. Erst im Lauf ihrer Stammesgeschichte entwickelten sich größere Formen und das *Hippotherium* war immerhin schon knapp eineinhalb Meter hoch. Als altertümliches Merkmal hatte es noch drei Zehen, während heutige Pferde nur mehr einen Zeh haben, der von einem Huf umgeben ist.

Erdöl und Erdgas

Die mittel- bis obermiozänen Gesteine des Wiener Beckens enthalten die größten Erdöl- und Erdgas-Lagerstätten Österreichs, gefolgt von der Molassezone in Salzburg und Oberösterreich, wo diese Lagerstätten vorwiegend im Oligozän und Miozän vorkommen. Wirtschaftlich interessant wurde Erdöl erst ab der Mitte des 19. Jahrhunderts, als das daraus destillierte Petroleum als Brennstoff für Lampen immer größere Bedeutung erlangte. Es verbrannte rußärmer und stank weniger als die vorher verwendeten tierischen Fette. Ab dem Beginn des 20. Jahrhunderts wurde Erdöl auch als Treibstoff für Motoren immer wichtiger, wodurch ihm im 1. Weltkrieg hohe strategische Bedeutung zukam. Dank der Erdölvorkommen bei Boryslaw in Galizien, einem Gebiet, das heute teils in Polen, teils in der Ukraine liegt, war die Österreichisch-Ungarische Monarchie damals unter den zehn größten Erdölproduzenten weltweit. Der Krieg beeinträchtigte die Ölförderung in Galizien, und so setzte eine verzweifelte Suche nach neuen Lagerstätten ein. Dabei klammerte man sich anscheinend an jeden Strohhalm, wie die folgende Episode zeigt, die das „Salzburger Volksblatt" am 11. Jänner 1958 in Erinnerung rief.

Am Erdöl-Lehrpfad in Prottes (Weinviertel) sind verschiedene Typen von Bohrköpfen ausgestellt, mit denen Bohrungen in die Tiefe vorgetrieben werden. (**A**: Dreirollenmeißel, **B**: PDC-Meißel).

Die Baronin mit der Wünschelrute

Eine als Wünschelrutengängerin bekannte Baronin behauptete im Jahr 1915, dass gleich nördlich der Stadt Salzburg in den Sandsteinen der Rhenodanubischen Zone ein unterirdisches Ölvorkommen nur darauf wartete, entdeckt und ausgebeutet zu werden. Rasch wurde die Hebung des vermeintlichen Schatzes der „Petroleumgrube Lengfelden" in Angriff genommen. Mit Hilfe eines zwanzig Meter hohen Bohrturms und eines Dampfhammers, der das Bohrgestänge in den Untergrund drosch, begann man im Jahr 1916 direkt neben der Straße, die von Lengfelden nach Elixhausen führt, in die Tiefe vorzudringen. Die aus 20 Männern bestehende Bohrmannschaft stammte durchwegs aus Galizien und war für diese Aufgabe vom Militärdienst freigestellt worden. Wahrscheinlich merkten diese erfahrenen Ölsucher rasch, dass hier nichts zu holen war, aber im Trockenen zu bohren, war auf jeden Fall besser als sich im Krieg abschlachten zu lassen. Vermutlich gingen deswegen die Arbeiten sehr langsam voran, aber jedes Mal gerade dann, wenn das Projekt eingestellt werden sollte, tauchten wunderbarerweise plötzlich Ölspuren im Gestein auf. Woher die Arbeiter das Öl hatten, ist nicht bekannt, aber mit dieser List schafften sie es, die Bohrung bis zum Ende des Krieges in Gang zu halten und bis in eine Tiefe von 847 m vorzustoßen. Vorher war auf dem Gebiet des heutigen Österreich nur einmal noch tiefer gebohrt worden, neben dem Welser Bahnhof, wo im Jahr 1903 eine Bohrung der Erdöl-Tiefbohrgesellschaft Wels eine Tiefe von 1.048 m erreicht hatte.

Inzwischen nehmen sich solche Bohrtiefen, wie sie seinerzeit bei Lengfelden oder Wels erreicht wurden, äußerst

Erdöl-Fördersonden nördlich von Bockfließ im Weinviertel.

bescheiden aus, denn in den 1980er-Jahren drang bei der Kohlenwasserstoffsuche in Österreich eine Bohrung in 8.553 m Tiefe vor! Diese tiefste Bohrung liegt nördlich von Wien bei Zistersdorf, wo bereits im Jahr 1930 der erste Erdölfund im österreichischen Anteil des Wiener Beckens gemacht worden war.

Mutter- und Speichergesteine

Grundvoraussetzung für die Bildung von Kohlenwasserstoffen sind Sedimente mit einem hohen Anteil an organischem Material. Dabei handelt es sich meist um die Überreste von pflanzlichem und tierischem Meeresplankton, aber auch um kohleführende Schichten. Damit Erdöl entstehen kann, müssen Temperaturen zwischen 120 °C und 180 °C herrschen. Die durchschnittliche Zunahme der Temperatur gegen das Erdinnere beträgt etwa 30 °C pro Kilometer. Die Bildung von Erdöl erfolgt daher meist zwischen 4 km und 6 km tief unter der Erdoberfläche, während in noch größeren Tiefen fast ausschließlich Erdgas gebildet wird.

Wie können Sedimente so tief unter die Erdoberfläche gelangen? Entweder indem sie von tektonischen Decken überschoben werden oder indem auf ihnen kontinuierlich jüngere Sedimente abgelagert werden. Letzteres ist bei den meisten ostalpinen Lagerstätten der Fall. Sowohl in der Molassezone als auch im Wiener Becken bewegte sich die Erdkruste lange Zeit stark nach unten, sodass in diesen Becken ständig Platz für die Aufnahme neuer Sedimente geschaffen wurde, die sich auf den älteren Schichten ablagerten. Schließlich war der Sedimentstapel so dick, dass unter ihm und in seinen untersten Teilen Erdöl und Erdgas entstehen konnten.

Das Gestein, aus dem das Ausgangsmaterial für die Kohlenwasserstoffe stammt, heißt Muttergestein. Kohlenwasserstoffe bleiben aber selten dort, wo sie entstanden sind, sondern wandern meist von ihrem Muttergestein nach oben in ein Speichergestein, das in viel geringerer Tiefe liegen kann. Voraussetzung für ein gutes Speichergestein sind genug Hohlräume für die Aufnahme von Kohlenwasserstoffen. Meistens ist es der Porenraum zwischen den Sedimentkörnern oder offene Klüfte im Gestein, wo sich Erdöl oder Erdgas ansammelt. Damit diese nicht nach oben entweichen können, ist es für die Bildung einer Lagerstätte notwendig, dass die porösen Gesteine oben von undurchlässigen Tonschichten abgedichtet werden.

Bis zum Jahr 1958 konnte Österreich seinen Bedarf an Erdöl und Erdgas noch weitgehend aus eigener Förderung decken. Seit damals hat die eigene Produktion kontinuierlich abgenommen, während der Bedarf stark anstieg. Im Jahr 2019 wurden in Österreich 0,64 Millionen Tonnen Rohöl und 0,89 Milliarden Kubikmeter Erdgas gefördert (www.wko.at/mineraloelindustrie), was jeweils nur etwa 7 % des gesamten Verbrauchs entsprach.

Vulkane am Alpenostrand

Am Schluss des Kapitels lassen wir es noch einmal ordentlich krachen, wofür wir in der Südoststeiermark und im Burgenland einige Vulkane in petto haben, die von der mittleren Miozän-Zeit bis in die frühe Pleistozän-Zeit aktiv waren. Grund für diese Aktivität war die Dehnung der Erdkruste am Ostrand der Alpen, wodurch Spalten aufrissen, durch die basaltisches Magma zur Erdoberfläche aufsteigen konnte. Kam das 1.000 °C heiße Magma dabei mit dem Grundwasser in Kontakt, waren gewaltige Dampfexplosionen die Folge, bei denen ein Gemisch aus Magma- und Gesteinstrümmern ausgeworfen wurde, das als vulkanischer Tuff auf die Erdoberfläche herabregnete.

Der älteste dieser ostalpinen Vulkane ist jener von Bad Gleichenberg, der vor ungefähr 17 Millionen Jahren das erste Mal ausbrach. Bei explosiven Eruptionen wurde Lockermaterial aus dem Krater geschleudert, bei effusiven Ausbrüchen ergossen sich Lavaströme über die Landschaft. So entstand ein Schichtvulkan, der schließlich als steile Insel mehr als einen Kilometer hoch aus dem Meer ragte. Vor 13 Millionen Jahren erlosch dieser Vulkan und wurde danach langsam von der Erosion eingeebnet und fast völlig unter jüngeren Sedimentschichten begraben.

Basalt mit Sonnenbrand

Vor 11 Millionen Jahren, schon zu Zeiten des Pannon-Sees, war nahe an dessen Westufer wieder der Teufel los. Am Rand einer Gegend, die heute als Buckelige Welt bezeichnet wird, ergossen sich damals Lavaströme aus einem Vulkan. Die Lava hatte basaltische Zusammensetzung und der Basalt wird heute in großen Steinbrüchen am Pauliberg (761 m) im Burgenland abgebaut.

Selbst ein so hartes Gestein wie Basalt hat seine sensiblen Seiten. Bei einer bestimmten Mineralzusammensetzung kann es unter dem Einfluss der Verwitterung rasch zu Zerfallserscheinungen kommen. Solche Basalte werden als

Der burgenländische Pauliberg (761 m) von Osten gesehen.

Sonnenbrennerbasalte bezeichnet. Der „Sonnenbrand“ zeigt sich dabei nicht etwa als Rötung der Gesteinsoberfläche, sondern in Form von grau-weißen, meist sternchenförmigen Flecken, mit denen das Gestein gesprenkelt ist. Dieses „Fleckenstadium“ kann rasch in das „Graupenstadium“ übergehen, bei dem der Basalt in kleine Stückchen zerfällt. Verantwortlich für den „Sonnenbrand“ des Basalts ist ein hoher Gehalt an dem Mineral Analcim. Wie man sich leicht denken kann, sind Sonnenbrennerbasalte als Bau- oder Pflastersteine unbrauchbar, aber als Split ein gut geeigneter Zuschlagstoff für Beton oder Asphalt.

Eine weitere Besonderheit des Paulibergs sind metergroße Basaltkugeln, die als Dekorsteine für die Gartengestaltung verkauft werden. Die Entstehung dieser bis zu 20 t schweren Kugeln war lange Zeit mysteriös, bis Walter Eppensteiner (1929–2020) von der Technischen Universität Wien das Rätsel löste. Er konnte zeigen, dass auch die Kugeln ein Verwitterungsphänomen sind. Sie entstehen, wenn Regenwasser entlang von Rissen ins Gestein sickert und dieses zersetzt. Eine von solchen Rissen allseitig umgebene Gesteinspartie wird dabei mit der Zeit gerundet.

Tuffe und Burgen

Nach den Eruptionen am Pauliberg gaben die Vulkane längere Zeit Ruhe, bis in der Pliozän-Zeit vor etwa 5 Millionen Jahren neue explosive Aktivität einsetzte. Die Aufstiegswege des Magmas waren schmale senkrechte Röhren, die mitten durch mächtige miozäne Sedimente verliefen. Bei den Ausbrüchen wurde durch diese Förderschlote nicht nur Magma hoch in die Luft geschleudert, sondern auch Teile der umgebenden miozänen und pliozänen Sedimente. Besonders schön ist das heute am Burghügel von Kapfenstein zu sehen, wo manchmal von Flussschottern herstammende Gerölle am Aufbau der Tuffe beteiligt sind.

Etwa eine Million Jahre jünger als die Tuffe von Kapfenstein sind ähnliche Gesteine, die den Hügel aufbauen, auf dem die Riegersburg steht. Diese Tuffe wurden direkt in einem Förderschlot abgelagert. Es lassen sich zahlreiche Tufflagen erkennen, von denen jede auf ein einzelnes Eruptionsereignis hinweist. Diese Eruptionen folgten aufeinander in kurzen Zeitabständen und zeigen so eine sehr intensive Tätigkeit des Vulkans. Ursprünglich war der Förderschlot, und damit der heutige Burgberg, von miozänen und pliozänen Sedimenten umgeben. Diese waren weniger erosionsbeständig als die Tuffe und wurden deshalb abgetragen, wodurch im Lauf der Zeit die Füllung des Förderschlots freigelegt worden ist.

Typische Flecken des „Sonnenbrenner-Basalts“.

Basaltkugeln im Steinbruch am Pauliberg.

Dünnschliffbild eines Basalts vom Pauliberg. Während der Abkühlung der Lava hat sich das Mineral Olivin (türkis) randlich in leuchtend roten Iddingsit umgewandelt.

Lava

Noch jünger als die Tuffe sind die basaltischen Gesteine der Klöch und des Stradner Kogels, die zwischen 2,5 und 1,5 Millionen Jahre alt sind. Diese Lavaergüsse fanden also in der Quartär-Zeit statt und gehören eigentlich erst ins nächste Kapitel dieses Buches. Der leichteren Lesbarkeit wegen und um die Geschichte der ostalpinen Vulkane abzuschließen, bringen wir diese Episode schon hier.

Im großen Steinbruch beim Ort Klöch, rund 50 km nordöstlich von Graz, bekommt man einen hervorragenden Einblick in das Vulkangestein, das einen Aufbau aus fünf- bis siebeneckigen Säulen zeigt. Solche Säulen sind typisch für Basalte und sie entstehen aus regelmäßigen Schrumpfungsrissen, die sich bei der Abkühlung der Lava bilden. Je langsamer die Abkühlung erfolgt, desto größer und deutlicher entwickelt sind die Säulen, deren Längsachsen immer senkrecht zu den Abkühlungsflächen stehen. Bei einer über die Erdoberfläche geflossenen Lava stehen die Säulen daher senkrecht zur Ober- und Unterseite des Lavastroms. Bei einem Magma, das in einem Hohlraum abkühlte, sind die Säulen senkrecht zu den Seitenwänden orientiert und zeigen eine radialstrahlige Anordnung.

Der Basalt im Klöcher Steinbruch stammt von einem Lavasee, der den Boden eines vulkanischen Einbruchsbeckens, einer sogenannten Caldera, bedeckte. Diese Caldera entstand durch den Einbruch einer unterirdischen Magmenkammer, nachdem sich diese bei einem heftigen explosiven Ausbruch völlig geleert hatte. Später floss Lava in das Becken, kühlte ab und wurde zu hartem Basalt. Am Beckenrand stehen die Längsachsen der Säulen senkrecht zu den Seitenwänden des Beckens und liegen daher weitgehend flach.

Die Riegersburg in der Oststeiermark steht auf dem Förderschlot eines Vulkans, der vor etwa 4 Millionen Jahren aktiv war. Der Schlot war ursprünglich von miozänen und pliozänen Sedimenten umgeben, die von der Erosion entfernt wurden, während die härteren vulkanischen Tuffe der Abtragung widerstanden.

Bei der Abkühlung basaltischer Laven bilden sich typische Säulen (Steinbruch Klöch).

5. Teil

Westlich der Schweizer Stadt Chur hat sich der Rhein tief in den größten Bergsturz Europas eingeschnitten. Zehn Milliarden Kubikmeter Gestein donnerten vor 9.500 Jahren zu Tal. Das Herkunftsgebiet dieses Flimser Bergsturzes ist der Flimserstein links im Hintergrund.

Pleistozän und Holozän

2,6–0 Millionen Jahre vor heute

Ab der ausgehenden Miozän-Zeit führte die fortschreitende Hebung von Ostalpen und Molassezone zur großflächigen Abtragung von Gesteinen dieser Einheiten. Aus einem Zeitraum von 8 Millionen Jahren, von der spätesten Miozän- über die Pliozän- bis in die frühe Pleistozän-Zeit, sind daher kaum Gesteine oder Sedimente überliefert. Die größten Vorkommen sind die schon besprochenen Vulkangesteine der östlichen Steiermark und des Burgenlands. An wenigen Stellen, beispielsweise in den Hainburger Bergen östlich von Wien, sind zusammengeschwemmte Knochen und Zähne unterpleistozäner Wirbeltiere, darunter spektakuläre Funde wie Nashornknochen, in Karstspalten erhalten geblieben. Und bei Krems in der Wachau und bei Stranzendorf im Weinviertel wurden Lösse aus der frühen Pleistozän-Zeit entdeckt.

Erst aus der mittleren Pleistozän-Zeit, die vor etwa 780.000 Jahren begann und vor 128.000 Jahren endete, sind wieder umfangreichere Sedimente vorhanden, die in den Alpen und ihrem Vorland mehrere Episoden mit ausgeprägten Vergletscherungen dokumentieren. Diese Kaltzeiten sind nach Flüssen im bayerischen Alpenvorland benannt und heißen mit abnehmenden Alter Günz, Mindel und Riß. Vor dem Günz gab es in der frühen Pleistozän-Zeit wahrscheinlich noch mehrere andere große Vereisungen, die sich aber kaum oder gar nicht nachweisen lassen, weil jeder neue Gletschervorstoß die meisten Spuren früherer Kaltzeiten vernichtete. Logisch, dass daher die Sedimente der letzten großen Vereisung aus der späten Pleistozän-Zeit am weitesten verbreitet und am besten erhalten sind. Nach einem Flüsschen bei München wird diese Kaltzeit „Würm" genannt und hatte ihren Höhepunkt mit der größten Ausdehnung der Gletscher zwischen 25.000 und 20.000 Jahren vor heute.

Das Zauberwort: Sauerstoff

Besser als im lückenhaften Sedimentbefund der alpinen Vergletscherungen ist der Klimaablauf des Pleistozäns in Meeressedimenten archiviert. Dort gab es zwar keine Gletscher oder Moränen, sondern das Zauberwort heißt: Sauerstoff-Isotope. Jedes Atom eines bestimmten chemischen Elements enthält im Atomkern die gleiche Anzahl von Protonen, die Anzahl der Neutronen kann aber unterschiedlich sein. Atome mit gleicher Protonenzahl, aber

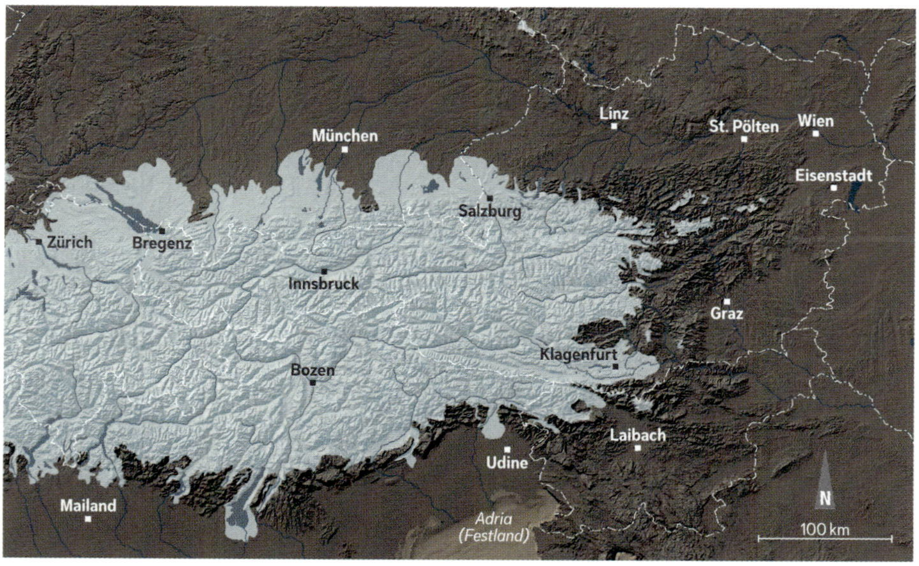

So war die Ausdehnung der ostalpinen Gletscher vor 25.000 Jahren am Höhepunkt der letzten Kaltzeit. Da weltweit große Wassermengen in Eis gebunden waren, lag der Meeresspiegel damals um etwa 130 m tiefer als heute. Deshalb war das Gebiet der nördlichen Adria Festland (nach van Husen, 1987).

unterschiedlicher Neutronenzahl werden Isotope (griech. „gleicher Ort") genannt, weil sie im Periodensystem der Elemente an der gleichen Stelle stehen.

Beim Sauerstoff besitzen etwa 99,8 % der natürlich vorkommenden Atome 16 Neutronen und werden daher dem Isotop ^{16}O zugeordnet. Der kleine Rest verfügt fast durchwegs über 18 Neutronen und heißt entsprechend Isotop ^{18}O. Durch die geringere Zahl von Neutronen ist das Isotop ^{16}O leichter als das Isotop ^{18}O und verdunstet deswegen auch leichter. Daher kommt ^{16}O in Regenwasser, Schnee oder Eis häufiger vor als im Meerwasser. Das am Festland in Eis und Schnee gebundene ^{16}O ist dem Meerwasser entzogen, das deswegen in Kaltzeiten mit großen Vereisungen weniger ^{16}O enthält als in wärmeren Klimaepisoden. Im Mengenverhältnis der beiden Sauerstoff-Isotope ^{16}O und ^{18}O zeichnen sich im oberflächennahen Meerwasser Warm- und Kaltzeiten daher deutlich ab.

Marines Plankton baut Sauerstoff aus dem Meerwasser in seine Schalen ein, daher ist das Isotopenverhältnis aus der Lebenszeit des Planktons dort konserviert und kann gemessen werden. Diese Isotopenwerte zeigen im Pleistozän starke Schwankungen, die den ausgeprägten Wechsel zwischen kälteren und wärmeren Episoden in dieser geologischen Epoche dokumentieren. Die mittlere Jahrestemperatur schwankte zwischen Werten, die etwa 10 °C tiefer lagen als heute und Werten, die mitunter sogar über der heutigen Durchschnittstemperatur lagen.

Obwohl es in den Ostalpen keine Meeresablagerungen aus der Pleistozän-Zeit gibt, kennt man auch hier Methoden, mit Sauerstoffisotopen die damaligen Klimaschwankungen zu rekonstruieren. Zentrum dieser Forschungen ist die Arbeitsgruppe von Christoph Spötl an der Universität Innsbruck, die sich mit Höhlensedimenten und hier vor allem mit Tropfsteinen beschäftigt. Tropfsteine bestehen aus Kalk und bilden sich sehr langsam, Schicht für Schicht, durch chemische Ausfällung aus herabtropfendem Wasser, das von außen in die Höhle einsickert. Das Wasser stammt aus den Niederschlägen im Einzugsgebiet oberhalb der Höhle. Auf seinem Weg in den Untergrund nimmt es im Boden zuerst Kohlenstoffdioxid auf und gewinnt damit die Voraussetzung, auf seinem weiteren Weg nach unten Kalk zu lösen. Dieser wird bei der Tropfsteinbildung wieder ausgefällt. Das Verhältnis seiner Sauerstoffisotope gibt Auskunft über die Isotopenzusammensetzung des Niederschlags und damit über das Klima zur Zeit der Tropfsteinbildung. Diese Zeit lässt sich mit absoluten Methoden, vor allem mit der Zerfallsreihe Uran/Thorium, genau bestimmen. So können die Schwankungen der Isotopenverhältnisse der letzten 600.000 Jahre gut dokumentiert werden, die im Alpenraum einen ähnlichen Verlauf der Warm- und Kaltzeiten zeigen, wie die aus Meeressedimenten gewonnenen Daten.

Die Sauerstoff-Isotopenkurve zeigt die Schwankungen im Verhältnis von ^{18}O zu ^{16}O in pleistozänen Meeressedimenten. In Kaltzeiten waren die ^{18}O-Werte höher als in eisfreien Episoden (nach Gradstein et al. 2012).

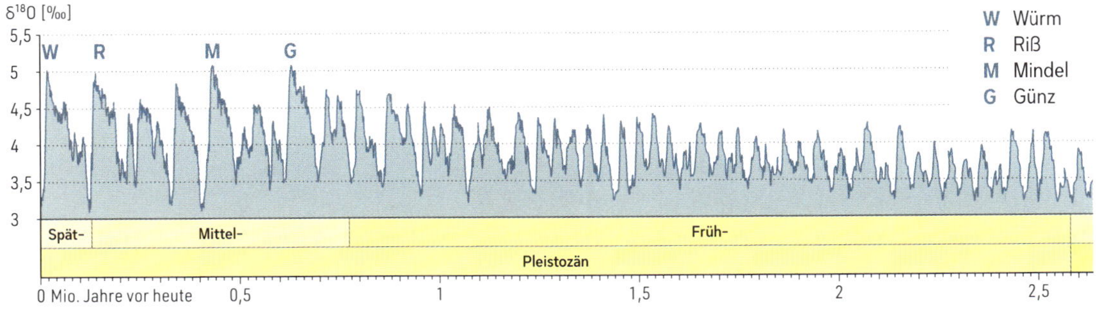

Astronomisches

Das Klima auf der Erde hängt entscheidend von der Sonneneinstrahlung ab. Die von der Sonne ausgestrahlte Energie ist zwar annähernd konstant, der davon auf der Erde eintreffende Teil unterliegt aber beträchtlichen Schwankungen. Das zeigt sich schon im Wechsel der kalten und warmen Jahreszeiten. Sie entstehen, weil die Erdachse bei der Bewegung der Erde um die Sonne nicht senkrecht zur Fläche der Umlaufbahn steht, sondern schräg gestellt ist. Wenn durch die Neigung der Erdachse die Nordhalbkugel der Sonne zugewandt ist, herrscht bei uns Sommer. Gleichzeitig befindet sich die Südhalbkugel im Winter, weil sie von der Sonne abgewandt ist. Nach einem halben Jahr ist es genau umgekehrt.

Derzeit beträgt der Neigungswinkel der Erdachse 23,5°. Dieser Neigungswinkel (Obliquität) ist aber keine fixe Größe, sondern pendelt innerhalb von etwa 40.000 Jahren zwischen Werten von 21,5° und 24,5°. Dadurch verstärken sich die jahreszeitlichen Temperaturschwankungen, denn je größer der Neigungswinkel, desto schiefer die Achse und desto größer die Sonneneinstrahlung im Sommer. Bei einem größeren Neigungswinkel werden die Sommer heißer, die Winter kälter. Derzeit bewegt sich die Achse in Richtung schwächerer Neigung, es wäre also eigentlich mit einer allmählichen Abkühlung zu rechnen. Offenbar ist das aber nicht der Fall, vermutlich weil ein hoher Anteil von Treibhausgasen in der Atmosphäre dem entgegenwirkt.

Verstärkt oder abgeschwächt können die Auswirkungen der Obliquität durch eine weitere zyklische Bewegung der Erdachse werden, der Präzession. Das ist eine Rotationsbewegung wie bei einem Kreisel, die periodisch innerhalb von etwa 26.000 Jahren abläuft. Und es kommt noch komplizierter: Dadurch, dass die Umlaufbahn der Erde um die Sonne die Form einer Ellipse hat, ist der Abstand zur Sonne nicht konstant, sondern variiert gegenwärtig zwischen 147 und 152 Millionen Kilometern. Aber auch diese Werte verändern sich zyklisch im Verlauf von 100.000 Jahren und damit auch die Menge der auf der Erde eintreffenden Sonnenenergie.

Die Bewegung der Erde um die Sonne ist zyklischen Schwankungen unterworfen, weswegen sich der Abstand zur Sonne regelmäßig ändert. Je nachdem, ob dieser klein oder groß ist, trifft auf der Erde mehr oder weniger Sonnenenergie ein und die Atmosphäre wird wärmer oder kühler. Allerdings beeinflussen auch andere Faktoren wie der Anteil der Treibhausgase in der Atmosphäre und die Verteilung von Wasser und Land auf der Erdoberfläche das Weltklima immens (aus Egger, 2017).

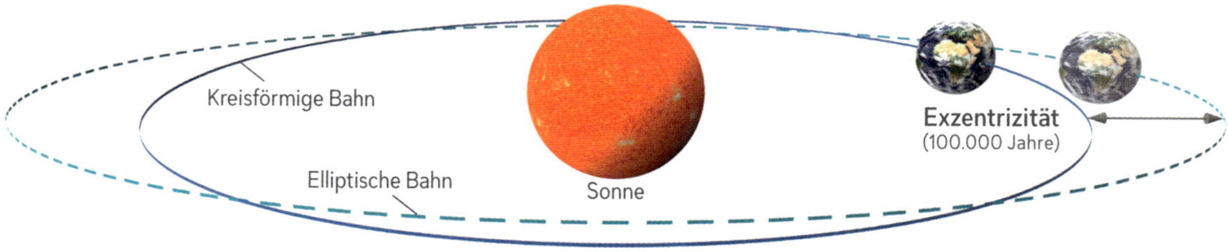

Kurzum: Der Abstand zwischen Erde und Sonne ist ständigen Veränderungen unterworfen, deren Auswirkungen auf das Erdklima sich überlagern und dabei verstärken oder abschwächen können. Die Isotopenkurve auf der vorigen Seite zeigt, dass sich die Klimaentwicklung in der späten Pleistozän-Zeit gut mit den astronomischen Zyklen korrelieren lässt. Das scheint aber die Ausnahme zu sein, denn für den Großteil der Erdgeschichte lässt sich keine solche Korrelation erkennen, weil offenbar andere Ursachen die Klimaentwicklung stärker beeinflussten. Das sind vor allem die Verteilung von Wasser und Land auf der Erdoberfläche und der Anteil von Treibhausgasen in der Atmosphäre.

Katzenhirn ist ungesund!

Bevor der Mensch begann, in großem Umfang Kohle, Öl und Erdgas zu verbrennen, wurden Treibhausgase vor allem durch den Vulkanismus freigesetzt. Große explosive Vulkanausbrüche sind aber noch in anderer Hinsicht klimarelevant, weil dabei mit kolossaler Wucht Staub, Wasserdampf und Schwefelgas hoch in die Atmosphäre geschleudert werden, wo sie die Sonneneinstrahlung behindern. Die klimatischen Auswirkungen von Vulkanausbrüchen dauern höchstens wenige Jahre, solange, bis die Eruptionsprodukte wieder aus der Atmosphäre verschwunden sind.

Der größte Vulkanausbruch in historischer Zeit war jener des Tambora auf der indonesischen Insel Sumbawa im Jahr 1815, eine Megaeruption mit mehr als 100 km^3 Auswurfmaterial. Dieses Ereignis hatte weltweite Konsequenzen, doch es dauerte fast ein Jahrhundert, bis deren Zusammenhang mit dem Vulkanausbruch erkannt wurde.

In Europa und Nordamerika ging das Jahr 1816 als „das Jahr ohne Sommer“ in die Geschichte ein, weil es durch heftige Regenfälle, Überschwemmungen und ungewöhnlich niedrige Temperaturen geprägt war. Kälteeinbrüche führten mitten im Sommer zu Schneefall und Frost und vernichteten große Teile der Ernte. Hungersnöte führten zu sozialen Unruhen, aber auch zum Ausbruch von Seuchen, die unter der geschwächten Bevölkerung wüteten. Die gesellschaftlichen Auswirkungen dieser dramatischen Klimaabkühlung hat der Historiker Wolfgang Behringer in seinem Buch ausführlich beschrieben. Wie groß die Not war, zeigt sich an ein paar krassen Beispielen: Die Südtiroler aßen in ihrer Verzweiflung gekochtes Gras, in München waren kaum noch Hunde und Katzen zu sehen, weil auch liebgewonnene Haustiere in den Kochtopf wanderten, und in der Schweiz warnten die Behörden aus gesundheitlichen Gründen eindringlich vor dem Verzehr von Katzenhirn, während hinsichtlich des Genusses anderer Körperteile von Katzen keine Bedenken bestanden. In der Not frisst der Teufel eben nicht nur Fliegen!

5•1 Pleistozän-Zeit

Das Erbe des Pleistozäns

Lange Zeit betrachteten „gestandene“ Geologen die Hinterlassenschaften der Pleistozän-Zeit eher abfällig. Als Geologe beschäftigte man sich mit der Gebirgsbildung und anderen interessanten tektonischen Problemen, nicht aber mit dem jungen Dreck, der unnötigerweise auf den schönen Gesteinen lag. Manchmal war dieser Dreck aber auch praktisch, denn er verdeckte so manches unlösbare geologische Problem, um das man sich dann nicht weiter zu scheren brauchte. Anders als sonst kehrte man den Schmutz nicht unter den Teppich, sondern war froh, dass er darüber lag, wo man ihn getrost der Zuständigkeit der Geografen überlassen konnte. Auch Albrecht Penck (s.S.239), der Begründer der Pleistozän-Forschung in den Ostalpen, arbeitete als Professor für Geografie in Wien und Berlin, obwohl er seiner Ausbildung nach eigentlich Geologe war.

Wie groß waren die Gletscher?

Die Ausdehnung von ehemaligen, längst geschmolzenen Gletscherzungen wird durch Wallmoränen angezeigt. Das sind langgestreckte Schutthaufen, die entstehen, wenn der Gletscherrand längere Zeit ortsfest ist. Dieser Zustand stellt sich ein, wenn das vorne und an den Seiten der Gletscherzunge abschmelzende Eis ständig durch von hinten nachschiebendes Eis ersetzt wird. Der im und auf dem Eis mitgeführte Gesteinsschutt bleibt am Gletscherrand liegen und wächst dort im Lauf der Zeit zu Wällen an. Vom Rheintal nach Osten bis zum Ennstal in Oberösterreich zeigen solche Wallmoränen, dass während der vier großen pleistozänen Kaltzeiten die Gletscherzungen weit nach Norden ins Alpenvorland vorgestoßen waren.

Wallmoränen aus der Würm-Kaltzeit am nordwestlichen Rand des Irrsee-Beckens bei Oberhofen in Oberösterreich.

In Bayern sind die äußersten Wallmoränen bis zu 50 km weit vom morphologischen Alpenrand entfernt. Die Gletscher konnten hier so weit vordringen, weil sie mit reichlich Eis-Nachschub aus dem Alpenhauptkamm versorgt wurden. Weiter im Osten, wo die Berge niedriger sind, wurde weniger Eis produziert und entsprechend kleiner waren die ins Vorland reichenden Gletscherzungen. Östlich des Ennstals blieben die Gletscher innerhalb der Alpen stecken und erreichten das Alpenvorland nicht.

Eigenartige Terrassenlandschaften

Außen grenzen an die Wallmoränen weite Schotterflächen an, die ebenfalls in den Kaltzeiten entstanden, wenn in den Sommern große Mengen Schmelzwasser den aus dem Gletschereis ausgetauten Schutt hinaus ins Vorland verfrachteten. Bei diesem Transport wurden die eckigen Gesteinstrümmer gerundet und nach Größe sortiert. Mit den großen Geröllmengen war die Transportkraft der Flüsse und Bäche oft überfordert, sodass die mitgeführte Geröllfracht in Schotterbänken wieder abgelagert wurde. Dadurch wurden die Talböden großflächig aufgeschottert, denn die Schmelzwasserflüsse bestanden aus zahlreichen sich verzweigenden und wieder zusammenfließenden Gerinnen, die häufig ihre Position änderten. Heutzutage sind fast alle Flüsse in den Ostalpen reguliert und in kanalartige Betten gezwängt, nur mehr am Oberlauf des Lechs bekommt man eine ungefähre Vorstellung, wie die „verwilderten" Alpenflüsse einst aussahen.

In den wärmeren Episoden zwischen den Kaltzeiten war die aus den Alpen stammende Geröllfracht der Flüsse viel geringer als während der Höhepunkte der Vereisung. Die Transportkraft des Wassers war daher groß genug, um die vorher angehäuften Schottermassen wieder teilweise abzutragen. Die Flüsse schnitten sich in die Schotterflächen ein und es entstanden Geländestufen, sogenannte Erosionskanten. Beim nächsten Vorstoß der Gletscher begann wieder die Aufschotterung, die allerdings nicht das vorherige Niveau erreichte. Dadurch bildete sich in vielen Tälern und im Alpenvorland eine Terrassenlandschaft mit treppenartig angeordneten Stufen. Die höchste Terrasse ist der Rest der Schotterebene, die am Höhepunkt der ältesten Vergletscherung aufgeschüttet worden war, während der Schotter der untersten Terrasse in der jüngsten Eiszeit entstanden ist.

Schloss Stetteldorf steht am Rand des Wagram, einer 30 km langen Terrassenstufe in Niederösterreich, die durch die Erosion der Donau in der Pleistozän-Zeit geschaffen wurde.

Die Terrassenlandschaft im Tiroler Lechtal bei Holzgau.

Der weitgehend unregulierte Lech bei Weißenbach in Tirol.

Blick von der Wiesbadner Hütte (2.443 m) nach Süden auf die Reste des Ochsentaler Gletschers in der Silvrettagruppe (Vorarlberg). Über die Berggipfel aus metamorphen Gesteinen des austroalpinen Deckenstapels verläuft die Grenze zur Schweiz. Von rechts unten erstreckt sich ein schmaler Moränenwall in die Bildmitte. Der bis zu 60 m hohe Wall bildete sich zwischen dem

Ochsentaler Gletscher und dem aus Osten kommenden Vermuntgletscher. In den 1950er-Jahren erreichte das Gletschereis noch eine Position etwa am rechten Bildrand. Genau untersucht wurde die Gletscherentwicklung in diesem Gebiet zuletzt 2020 von Sandra Braumann und ihrer Arbeitsgruppe.

In der aufgelassenen Tongrube der Ziegelei Löwy im Wiener Bezirk Favoriten ist im Löss eine rote Bodenschicht zu sehen, die in einem wärmeren Klimaabschnitt zwischen der Mindel- und der Riß-Kaltzeit entstand.

Arg verstaubt!

Mit Fug und Recht kann man das Weinviertel als die verstaubteste Gegend Österreichs bezeichnen. Natürlich nur im geologischen Sinn, denn im Umkreis der Ostalpen ist es das Gebiet mit der ausgedehntesten Lössbedeckung. Und Löss ist nun einmal Staub und feinkörniger als Sand. Die Lössschicht im Weinviertel wird bis zu 40 m dick. Da nützt der beste Staubwedel nichts mehr. Wäre auch schade um den Löss, denn er bildet die Grundlage für ausgezeichnete Böden. Aber wo wurde der viele Staub – geologisch „Schluff" genannt – eigentlich aufgewirbelt?

Nicht nur die von den Gletschern zurückgelassenen Moränen und die im Gletschervorfeld abgelagerten Schotterfelder sind typische Sedimente der Kaltzeiten, sondern auch der Löss. Buchstäblich kann man sagen, dass der Wind damals über die großen vegetationslosen Flächen fegte und sie vom Staub befreite. Vor allem die Schotterflächen, und hier besonders die breite Donauebene, waren solche Gebiete, aus denen der Wind den feinen Mineralstaub fortblies. Verließ den Wind seine Kraft, häufte er den Staub an und hinterließ in diesen windgeschützteren Zonen den gelblich-grauen Löss.

Auf den Lösslandschaften der Pleistozän-Zeit wuchs eine Grassteppe, in der neben vielen anderen Pflanzenfressern auch die riesigen Mammuts genug Nahrung fanden. Zwischen den Kaltzeiten gab es wärmere und feuchtere Klimaepisoden, die sogenannten Interglaziale, in denen eine üppigere Vegetation gedieh und sich auf dem Löss ausgeprägte Bodenschichten bilden konnten. Diese sind als auffällige rotbraune Lehmlagen innerhalb des Lösses deutlich sichtbar. Das eindrucksvollste ostalpine Beispiel für so einen Boden liegt im südlichen Stadtgebiet von Wien und ist als Naturdenkmal geschützt. Es verdankt seine Entdeckung der Ziegelherstellung am Laaer Berg, wo neben den Tonen des obermiozänen Pannon-Sees auch Löss als Zuschlagstoff für die Ziegelproduktion gewonnen wurde. Am Laaer Berg wird älterer Löss aus der Mindel-Kaltzeit von rotem Lehm überlagert, auf dem Löss aus der Riß-Kaltzeit liegt. Der Rotlehm stammt demnach aus dem Mindel/Riß-Interglazial, das vor etwa 430.000 Jahren begann und vor 370.000 Jahren endete.

Ein tief im Löss eingeschnittener Hohlweg führt zum Wetterkreuz bei Traismauer in Niederösterreich (Foto: Johanna Brückl).

Hohlwege

Zu den Besonderheiten der heutigen Lösslandschaften zählen die Hohlwege, also Pfade, die sich im Lauf der Zeit immer tiefer in den Untergrund eingeschnitten haben, bis sie schließlich in einer Art Kanal verliefen. Entscheidend für diese Tieferlegung ist der Abrieb durch mechanische Beanspruchung. Dem hatte der Löss nicht viel entgegenzusetzen. Unter den Tritten der Fußgänger, den Hufen der Pferde und den eisenbeschlagenen Rädern der Fuhrwerke zerbröselte er und wurde wieder vom Wind verweht. Erosion durch abfließendes Wasser spielt wenig Rolle, denn das Wasser versickert rasch im Löss, der es wie ein Schwamm speichert. Diese Eigenschaft macht ihn wertvoll für die Landwirtschaft, vor allem für den Weinbau.

Vom Weinkeller zum Zentralfriedhof

Für die Weinbauern ist auch eine weitere Eigenschaft des Lösses von Nutzen: seine Standfestigkeit. Senkrechte Wände und unterirdische Hohlräume können im Löss angelegt werden, ohne dass es zu Nachstürzen kommt. Viele der traditionellen Weinkeller des Weinviertels befinden sich im leicht mit Krampen und Schaufel bearbeitbarem Löss. Damit haben nicht nur die Weinbauern ihre Freude, sondern auch die Totengräber, denn auch Gräber lassen sich im Löss leicht ausheben. Der zwei Quadratkilometer große Wiener Zentralfriedhof wurde daher im Jahr 1874 bewusst auf einer Lössfläche angelegt, die sich nach einem geologischen Gutachten am besten als Standort eignete.

Hier kann ich nicht widerstehen, mich kurz meiner Vorliebe für makabre Details hinzugeben: Durch die vorher schon erwähnte Fähigkeit des Speicherns von Flüssigkeiten saugt der Löss auch Leichensäfte rasch auf. Diese sickern daher nicht tiefer hinunter ins Grundwasser. Gleichzeitig ist der Leichnam im Erdreich dadurch trocken gelagert, was für ideale Verwesungsbedingungen sorgt. Nach etwa 10 Jahren sind von den Lössbestattungen nur mehr die Knochen übrig. Fast wäre man versucht zu sagen: von der Wiege bis zum Grabe – nichts als Geologie!

Altsteinzeit in der Würm-Kaltzeit

Manchmal liegen Wiege und Grab auch traurig nah beisammen, wie das älteste bekannt gewordene Grab Österreichs zeigt, das vor 32.000 Jahren ebenfalls im Löss angelegt wurde. Bei diesem Fund aus der Altsteinzeit (Gravettien) am Wachtberg bei Krems handelt es sich um die Skelette zweier Säuglinge, die mit Rötelpulver bedeckt in einer Erdmulde bestattet wurden. Als Grabbeigabe hatte man den Kindern eine Elfenbeinperlenkette mitgegeben und dann die Mulde mit dem Schulterblatt eines Mammuts abgedeckt.

Die Gepflogenheit, verstorbene Artgenossen zu begraben, ist eine typische Eigenschaft unserer Art. Kein anderes Tier macht das. Bei der Bestattung der Toten geht es nicht nur darum, die Leichen vor Aasfressern zu schützen, sondern sie sollen auch für das Jenseits fit gemacht werden. Daher werden die Kadaver nicht einfach irgendwo hingeschmissen und sich selbst überlassen, sondern auf bestimmte Weise arrangiert und in Position gebracht. Grabbeigaben sollen helfen, die Reise ins Jenseits besser zu überstehen. Derartige Bestattungsriten, die es seit etwa 300.000 Jahren gibt, eben seit dem Erscheinen des modernen Menschen, zeigen die Fähigkeit zu planen und symbolisch zu denken.

Die Eltern der Kinder von Krems lebten als Sammler und Jäger und die an ihrem Lagerplatz gefundenen Tierknochen geben einen Eindruck von den Tieren, die damals am Ausgang der Wachau lebten: Mammute, Moschusochsen, Rentiere, Rothirsche, Steinböcke, Vielfraße, Füchse und Wölfe streiften anscheinend zahlreich durch die Landschaft und wurden als Fleisch- und Pelzlieferanten gejagt und geschätzt. Dann kam eine neue starke Klimaabkühlung, das sogenannte Hochglazial der Würm-Zeit, und während dieser letzten Kaltzeit häufte der Wind eine neue, fünf Meter dicke Lössschicht über dem altsteinzeitlichen Bodenhorizont und dem Kindergrab auf.

Ebenfalls aus der Wachau, ebenfalls aus einem Bodenhorizont im Löss und ebenfalls aus dem Gravettien stammt die 29.500 Jahre alte „Venus von Willendorf", die 11 cm große Skulptur einer korpulenten Frau, die ausschaut, als hätte sie genüsslich schon das eine oder andere Mammut verzehrt. In ihrer Üppigkeit wirkt sie wie ein Symbol des Überflusses und des guten Lebens und so ganz anders als die Darstellungen ausgemergelter katholischer Heiliger. Ist sie überhaupt das Abbild einer Göttin? Oder ist es gar nur eine steinerne Sexpuppe, an der sich paläolithische Machos ergötzten? Das dachte das Personal von Facebook, das im Jahr 2017 ein Foto der Venus zensurierte. Dem ernstdenkenden Geologen sind solche schmutzigen Fantasien einerlei, ihn interessiert viel mehr eine ganz andere Frage, nämlich jene nach der Herkunft des Materials, aus dem die Venus hergestellt wurde. Es ist ein gelblicher Kalkstein, der massenhaft aus konzentrischen Schalen aufgebaute Kügelchen enthält, die wir schon als Ooide oder Ei-Steinchen kennengelernt haben. Keine schlechte Wahl, falls die Venus als Fruchtbarkeitssymbol gedacht war! Solche Ooide, die von ihnen gebildeten Gesteine werden als Oolithe bezeichnet, sind typische Bildungen in seichtem tropischem Meerwasser mit hohem Salzgehalt. Die der Fundstelle der Venus nächsten Oolithvorkommen liegen im Miozän des Wiener Beckens (s. S. 212). Die Kirche von Hauskirchen im nordöstlichen Weinviertel ist ganz aus diesem Gestein gebaut. Nach den neuesten Untersuchungen von Gerhard Weber und seinen Mitarbeitern scheint der Oolith der Venusfigur aber nicht aus einem lokalen Vorkommen zu stammen, sondern aus der Umgebung des Gardasees in Norditalien.

Die im Jahr 1908 in der Wachau gefundene „Venus von Willendorf" gilt als der bedeutendste archäologische Fund auf österreichischem Gebiet. Welche Gedanken und Vorstellungen die Menschen der Würm-Kaltzeit zur Herstellung dieser Figur anregten, wissen wir nicht.
Foto: Naturhistorisches Museum Wien (Inv.: 44.686).

Mammute

Über die Einwanderung afrikanischer Rüsseltiere nach Europa wurde schon anhand des Beispiels von *Tetralophodon* berichtet, das sich in der Miozän-Zeit auf den Weg gemacht hatte. In der Pliozän-Zeit starb diese Gattung aus, aber bald darauf kamen die nächsten Herden mit Rüssel tragenden Einwanderern aus dem Süden in Europa an, diesmal aus der Gattung *Mammuthus.* Sie waren die größten Säugetiere, die in der Pleistozän-Zeit das Alpenvorland durchstreiften. Gefunden werden vor allem Überreste des Wollhaarmammuts (*Mammuthus primigenius*), das etwa die Größe heutiger Elefanten hatte und in der mittleren und späten Pleistozän-Zeit lebte.

Wie bei *Tetralophodon* haben sich auch vom Wollhaarmammut im Alpenvorland in erster Linie Backenzähne erhalten, die aber keine Reihen busenförmiger Höcker wie bei *Tetralophodon* zeigen, sondern aus 21 bis 30 Lamellen aufgebaut sind. Damit zerkauten die Mammute Gräser und Kräuter, die sie in der Steppe abweideten. Im Vergleich zu den Backenzähnen tauchen die langen, stark gekrümmten Mammut-Stoßzähne in den pleistozänen Ablagerungen selten auf. Daher war es eine kleine Sensation, als im Jahr 2016 beim Bau der Weinviertel-Autobahn (A5) in der Nähe von Bullendorf gleich zwei Stück davon im Löss entdeckt wurden. Die Zähne sind 17.000 Jahre alt und gerade über die Krümmung gemessen zweieinhalb Meter lang. Sie befinden sich jetzt im Naturhistorischen Museum in Wien.

Die Sternstunde in der Entdeckungsgeschichte alpiner Mammutrelikte schlug aber bereits im Jahr 1975, als zwei 16-jährige Schüler in Bayern ein weitgehend komplettes und gut erhaltenes Mammutskelett fanden. Bernard Bredow und Robert Omelanowsky trieben sich im Gerhartsreiter Graben bei Siegsdorf herum, als sie auf riesige Knochen und Zähne stießen. Zehn Jahre lang verrieten sie kein Sterbenswörtchen über ihren Fund. Erst 1985 machten sie ihn publik, worauf die Gemeinde Siegsdorf eine Grabungskampagne startete. Dabei wurden nicht nur die Überreste des Mammuts geborgen, sondern auch Knochen und Zähne von Höhlenlöwen, Wollhaarnashörner, Riesenhirschen und einem Wolf. Die Tiere lebten vor 45.000 Jahren und verendeten möglicherweise im Morast eines Sumpfs.

Im Naturkunde- und Mammut-Museum Siegsdorf steht der Abguss des vollständigsten in den Ostalpen gefundenen Mammutskeletts. An der Wand im Hintergrund sind die Originalknochen montiert.

Die gefundenen Fossilien sind so großartig, dass sich die Gemeinde Siegsdorf entschloss, dafür ein eigenes Museum einzurichten. Im Naturkunde- und Mammut-Museum Siegsdorf können die Reste der Eiszeittiere, aber auch viele andere geologische Kostbarkeiten bestaunt werden. Das Prunkstück ist selbstverständlich das Skelett des bei seinem Tod etwa 50 Jahre alten Mammutbullen, dessen Originalknochen dekorativ an der Wand angebracht sind. Abgüsse davon und einige ergänzte Teile wurden zu einem aufrechtstehenden Skelett montiert. Tief beeindruckt steht man diesem mehr als dreieinhalb Meter hohen Koloss gegenüber. Seinem Entdecker Bernard Bredow brachte er kein Glück, denn dieser fiel in Paraguay einem Mord zum Opfer.

Höhlenbären als Dünger

Funde von Knochen großer pleistozäner Säugetiere spornten immer wieder die Fantasie der Alpenbewohner an. Im 15. Jahrhundert wurden beim Aushub für den Nordturm des Wiener Stephansdoms Mammutknochen gefunden, die man für die Überreste von Riesen hielt. Der Haupteingang des Doms, das Riesentor, verdankt ihnen seinen Namen. Eigentlich sollte es Mammuttor heißen. Der in einer Kiesgrube bei Klagenfurt entdeckte Schädel eines eiszeitlichen Wollhaarnashorns wurde dem Lindwurm zugeordnet, einem menschenfressenden Fabelwesen mit Flügeln und einem langen Schuppenschwanz. Ein dieser schauerlichen Kreatur gewidmetes Denkmal aus dem 16. Jahrhundert ist sogar das Wahrzeichen der Kärntner Hauptstadt. Und selbstverständlich gab es auch Drachen! Diese gaben der Drachenhöhle beim steirischen Ort Mixnitz ihren Namen, wo massenhaft Knochen und Zähne von ihnen gefunden wurden. Erst gegen Ende des 18. Jahrhunderts, als die anatomischen Kenntnisse schon genügend fortgeschritten waren, erkannte man darin die Reste von Bären, die offensichtlich größer waren als ihre noch lebenden Verwandten. Tatsächlich hatten die größten Höhlenbären ein Gewicht von bis zu 1.500 kg und wogen mehr als doppelt so viel wie die heutigen europäischen Braunbären.

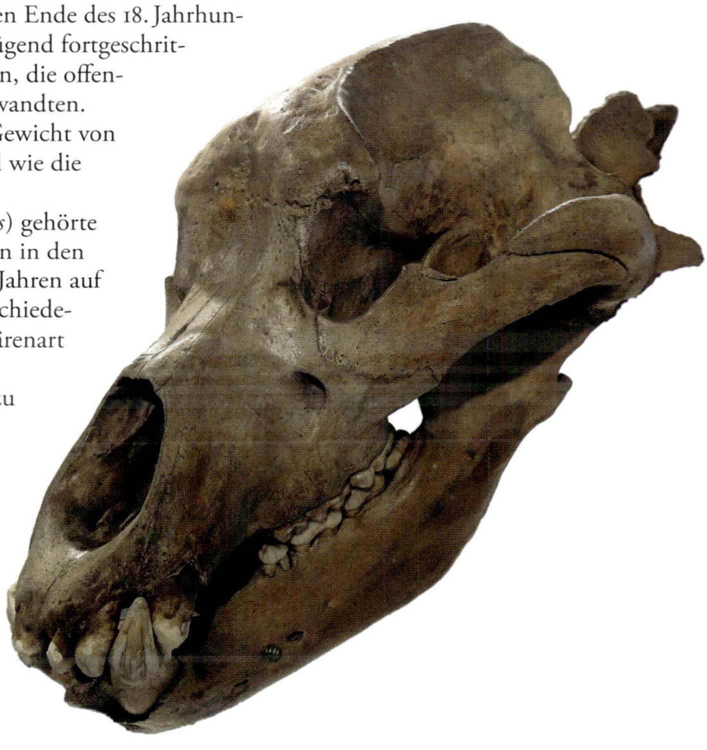

Dieser Schädel ist Teil eines fast vollständigen Höhlenbären-Skeletts aus der Torrener Bärenhöhle im Salzburger Hagengebirge und im Haus der Natur in Salzburg ausgestellt.

Die in Mixnitz gefundene Art (*Ursus ingressus*) gehörte zu diesen großen Bären, die vor etwa 50.000 Jahren in den Ostalpen einwanderten und sich vor etwa 30.000 Jahren auf Nimmerwiedersehen aus der Erdgeschichte verabschiedeten. Über viele Jahrtausende hinweg hatte diese Bärenart die Höhle benützt, um dort bei gleichbleibender Temperatur und Feuchtigkeit ihren Winterschlaf zu verbringen. Die lange Zeit der Nutzung erklärt die große Anzahl der gefundenen Bärenknochen, die von bis zu 30.000 Individuen mit ungefähr 9 Millionen Einzelknochen stammen. Auch wenn jedes Jahr nur ein oder zwei Bären den Winter nicht überlebten, reicht das schon, um die große Anzahl der Bärenknochen zu erklären. Und im Lauf der Zeit wurden nicht nur Knochen angehäuft, sondern aus den verwesenden Kadavern und den Exkrementen der Tiere reicherte sich im Höhlenboden auch Phosphat an. Als während und knapp nach dem 1. Weltkrieg ein Mangel an Düngemitteln herrschte, wurden in Mixnitz die Höhlensedimente im Rahmen der „staatlichen Höhlendüngeraktion" abgebaut.

Skelette von Höhlenbären, von denen es in den Alpen drei verschiedene Arten gab, wurden in vielen ostalpinen Höhlen entdeckt. Neben den Knochen haben sich viele Zähne erhalten, wobei die großen Eckzähne mulmige Gefühle hervorrufen. Einem über 3 m langen Höhlenbären mit solchen gewaltigen Zähnen möchte man nicht begegnen. Dabei waren nach Meinung von prominenten Höhlenbärenforschern wie Gernot Rabeder von der Universität Wien, die Höhlenbären reine Pflanzenfresser. Ihre Eckzähne hatten sie nur zum Angeben bei der Brunft oder um Gegner zu erschrecken, denen sie dann mit ihren gewaltigen Pranken Saures gaben.

Ein fragwürdiger Held

Albrecht Penck (1858–1945)

Foto: Library of congress
(https://www.loc.gov/pictures/item/2014681119/)

Wie in der Einleitung dieses Buches beschrieben, deutete man lange Zeit alle fossilführenden Gesteine als Hinterlassenschaft der biblischen Sintflut. Erst im 19. Jahrhundert wurde diese Ansicht allmählich aufgegeben und nur mehr die jüngsten und noch nicht verfestigten Sedimente der Sintflut zugeordnet. Diese Lockersedimente wurden ab dem Jahr 1823 mit dem lateinischen Namen für Sintflut als „Diluvium" bezeichnet. Bald häuften sich aber die Indizien, dass viele dieser Sedimente nicht Zeugen einer weltweiten Überschwemmung waren, sondern vielmehr einer globalen Klimaabkühlung, die zu massiven Vergletscherungen geführt hatte.

Den Begriff „Eiszeit" gebrauchte als Erster vermutlich der deutsche Naturforscher Karl Friedrich Schimper (1803–1867) im Jahr 1837, populär gemacht wurde die „Eiszeit" aber durch das 1840 erschienene Buch „Etudes sur les glaciers" des Schweizer Universitätsprofessors Louis Agassiz (1807–1873). Agassiz nahm an, dass die ganze nördliche Hemisphäre von einer *„ungeheuren Eiskruste"* bedeckt war. Es dauerte viele Jahre, bis sich durch sorgfältige Geländebeobachtungen ein schlüssiges Bild der großräumigen Vereisungen ergeben hatte. Im Ostalpenraum hat an diesem Bild entscheidend der in Leipzig geborene Albrecht Penck mitgewirkt, einer der bedeutendsten deutschen Geografen im 20. Jahrhundert, wegen seiner rassistischen und nationalistischen Ansichten aber auch eine höchst fragwürdige Figur.

Noch als Student begann Penck im Jahr 1877 seine Arbeit als Geologe bei der fünf Jahre vorher gegründeten „Geologischen Landesuntersuchung des Königreichs Sachsen", wo er wichtige Beiträge zur Vergletscherung Norddeutschlands lieferte. Später zog Penck nach Bayern und wurde 1881 von Carl Wilhelm von Gümbel, dem Leiter des Königlich Bayerischen Oberbergamts, mit der Kartierung des „Diluviums" der bayerischen Alpen beauftragt. Schon nach einem Jahr konnte er über den Nachweis von drei getrennten Vergletscherungen berichten, die er nach aus den Alpen kommenden Flüssen von alt nach jung Günz, Mindel und Riß nannte. Später (1899) kam als jüngste Vereisung noch das Würm dazu; das nach einem Flüsschen bei München benannt ist. Diese stratigrafische Einteilung in vier Kaltzeiten ist bis heute in den Alpen gültig. Penck stellte auch den Zusammenhang zwischen den Gletscherzungen und den daran anschließenden Schotterterrassen her und konnte nachweisen, dass die Becken der Alpenvorlandseen durch Gletschererosion entstanden waren und nicht durch tektonische Absenkung, wie es von vielen Geologen damals noch vermutet worden war.

Diese und andere Ergebnisse wurden von Penck und seinem Schüler Eduard Brückner (1862–1927) zwischen 1901 und 1909 in dem dreibändigen Werk „Die Alpen im Eiszeitalter" zusammengefasst, bis heute ein Standardwerk alpiner Quartärforschung. Zur Zeit des Erscheinens des ersten Bandes seines Hauptwerks arbeitete Penck bereits an der Universität Wien, wohin er 1885 mit erst 27 Jahren als Professor berufen wurde. Schon als junger Student hatte er Beziehungen zu den Wiener Geowissenschaftlern geknüpft, die damals Weltgeltung besaßen. Als einer von zwölf Studenten durfte er im Jahr 1876 Eduard Suess auf einer zweiwöchigen Fußexkursion durch die Alpen begleiten, die von Berchtesgaden bis nach Südtirol führte. Dieser Exkursion schrieb Penck in späteren Erinnerungen immer einen entscheidenden Einfluss auf seine wissenschaftliche Entwicklung zu.

Es ist eine seltsame Volte der Geschichte, dass gleich nach der Machtergreifung der Nationalsozialisten in Österreich im Jahr 1938 die Wiener Eduard-Suess-Gasse ausgerechnet in Albrecht-Penck-Gasse umbenannt wurde. Diese ungewöhnliche Ehrung noch zu Lebzeiten zeigt die hohe Wertschätzung, die Penck im nationalsozialistischen Regime genoss, für das er mit seiner „Volks- und Kulturbodengeografie" ein Ideengeber war. Noch im Jahr 1942 schrieb er in einem Brief mit Blick auf die Kriegsziele, dass *„die Gewinnung von Lebensfläche (...) für unser Volk nur erfüllt werden könne, wenn wir unsere östlichen Nachbarn zur Seite schieben und den Raum besetzen, den sie innehaben"*, was aber, *„schlechter gesagt als getan"* sei, da *„Polen und Ukrainer [...] weidlich dicht wohnen"* (zitiert nach Henniges, 2017).

Seen und Moore

Vor etwa 19.000 Jahren begannen die großen Gletscherzungen im Alpenvorland und in den großen Alpentälern rasch abzuschmelzen und von ihnen zurückgelassene Geländemulden füllten sich mit Wasser. Der Bodensee und die vielen Seen im bayerischen, salzburgischen und oberösterreichischen Alpenvorland, aber auch viele Seen innerhalb der nördlichen Ostalpen sind auf diese Art entstanden. Ihre Fläche wird ständig kleiner, weil die Seebecken mit Sediment verfüllt werden, das Flüsse und Bäche anliefern. Manch riesiger See verschwand bereits kurz nach der Gletscherschmelze. Nur ein Beispiel: Im Salzachtal zwischen Golling in Salzburg und Burghausen in Bayern erstreckte sich ein mehr als 60 km langer und bis zu 200 m tiefer See. Flächenmäßig war dieser Salzburger See so groß wie der heutige Bodensee, hatte aber nur kurze Zeit Bestand. Bereits vor etwa 17.000 Jahren war der See verschwunden und das Seebecken fast völlig mit grauem Schlamm verfüllt. Dieser Seeton bildet unter einer dünnen, von der Salzach aufgeschütteten Schotterlage den Untergrund der Stadt Salzburg und ist dort der Albtraum bei jedem größeren Bauvorhaben. Als weicher und wassergesättigter Brei liefe der Seeton von den Seitenwänden in die Baugruben hinein, träfe man nicht rechtzeitig kostspielige Vorsichtsmaßnahmen.

Gegen Ende der Verfüllung des Salzburger Sees begannen seine seichten Restflächen zu verlanden, also von den Rändern her mit Wasserpflanzen zuzuwachsen. Im Wasser liegende abgestorbene Pflanzenteile sind dem Luftsauerstoff entzogen und verrotten daher nicht vollständig. Auf dem Gewässerboden der Verlandungszone bildet sich im Lauf der Zeit eine Schlammschicht mit reichlich organischem Material, die mit der Zeit bis zum Wasserspiegel hinaufwächst. Dort beginnen sich dann Moore zu entwickeln. Solange diese mit dem Grundwasser in Kontakt stehen, heißen sie Niedermoore, wachsen sie darüber hinaus und werden nur mehr durch den Niederschlag gespeist, spricht man von Hoch- oder Regenmooren.

Verlandungszone am Nordufer des Irrsees in Oberösterreich. Nahe dem Ufer wächst im seichten Wasser ein Schilfgürtel. Landwärts grenzt dieser an ein teilweise mit Birken-Bruchwald bestandenes Moorgebiet, das sich auf einem bereits verlandeten Teil des Sees entwickelt hat.

Erstaunliche Pflanzen

Torfmoose der Gattung *Sphagnum* sind die wichtigste Pflanzengruppe der Moore. Wie alle Moose besitzen auch die Torfmoose keine Wurzeln, sondern nehmen Wasser und darin gelöste Nährstoffe über die Pflanzenoberfläche auf. Seit mindestens 400 Millionen Jahren behaupten sich Moose mit dieser Lebensweise erfolgreich auf der Erde. Damit können sie sogar auf nacktem Felsboden, Beton oder anderen extremen Standorten wachsen, wo andere Pflanzen kaum eine Überlebenschance haben. Wegen ihrer geringen Ansprüche fühlen sie sich auch in den nährstoffarmen Hochmooren wohl, einem Lebensraum, in dem nur wenige Spezialisten unter den Pflanzen gedeihen können. Zu diesen Hungerkünstlern zählt der Sonnentau, der seine Diät mit Insekten aufbessert, die an seinen klebrigen Tentakeln haften bleiben und mit einem Sekret aufgelöst und verdaut werden.

Den genügsamen Moosen reicht hingegen schon ein bisschen Tau oder Nebel zum Überleben. Gibt es richtigen Regen, kann das Moos wie ein Schwamm einen Wasservorrat aufsaugen, der ein Vielfaches seines Trockengewichts wiegt. Ungestört wachsen die Moose nach oben immer weiter, während sie unten absterben. Diese abgestorbenen Pflanzenteile verrotten nur unvollständig, da durch die hohe Wassersättigung kaum Sauerstoff vorhanden ist. So kann sich im Lauf der Zeit eine mehrere Meter dicke Schicht aus Pflanzenresten bilden, der sogenannte Torf. Nach der gängigen Definition spricht man von einem Moor, wenn die Torfschicht mindestens 30 cm dick ist.

Um etwaiger Konkurrenz das Leben im Moor im wahrsten Sinn des Worts zu versauern, erzeugen die Moose im von ihnen gebildeten Torf ein leicht saures Bodenmilieu, das nur wenige andere Pflanzen vertragen. Trotzdem können sich auf den Niedermooren auch manche Baumarten ansiedeln. Besonders Moorbirken und Kiefern sind typische Bewohner dieser Sumpfwälder, die mit einem alten Namen auch Bruchwälder genannt werden.

Torfmoos (*Sphagnum* sp.) im Kojenmoos (Vorarlberg).

Der fleischfressende Sonntentau.

Im Torf sind noch Pflanzenreste sichtbar.

Ainringer Moos

Egal, ob Niedermoor oder Hochmoor, sicher lässt sich sagen, dass alle Moore der heutigen Ostalpen erst nach dem Ende der letzten großen Vergletscherung entstanden sind und nachdem sich die klimatischen Bedingungen so weit gebessert hatten, dass Pflanzen wieder in großer Zahl gedeihen konnten. Die Moore am Alpenrand wuchsen sehr langsam, aber im Lauf der Jahrtausende bedeckten sie schließlich ausgedehnte Flächen. Eines der größeren dieser Moore ist das mehr als zwei Quadratkilometer große Ainringer Moos, das westlich der Stadt Salzburg bereits auf bayerischem Boden liegt. Es teilt das Schicksal der meisten ostalpinen Moore: Große Teile fielen dem Torfabbau zum Opfer. Die einst bis zu neun Meter dicke Torfschicht wurde verheizt oder als Streutorf der Gartenerde beigemischt.

Der Hauptbestandteil von Pflanzen und daher auch des Torfs ist Zellulose, in der eine große Menge Kohlenstoff gebunden ist. Im wassergesättigten Torf sind die Pflanzenreste vor weiterem Verrotten geschützt, daher entweicht der Kohlenstoff nicht als Kohlenstoffdioxid in die Atmosphäre. Dieses Treibhausgas ist daher in intakten Mooren in riesigen Mengen gespeichert. Ein Bericht des Umweltbundesamts in Wien aus dem Jahr 2011 schätzt, dass allein in österreichischen Mooren und Moorböden etwa 250–300 Millionen Tonnen Kohlenstoffdioxid gebunden sind. Nach der vom gleichen Amt vorgelegten Treibhausgas-Bilanz lag im Jahr 2020 der Kohlenstoffdioxid-Ausstoß in Österreich bei rund 74 Millionen Tonnen, also ungefähr bei einem Viertel der im heimischen Torf gespeicherten Menge.

Die Torfgewinnung im Ainringer Moos (www.ainringer-moos.de) lief von 1920 bis 2003. Die Torfziegel wurden mit einer Kleinbahn, der Bockerlbahn, die immerhin eine Streckenlänge von 13 km hatte, abtransportiert. Heute werden damit Touristen befördert, die sich für das Moorgelände interessieren, das seit dem Ende des Torfabbaus renaturiert wird. Die Entwässerungskanäle wurden zugeschüttet und die ausgetorften Gebiete abgedämmt. Ähnlich wie vor 17.000 Jahren ist heute dort, wo das Moor war, wieder ein seichter See. Seine Ufer werden von einem breiten Schilfgürtel gesäumt, der vielen Vögeln Zuflucht bietet. In ein paar Jahrhunderten wird der See wahrscheinlich zugewuchert sein und seine Fläche von einem neuen Moor bedeckt werden.

Leichen, Särge, Pollen

Die ostalpinen Moore sind wichtige Archive, aus denen sich die Klimaentwicklung nach der letzten großen Vergletscherung nachvollziehen lässt. Im Jahr 1989 hatte ich Gelegenheit, im Auftrag der Naturschutzabteilung des Landes Salzburg bei einem solchen Projekt mitzuhelfen. Am vereinbarten Treffpunkt, dem wenige Kilometer südwestlich der Stadt Salzburg gelegenen Egelsee-Moor, wartete ich auf den Projektleiter, Prof. Robert Krisai (1932–2019) vom Institut für Botanik der Universität Salzburg. Ich hatte den Professor vorher noch nie getroffen und war

Mit solchen Waggons transportierte die Bockerlbahn den Torf aus dem Ainringer Moos.

Ein See bedeckt die Fläche des alten Ainringer Torfstichs.

ziemlich perplex, als ein Leichenwagen auf mich zusteuerte. Der Herr Professor war nämlich nicht nur ein angesehener Botaniker, sondern auch ein erfolgreicher Bestattungsunternehmer. In seinem Firmenauto transportierte er je nach Bedarf entweder Särge mit Verstorbenen oder das Gerät, das er für seine Mooruntersuchungen brauchte. Am Tag unseres Treffens lag in einem offenen Sarg glücklicherweise nur das Bohrgestänge. Meine naheliegende Frage, ob sein Spezialgebiet vielleicht das Studium der berühmten Moorleichen sei, verneinte der Professor. Da hätte er nicht viel zu tun, erklärte er, denn in den ostalpinen Mooren sei bisher nur eine einzige solche Leiche aufgetaucht, Rosalinde, die man 1957 im Peitinger Moos in Bayern gefunden hatte. Die würde er furchtbar gern einmal sehen, denn trotz ihres Alters von tausend Jahren soll sie ganz, ganz wunderbar erhalten sein. Die fesche Rosalinde brachte den Professor geradezu ins Schwärmen.

Seine andere Leidenschaft galt dem Torf mit seinen ebenfalls ganz, ganz wunderbar erhaltenen Pflanzenresten, besonders dem Pollen. Mit diesem Blütenstaub rekonstruierte der Professor die spätpleistozäne und holozäne Vegetation und damit die Klimageschichte der letzten 15.000 Jahre. Damit er den Torf Schicht für Schicht untersuchen konnte, mussten wir im Moor Bohrkerne ziehen. Die Voraussetzungen für unser Vorhaben waren geradezu ideal: April, Schneeregen, nasse Kälte. Was brauchte es mehr, um sich geistig in die ausgehende Pleistozän-Zeit zu versetzen? Frierend stapften wir durch den Sumpf, um zu den schon vorher festgelegten Bohrpunkten zu kommen. Dort wurde uns wenigstens schnell warm, denn es braucht einiges an Kraft, um das hohle Gestänge mit Drehbewegungen in den Untergrund zu drücken, es nach jedem gebohrten Meter wieder herauszuziehen und daraus den Bohrkern zu entnehmen. Dann wird wieder ein Meter Gestänge angestückelt und im selben Loch weitergebohrt. Je tiefer man so in den Untergrund vordringt, desto schwerer lässt sich das Gestänge drehen und desto anstrengender wird die Arbeit.

Die untersten Torflagen des Egelsee-Moors fanden wir in einer Tiefe von 11 m. Bei der späteren Untersuchung der Bohrkerne im Labor stellte sich heraus, dass diese Lagen ungefähr 15.000 Jahre alt sind und der in ihnen enthaltene Pollen fast ausschließlich von Gräsern und Wacholderbüschen stammt. Der Gletscher der letzten Kaltzeit war damals in dieser Höhe (700 m über dem Meer) also schon abgeschmolzen, dem Wald war es aber noch zu kalt, stattdessen wuchs auf den umgebenden Hügeln eine Steppe mit Gras und niedrigen Büschen. Ein Jahrtausend später (oder einen Meter weiter oben in den Bohrkernen) zeigt sich schon ein ganz anderes Bild: massenhaft Blütenstaub von Nadelbäumen! Und die Klimaerwärmung ging noch weiter und ist belegt durch einen zunehmenden Anteil von Laubbaumpollen. Diese Veränderung vom Nadelwald zum Mischwald geschah vor etwa 11.000 Jahren, ungefähr am Beginn der Holozän-Zeit, als Klima und natürliche Vegetation begannen, die uns aus der Gegenwart vertrauten Züge anzunehmen. Bis vor etwa 200 Jahren, als der Mensch sein Zerstörungswerk begann, konnten sich die ostalpinen Moore auch in der Holozän-Zeit ungestört entwickeln.

Blick von Süden über den Höglwörther See in Südostbayern. Auch ruhige Landschaften wie diese haben eine bewegte Geschichte. Einst lag hier das Eis des Salzach-Gletschers. Als dieser vor etwa 19.000 Jahren zu schmelzen begann, floss ein Schmelzwasserstrom vom Gletscherrand nach Nordwesten. Er schuf ein breites Tal, durch das sich heute nur mehr der kleine Ramsaubach hinaus nach Teisendorf windet. Der Schwemmkegel eines einmündenden Seitenbachs bildete im Lauf der Zeit einen natürlichen Damm, der im oberen Teil des Schmelzwassertals einen See aufstaute. Dieser ist heute schon wieder etwa zur Hälfte verlandet. Der noch bestehende See hat die Form eines C, weil er eine alte Talschlinge füllt. Auf der Halbinsel, die in den See ragt, steht das 1125 gegründete Kloster Höglwörth, das 1817 säkularisiert wurde und heute in Privatbesitz ist.

5•2 Holozän-Zeit

Die Schwerkraft gewinnt immer

Die Erdanziehungskraft bewirkt, dass sich alle Gegenstände in Richtung Erdmittelpunkt bewegen, wenn sie nicht durch andere Kräfte daran gehindert werden. Diese Bewegungen können schnell oder langsam ablaufen und haben für die Landschaftsentwicklung entscheidende Bedeutung: Höhen werden abgetragen, Senken aufgefüllt. Würde die Erdkruste nicht durch tektonische Kräfte gehoben und gesenkt, hätte die Schwerkraft die Oberflächen der Kontinente bereits in riesige Ebenen verwandelt. So aber finden überall auf der Erdoberfläche gravitative Massenbewegungen statt, vorausgesetzt, es ist ein Relief vorhanden. Aber selbst im ganz flachen Gelände ist man davor nicht sicher, weil die Schwerkraft auch den Einsturz unterirdischer Hohlräume auslösen kann.

Zehn Millionen Einfamilienhäuser in Flims!

Wie in jedem Gebirge gibt es auch in den Ostalpen Tausende Beispiele für gravitative Massenbewegungen, von denen wir hier nur ein paar wenige vorstellen können. Zuallererst natürlich ein Ereignis, das alle anderen an Größe und Wucht in den Schatten stellt: den Bergsturz von Flims im Schweizer Vorderrheintal, der selbst abgebrühten Geologen das Fürchten lehrt. Sonst steckt in pompösen Superlativen ja oft der reine Größenwahn, aber hier brauchen wir nicht zu kleckern, sondern können klotzen: Es geht um den größten Bergsturz Europas und einen der zehn größten Bergstürze weltweit!

Von einem Bergsturz spricht man, wenn sich mindestens eine Million Kubikmeter Gestein im freien Fall oder als Geröllawine mit rasender Geschwindigkeit talwärts bewegen. In Flims setzten sich aber nicht ein paar Millionen Kubikmeter Fels in Bewegung, sondern sage und schreibe gleich 10 Milliarden Kubikmeter grauer Oberjura-Kalk donnerten hinunter ins Rheintal. Um das Ganze besser zu veranschaulichen: Ein

Tief hat sich der Vorderrhein in den Bergsturz gegraben, der vom Flimserstein im Hintergrund abgegangen ist.

Wer sich traut, mietet in der Kajakschule (www.kanuschule.ch) neben der Bahnstation Versam-Safien ein Boot und paddelt die Ruinaulta hinunter. Sogar heute wirken die Bergsturzmassen noch bedrohlich.

durchschnittliches Einfamilienhaus hat ein Volumen von etwa 1.000 Kubikmetern. So gesehen entspricht die Flimser Bergsturzmasse einer Anzahl von 10 Millionen Einfamilienhäusern, die zerbrochen und wild durcheinandergewürfelt in der Gegend herumliegen!

So etwas muss man gesehen haben, deshalb machte ich mich mit der Rhätischen Bahn auf den Weg und stieg 20 km westlich von Chur bei der Station Versam-Safien aus. Alsbald stand ich mittendrin in einer der spektakulärsten Landschaften der Alpen, in der Ruinaulta-Schlucht, und begann die prächtige Szenerie zu Fuß zu erkunden. Unvorstellbar das monströse Spektakel, das sich hier vor 9.500 Jahren abgespielt haben muss. Bis zum Abgang des Bergsturzes floss der Vorderrhein auf dem Boden eines breiten, von den Eiszeitgletschern ausgeschürften Trogtals. Innerhalb von wenigen Minuten türmte sich auf dem Talboden auf einer Fläche von 50 km² die Bergsturzmasse bis zu 750 m hoch auf. Tausend Höhenmeter waren die Felsmassen von der steilen Flanke des Flimsersteins heruntergepoltert und dabei durch die Wucht des Absturzes teilweise pulverisiert worden. Es wird also nicht nur gewaltig gerumpelt, sondern auch ordentlich gestaubt haben. Heute füllt dieses Gesteinsmehl die Zwickel zwischen den Trümmern und da es leicht auswittert, überzieht es als weißer Belag wie eine Schimmelschicht die kahlen Hänge und Wände im Bergsturzgebiet.

Die Bergsturzmasse bildete einen natürlichen Damm, der den Vorderrhein zu einem fast 30 km langen See aufstaute. Mit dem allmählichen Ansteigen des Seespiegels stieg der Druck des aufgestauten Wassers, das schließlich den oberen Teil des natürlichen Staudamms durchbrach. Eine riesige Flutwelle raste durch das Rheintal bis zum Bodensee, der damals noch bis Liechtenstein reichte. Nach dem Dammbruch begann sich der Vorderrhein in die tieferen und stärker verfestigten Teile des Bergsturzes einzuschneiden und schuf so die 15 km lange und bis zu 600 m tiefe Ruinaulta-Schlucht. Durchschnittlich etwas mehr als 6 cm pro Jahr hat sich der Rhein seither in den Bergsturz gegraben, ohne bisher den alten Talgrund darunter zu erreichen.

Gerüttelt und geschüttelt

Die gigantischen Dimensionen des Flimser Bergsturzes werden auch deutlich durch einen Vergleich mit dem größten Bergsturz der Ostalpen in historischer Zeit. Dazu müssen wir uns nach Villach in Kärnten begeben, genauer gesagt, zur 2.166 m hohen Villacher Alpe, besser bekannt unter dem Namen Dobratsch. Die Bergstürze brachen aus den Wänden am Südabfall dieses Bergs, die aus Wettersteinkalk aus der mittleren Trias-Zeit bestehen. Gleich daneben verläuft die Grenze zwischen Ost- und Südalpen, eine riesige Störungszone, an der das Gestein stark zerbrochen ist. Diese aufgelockerten Felspartien bedürfen oft nur eines Auslösers, um abzubrechen und ins Tal zu donnern. Ein solcher „Zündfunke" war das starke Erdbeben, das am 25. Jänner 1348 Villach und seine Umgebung erschütterte.

Wer glaubt, dass an einem Berg nichts zu rütteln ist, irrt. Wie der Wind die reifen Pflaumen vom Baum, schüttelte das Erdbeben den Bergsturz aus der Felswand. Rumpel-di-pumpel und ab ging die Post oder genauer 30 Millionen Kubikmeter Fels aus der Roten Wand, die eindrucksvoll hinter dem Ort Oberschütt in die Höhe ragt. Die mittelalterlichen Urkunden, die über den Bergsturz und das vorangegangene Erdbeben Auskunft geben, wertete Christa Hammerl von der Zentralanstalt für Meteorologie und Geodynamik aus. Dabei kam zu Tage, dass das Epizentrum des Erdbebens im heute italienischen Friaul lag und sich die Erschütterungen von dort ausbreiteten. Auch wurde deutlich, dass die mittelalterlichen Quellen Sensationsberichterstattung betrieben und die Auswirkungen des Bergsturzes aufgebauscht hatten. So gibt es keinerlei Hinweise für die Behauptung, dass der Bergsturz in dem damals äußerst dünn besiedelten Gebiet mehrere Dörfer, Schlösser und Kirchen unter sich begraben hätte. Allerdings mussten zwei Dörfer aufgegeben werden, weil die Bergsturzmassen die Gail zu einem 13 km langen und bis zu 15 m tiefen See aufgestaut hatten. Als viel später das Wasser die Barriere durchbrach, verursachte es flussabwärts verheerende Überschwemmungen.

Der Bergsturz von 1348 war nur einer von vielen Berg- und Felsstürzen am Dobratsch, die gut auf dem Wanderweg zu erkunden sind, der zwischen dem Warmbad Villach und Arnoldstein über weite Strecken durch die „Schütt" verläuft. Dieses 24 km² große Bergsturzgebiet ist nur knapp halb so groß wie die vom Flimser Bergsturz bedeckte Fläche. Das Volumen der gesamten Dobratsch-Bergsturzmassen wird auf etwa 500 Millionen Kubikmeter geschätzt, setzt sich aber aus mehreren Berg- und Felsstürzen zusammen. Die ältesten dieser Sturzmassen brachen vermutlich bald, nachdem vor 19.000 Jahren der Gailtal-Gletscher abgeschmolzen war aus den Wänden des Dobratsch. Man muss kein Spezialist sein, um jüngere von älteren Bergstürzen zu unterscheiden, weil der unterschiedliche Pflanzenbewuchs eine deutliche Sprache spricht. Ältere Bergstürze sind viel stärker bewachsen und zeigen eine dickere Bedeckung mit Humus als Jüngere. Auch die Abrissflächen, an denen sich die Bergstürze aus den Wänden gelöst haben, lassen sich leicht zuordnen. Die älteren Flächen sind durch die Verwitterung schon mattgrau gefärbt, während die jüngeren noch hellgrau und rötlich leuchten.

Am Südabfall des Dobratsch ist die Rote Wand hinter der heutigen Ortschaft Oberschütt das Liefergebiet für den größten Bergsturz der Ostalpen in historischer Zeit. Auch die kleinere Kranzwand rechts davon ist eine Abbruchnische.

Der Bergsturz aus der Roten Wand bildete westlich von Oberschütt einen Damm quer über das etwa 3 km breite Untere Gailtal und staute den Fluss auf. Inzwischen hat sich die Gail durch die Bergsturzmasse geschnitten und das feinere Material fortgeschwemmt. Nur die größten Blöcke sind im Flussbett liegengeblieben.

Östlich von Oberschütt liegen weitere große Bergsturzmassen unterhalb der Geklobenen Wand.

Gefährliches Übergewicht

Es braucht nicht immer gleich ein Erdbeben, um eine Massenbewegung auszulösen. Langandauernde Regenfälle tun es auch. Das mit dem Regenwasser vollgesogene Erdreich ist etwa um ein Viertel schwerer als trockener Boden, und durch dieses Übergewicht kann ein Hang in Bewegung geraten. Dabei bilden sich zuerst Risse an der Geländeoberfläche, durch die weiteres Niederschlagswasser ins Erdreich und Gestein eintreten kann, wo es auf den Bewegungsflächen wie ein Schmiermittel wirkt. Um eine Hangbewegung einzubremsen, wird als erste Maßnahme daher immer versucht, weiteren Wasserzutritt durch Ab- und Umleitungen zu verhindern.

Wohl nirgendwo sonst in den Ostalpen sind momentan die Auswirkungen einer Hangrutschung so eindrücklich und unheimlich demonstriert wie am „Schiefen Haus“ in Sibratsgfäll in Vorarlberg. Verblüfft steht man vor dem ehemaligen Ferienhaus der Familie Felber, das mit einem Rutschhang fast 20 m weit bergab gewandert ist, ohne dabei auseinanderzufallen. Jetzt steht es so schief, dass es unbewohnbar ist, aber besichtigt werden kann. Dieser Besuch ist zweifellos der Höhepunkt auf der „Georunde Rindberg“, ein Wanderweg (bewegtenatur.at), den die Gemeinde Sibratsgfäll auf dem Rutschhang angelegt hat.

Jetzt aber der Reihe nach: Während heftiger Regenfälle im Mai 1999 taten sich am Hang des Rindbergs zunächst langsam Risse im Boden einer Alm auf. Bereits am nächsten Tag zeigten sich weiter hangabwärts die ersten Gebäudeschäden und schließlich wanderten mit dem Hang 6 km Straße, 17 Gebäude, 100 Hektar Wiesen und 60 Hektar Wald mit Geschwindigkeiten von bis zu einem halben Meter pro Tag unaufhaltsam talwärts. Das abrutschende Hangstück hatte ungefähr die Fläche von 250 Fußballfeldern und war bis zu 70 m dick. Hätte man die insgesamt etwa 70 Millionen Kubikmeter Gestein und Erdreich mit Lastwagen transportieren wollen, wären etwa 4,6 Millionen solcher Fahrzeuge nötig gewesen. Darauf konnte verzichtet werden, denn der Hang bewegte sich ja ganz von selbst und kam erst nach ungefähr einem halben Jahr, im Oktober, wieder zur Ruhe. Seitdem wird er aufwendig überwacht, damit rechtzeitig Alarm gegeben werden kann, falls ihn wieder die Wanderlust packt. Schließlich war er auch in den Jahren 1730 und 1964 schon unterwegs und warum sollte der Ausflug von 1999 der letzte gewesen sein?

Einbrechende Unterwelt

Anders als die Überschrift vermuten lässt, sind hier nicht Eigentumsdelikte im Gaunermilieu das Thema, sondern unter dem Einfluss der Schwerkraft zusammenstürzende unterirdische Hohlräume. Liegen solche einbrechenden Hohlräume knapp unter der Erdoberfläche, können sich dort urplötzlich und ohne Vorwarnung Löcher auftun, die in der Bergmannssprache Pingen heißen. Unauslöschlich in der Erinnerung festgesetzt haben sich die erschütternden Bilder aus dem Jahr 1998, als im obersteirischen Ort Lassing ein Bergwerksstollen einbrach und mehrere Häuser in einen fast 200 m breiten und 50 m tiefen Krater versanken. Zehn Bergleute kamen bei dem Unglück ums Leben, verschüttet in Zigtausenden Kubikmetern Schlamm, der von oben in die Stollen des Talkbergwerks eindrang.

Der in Lassing eingebrochene Stollen war fahrlässig zu nahe unter der Erdoberfläche angelegt worden. Hohlräume im Untergrund können aber auch ohne menschliches Zutun entstehen, wenn es durch das Grundwasser zu Ausschwemmungen kommt. Die chemische Auflösung von Gesteinen in Wasser wird Verkarstung genannt. Gips und Steinsalz gehen bei diesem Vorgang am schnellsten in Lösung. Östlich des Rheintals beschränken sich die ostalpinen Vorkommen dieser Minerale auf die Nördlichen Kalkalpen, zum einen auf das in der Perm-Zeit gebildete Haselgebirge, zum andern auf die mitteltriassischen Gipsvorkommen in den Raibler Schichten. Obwohl die räumliche Verbreitung von Gips und Steinsalz in den Ostalpen also nicht sehr groß ist, kann ihre Verkarstung erstaunliche Ausmaße annehmen.

Von Loch zu Loch

Das erste Loch, von dem hier die Rede sein soll, ist das bei der Suche nach neuen Salzlagerstätten entdeckte „Loch von Bad Aussee" in der Steiermark. Geophysikalische Messungen ließen im Untergrund einen großen Salzstock vermuten, weshalb die österreichischen Salinen eine Bohrung in Auftrag gaben, um diesen Befund zu überprüfen. Aus dem Salzgeschäft wurde nichts, denn zur Verblüffung der Lagerstättengeologen traf die Bohrung unter den Moränen des würmzeitlichen Gletschers auf die Ablagerungen eines höchst bemerkenswerten Sees. Dieser hatte einst

Blick vom Tressenstein nach Süden auf Bad Aussee. Die Größe des einstigen Sees wird ungefähr durch die Wiesenflächen nachgezeichnet. Der See war so tief, dass das im Hintergrund aufragende Bergmassiv fast ganz darin Platz gehabt hätte.

nur eine Oberfläche von wenigen Quadratkilometern gehabt, war aber rund 1.000 m tief gewesen. Ein schmales, dafür aber richtig tiefes Loch mitten in den Alpen! Wie ist diese eigentümliche und einzigartige Form entstanden?

Tasten wir uns Schritt für Schritt voran: Der See muss schon vor der letzten Kaltzeit existiert haben, weil seine Sedimente jetzt unter der Gletschermoräne der Würm-Kaltzeit liegen. Die ältesten Seesedimente, die ganz unten im Bohrloch angetroffen wurden, sind feingeschichtete Tonlagen, in denen manchmal einzelne Blöcke von Kalken stecken, wie sie in den Nördlichen Kalkalpen vorkommen, die das Umland des Sees bildeten. Diese Blöcke waren einst in kleinen Eisbergen festgefroren, die auf dem See trieben. Beim Schmelzen der Eisberge sanken die Kalkblöcke hinunter auf den Seegrund und plumpsten dort in den Ton. Die Eisberge waren abgebrochene Teile eines Gletschers, der damals bis zum Seeufer reichte. Daraus kann geschlossen werden, dass der See am Ende einer früheren Kaltzeit entstand, als eine große Gletscherzunge abschmolz, die bis dahin das Tal gefüllt hatte. Da die Seesedimente keine Fossilien enthalten, lässt sich nicht sagen, ob es sich dabei um einen Gletscher aus der frühen oder aus der mittleren Pleistozän-Zeit handelte.

Der Quartärgeologe Dirk van Husen und Michael Mayr, der Geologe der österreichischen Salinen, vermuten, dass dieser Gletscher einen tiefen Trog ausschürfte und dabei den Salzstock anschnitt. Das in den wärmeren Jahreszeiten unter dem Gletscher abfließende Schmelzwasser drang immer weiter in das Salz vor und löste es allmählich auf. Zunächst füllte sich dieser Hohlraum mit Eis, nach dem Abschmelzen der Gletscherzunge mit Sedimenten. Darauf hinterließ in der nächsten Kaltzeit der Würm-Gletscher seine Ablagerungen.

Das zweite Loch, dem wir uns widmen wollen, ist der Grögener Weiher bei Bayerisch Gmain. Er ist ein Beispiel dafür, wie die Verkarstung ostalpiner Salz- und Gipsvorkommen auch in der Gegenwart noch weitergeht. Dort wo heute das Wasser des 3.000 m^2 großen und 10 m tiefen Teichs in der Sonne glitzert, war in den 1950er-Jahren noch eine Wiese, über die eine Straße zu einem Bauernhof führte. Direkt vor diesem Hof breitet sich heute der Weiher aus. Wahrscheinlich kein gutes Gefühl, wenn vor der eigenen Haustür plötzlich der Boden absackt und sich ein

Ein trügerisches Idyll ist der Grögener Weiher bei Bayerisch Gmain. Hier war in den 1950er-Jahren noch Wiese. Die Ausschwemmung von Gips im Untergrund führte zum Einbrechen des 10 m tiefen Lochs.

Blick nach Osten über das Kessiloch im Gemeindegebiet von Nenzing in Vorarlberg. Mit einem Durchmesser von 300 m und einer Tiefe von 100 m ist das Kessiloch eine der größten Dolinen der Ostalpen.

kleiner See bildet. Der idyllisch wirkende Teich mit seinem schilfbestandenen Ufer ist also eigentlich ein sehr unheimliches Loch, das langsam einsinkt, weil sein Untergrund reichlich Gips enthält, der vom Grundwasser aufgelöst und fortgeschafft wird.

Das dritte Loch ist richtig seltsam: Da geht man vom Ort Bürserberg bei Bludenz in Vorarlberg drei Stunden lang ständig bergauf und steht dann nicht auf einem Gipfel, sondern vor dem großen Kessiloch. Es ist trichterförmig, rund 100 m tief und hat oben einen Durchmesser von etwa 300 m. Selbst nach einem heißen Sommer lag bei meinem Besuch Anfang September dort unten noch Schnee vom letzten Winter. Die Wände des Trichters bestehen aus Hauptdolomit, einem Gestein aus der späten Trias-Zeit, darunter liegen gipsreiche Raibler Schichten aus der Mitteltrias-Zeit. Der Gips ist die eigentliche Ursache für das Loch, denn er wurde im Untergrund vom Wasser weggelöst, woraufhin der darüberliegende Hauptdolomit einbrach.

Einbruchdoline nennt es die Geologie, wenn an der Erdoberfläche eine trichter- oder wannenförmige Einsenkung durch den Zusammenbruch eines unterirdischen Hohlraums entsteht. Viel häufiger als Einbruchdolinen kommen Lösungsdolinen vor, die sich durch die Auflösung wasserlöslichen Gesteins an der Oberfläche von Karstlandschaften bilden. Da Salz oder Gips eher selten vorkommen, ist der Großteil der Karstlandschaften auf von Kalk und Dolomit aufgebaute Gegenden beschränkt. Global gesehen sind auch solche Gebiete nicht so häufig. Sie machen nur etwa 3 % der Landoberfläche der Erde aus. Nicht so in den Ostalpen, die zu mehr als einem Fünftel aus solchen Karbonatgesteinen aufgebaut werden.

Karstlandschaften werden durch das Niederschlagswasser modelliert, das neben den Dolinen auch noch eine Vielzahl anderer Erosionsformen an der Geländeoberfläche und im Untergrund schafft. Zu viele, um hier darauf näher einzugehen. Als eine der häufigsten Formen werden nur noch die Karren erwähnt, von denen allein es viele verschiedene Typen gibt. Meist sind es flache Rillen oder tiefere Rinnen, die das ablaufende Regenwasser auf steil geneigten Felsoberflächen erzeugt. Auf flachen geneigten Oberflächen können dabei auch sogenannte Trittkarren entstehen, die an Schuhabdrücke im Schnee erinnern.

Die spektakulärsten Karstlandschaften der Ostalpen sind die großen Kalkplateaus, die sich manchmal über Hunderte Quadratkilometer ausdehnen. Schaurige Namen wie Totes Gebirge, Höllengebirge oder Gottesackerplateau spiegeln das wild zerklüftete und schroffe Erscheinungsbild dieser weitgehend vegetationsfreien Hochgebirge wider.

Apropos Karst

Manche ostalpinen Einheiten waren mehrfach und zu unterschiedlichen Zeiten von Verkarstung betroffen. Beispielsweise lassen sich in den Gesteinen der heutigen Nördlichen Kalkalpen an wenigen Stellen noch Karsterscheinungen aus der späten Trias-Zeit und der mittleren Kreide-Zeit nachweisen. Zu diesen Zeiten herrschte im Gebiet der künftigen Ostalpen feuchtheißes tropisches Klima. Wie in den heutigen Tropen bildeten große Regenmengen und hohe Temperaturen ideale Voraussetzungen für die intensive Korrosion von Kalk. In Karsthohlräumen haben sich Überreste fossiler tropischer Böden erhalten, die wegen ihres Metallgehalts sogar als Erz (Limonit und Bauxit) abgebaut wurden.

Wie in Teil 3 dieses Buches ausführlich dargestellt wurde, lag über den späteren Nördlichen Kalkalpen bis in die mittlere Eozän-Zeit ein über 1.000 m tiefes Meer. Anschließend wurden Teile der Nördlichen Kalkalpen kurzzeitig über den Meeresspiegel gehoben und abgetragen, bevor in der späten Eozän-Zeit und frühen Oligozän-Zeit wieder weitgehende Meeresbedeckung herrschte. Erst ab der späten Oligozän-Zeit lagen die Nördlichen Kalkalpen endgültig über dem Meeresspiegel und die Abtragung setzte massiv ein. Diese musste zuerst 2–3 km dicke, sandige und tonige Sedimente der Gosau- und Inntal-Gruppe entfernen, bevor die darunterliegenden Karbonatgesteine von der Erosion angegriffen werden konnten. Daher kann davon ausgegangen werden, dass die intensive Verkarstung dieser Gesteine nicht vor der Miozän-Zeit einsetzte.

Große Teile dieser miozänen und pliozänen Karstlandschaften wurden durch die intensive Erosionstätigkeit der pleistozänen Gletscher vernichtet. Doch auch dort, wo die Gletschererosion nicht wirksam war, gibt es bis heute keine Methode, das Alter von Karstformen zu bestimmen. Genauso kann nur vermutet werden, dass ein Teil der etwa 16.000 bisher entdeckten ostalpinen Höhlen schon lange vor der Pleistozän-Zeit entstanden ist. Hieb- und stichfeste Beweise für diese Vermutung gibt es nicht. Es wurden bisher in den Höhlen auch keinerlei vorpleistozäne Fossilien gefunden.

Im Ortsgebiet von Alland in den niederösterreichischen Kalkalpen befindet sich das Naturdenkmal Nagelberg. In Spalten des in der Kreide-Zeit verkarsteten grauen Trias-Kalks ist dunkelroter Bauxit zu sehen.

Rinnenkarren im Dachsteinkalk des Toten Gebirges.

Tritt- und Rinnenkarren am Karstlehrpfad auf dem Dachsteinplateau.

Blick vom Polster auf das westliche Hochschwabmassiv in der Steiermark. Graue Kalke, die vorwiegend in der Mitteltrias-Zeit in einem flachen tropischen Meer entstanden sind, bilden die Gipfel und steilen Felswände. Darunter liegen wasserundurchlässige tonreiche Schichten aus der frühen Trias-Zeit. Sie stauen das durch die verkarsteten Kalke zufließende Wasser.

Wasserwege

Auch wenn sie nicht in Höhlen herumkriechen oder endlose Wanderungen über kahle Felsplateaus machen, so kommen doch viele Bewohner des Ostalpenraums täglich mit dem Karst in Körperkontakt. Schließlich stammt ungefähr die Hälfte des österreichischen Leitungswassers aus Karstgebieten und bringt von dort die Berge ins Haus, wenngleich nur in winzigster Dosierung. Kalk wird von chemisch reinem Wasser kaum auflöst. Das ändert sich, sobald Kohlenstoffdioxid ins Spiel kommt, das mit dem Wasser zu Kohlensäure reagiert, wodurch die Löslichkeit von Kalk bis zum Hundertfachen erhöht werden kann. Das Kohlenstoffdioxid wird vom Regen aus der Luft aufgenommen, in viel größerem Maß aber aus dem Boden, wo Bakterien- und Pflanzenaktivität dieses Gas produzieren. Aber selbst mit reichlich Kohlenstoffdioxid liegt die Konzentration von gelöstem Kalk nur bei höchstens 1,4 g pro Liter, sehr wenig im Vergleich zu den 360 g Kochsalz, die in einem Liter Wasser gelöst werden können.

In Deutschland und Österreich wird der Anteil von im Wasser gelösten Stoffen mit Härtegraden angegeben. Ein Grad deutscher Härte bedeutet, dass in einem Liter Wasser etwa 18 mg mineralischer Verbindungen gelöst sind. Das Münchner Leitungswasser enthält durchschnittlich rund 300 mg gelöster Stoffe, was knapp über 16 Grad deutscher Härte entspricht. Der durchschnittliche Wert des Wiener Leitungswassers ist nur etwa halb so hoch. Dass in München das Wasser hart ist und in Wien weich, hängt mit dem unterschiedlichen geologischen Aufbau der Quellgebiete zusammen.

Die Lebensadern beider Städte sind die bis zu 200 km langen Rohrleitungen, mit denen der Großteil

Die Grenzfläche zwischen Kalken und Tonsteinen ist nach Norden geneigt, daher fließt das Karstwasser unterirdisch in diese Richtung ab und tritt am Nordrand des Hochschwabmassivs in üppig sprudelnden Quellen aus. Ein Teil ihres Wassers wird seit 1910 in die II. Wiener Hochquellen-Wasserleitung eingespeist und vom Ort Wildalpen 200 km weit nach Wien transportiert.

des Trinkwassers aus dem Süden herangeschafft wird. Für die Münchner wird das Grundwasser pleistozäner Schotter im Mangbachtal bei Tegernsee und im Loisachtal bei Garmisch-Partenkirchen angezapft, während die Wiener das Wasser aus Karstquellen in den niederösterreichischen und steirischen Kalkalpen trinken. Einmal Grundwasser, einmal Karstwasser. Das macht den Unterschied, denn das Karstwasser stammt aus hochgelegenen Einzugsgebieten, wo es kaum Vegetation und Böden gibt, sondern nackter Fels die Geländeoberfläche bildet. Das dort versickernde Wasser enthält nur das Kohlenstoffdioxid aus der Luft, aber keines aus dem Boden, daher ist es wenig aggressiv. Dennoch ist wegen der großen Wassermenge der Anteil an gelöstem Kalk beachtlich. Allein in den 75 Milliarden Litern Wasser, die von der II. Wiener Hochquellenleitung vom Hochschwab jährlich nach Wien geliefert werden, sind rund 12.000 t Kalk gelöst! In der gleichen Menge Münchner Wasser ist etwa doppelt so viel Kalk drin, weil über dem Schotter und Sand des bayerischen Alpenvorlands Bodenschichten liegen, aus denen das einsickernde Wasser reichlich Kohlenstoffdioxid aufnehmen kann. Die entstehende Kohlensäure ätzt kalkige Sand- und Schotterkomponenten an und bringt so Kalk in Lösung.

Egal, ob München oder Wien. Egal, ob Porengrundwasser oder Karstwasser. Fast überall im Ostalpenraum ist das Leitungswasser billig, hygienisch einwandfrei und schmeckt dazu noch köstlich. Es bleibt ein unerklärliches Phänomen und spricht gegen die „Weisheit“ des *Homo sapiens,* dass in den Supermärkten dennoch Millionen Plastikflaschen mit fadem abgestandenem Wasser teuer gekauft werden.

Überall in den Ostalpen haben die gewaltigen pleistozänen Gletscher ihre Spuren hinterlassen, wie hier das Becken des Hallstätter Sees, das der Traun-Gletscher aus dem Fels hobelte. Noch vor 20.000 Jahren lag hier eine mehrere Hundert Meter

dicke Eismasse, die nach Norden bis Gmunden reichte. Blick vom Aussichtspunkt auf dem Hohen Krippenstein (2.108 m) nach Nordwesten auf Hallstatt (links) und Obertraun (rechts) in Oberösterreich.

Blick nach Süden aus der Nähe der Jamtalhütte, wo sich der Gletscherrand vor 140 Jahren befand, auf den heutigen Gletscher.

Der Gletscherrand des Jamtalferners im Juli 2022.

So ändern sich die Zeiten

„Spätestens seit 1960 wächst bei Meteorologen und Klimaforschern die Überzeugung, dass etwas faul ist im umfassenden System des Weltwetters: Das irdische Klima, glauben sie, sei im Begriff umzuschlagen…“
Mit derartig alarmierenden Nachrichten schreckte im August 1974 nicht nur das Magazin „Der Spiegel“ seine Leserschaft auf. Die Schlagzeilen könnten genauso gut aus einer aktuellen Zeitung stammen. Allerdings wurde vor gut 50 Jahren die Angst nicht durch die Klimaerwärmung geschürt, sondern nach mehreren aufeinanderfolgenden scheußlich kalten und verregneten Sommern befürchtete man den Beginn einer neuen Eiszeit oder zumindest einen ähnlich starken Gletschervorstoß, wie er zuletzt zwischen dem 16. und der Mitte des 19. Jahrhunderts stattgefunden hatte. Die damalige Abkühlung des Klimas wird als „Kleine Eiszeit“ bezeichnet und führte dazu, dass in höhergelegenen Alpenregionen Gehöfte, Almen und Bergwerke (s. S. 204) aufgegeben werden mussten. Diese Auswirkungen des Klimawandels spiegeln sich höchstwahrscheinlich auch in so mancher Sage aus dem Alpenraum wider.

Tiefgekühlte Sennerinnen?

Wenn dralle Sennerinnen in Milch baden, weil sie aussehen wollen wie blutarme Gräfinnen, kann das kein gutes Ende nehmen. Davon erzählt die Sage von der „Übergossenen Alm“, des Gletschers am Hochkönig (2.941 m) in den Salzburger Kalkalpen. Einst sollen sich auf dem Hochkönig ertragreiche Almen befunden haben. Milch und Käse machten die Sennerinnen reich und das Geld verdarb ihren Charakter. Sie führten ein richtiges Lotterleben, mit allem, was dazugehört: Jede Menge Wein und stramme Jägersburschen dienten ihrem Vergnügen. So was kann ein lieber Gott nicht einfach hinnehmen. Er beendete die Almgaudi mit einem zünftigen Schneesturm, der die üppigen Almen mitsamt den nicht weniger üppigen Sennerinnen unter einer dicken Schneeschicht begrub, aus der sich dann der Gletscher entwickelte. Mittlerweile ist dieser fast schon Geschichte, doch tiefgefrorene Sennerinnen kamen unter dem weggetauten Eis nicht zum Vorschein. Eigentlich schade, denn sie hätten dem „Frozen Fritz“ Gesellschaft leisten können.

Frozen Fritz

Ungefähr zwischen 7.000 und 5.000 Jahren vor heute war das Klima im Alpenraum wärmer als es gegenwärtig ist. Eindeutige Belege für dieses holozäne Klimaoptimum sind von den nun abschmelzenden Gletschern freigegebene Baumstämme. Sie zeigen, dass sich aufgrund der höheren Atmosphärentemperatur die Waldgrenze in den Ostalpen nach oben verschoben hatte. Die ostalpinen Gletscher waren damals vermutlich völlig dem Klimawandel zum Opfer gefallen. Aber nicht nur Baumstämme gelangen durch die Gletscherschmelze wieder ans Tageslicht. Die Sensation im Jahr 1991 war der Fund einer Gletschermumie in 3.200 m Höhe an der italienisch-österreichischen Grenze. Für den 5.300 Jahre alten „Mann vom Tisenjoch“ hat sich der Kosename „Ötzi“ eingebürgert, auf Englisch auch die etwas respektlose Bezeichnung Frozen Fritz. Ausgestellt ist die Mumie im Südtiroler Archäologiemuseum in Bozen.

Als Ötzi vermutlich an den Folgen eines Pfeilschusses starb, waren die Gletscher schon wieder auf dem Vormarsch, und so konnten seine sterblichen

Eisschmelze am Jamtalferner.

Blick nach Norden auf die Jamtalhütte (2.165 m) und das Jamtal, das vor 20.000 Jahren mit Eis erfüllt war.

Überreste im Eis konserviert die Jahrtausende überdauern. Weil die Leiche in einer Bodenmulde lag, wurde sie durch die Bewegung des Eises nicht zerstört. Ob Ötzi tatsächlich im Eis starb oder er erst nach seinem Tod vom Eis eingeschlossen wurde, kann nicht mehr geklärt werden, weil das umgebende Eis nicht datiert wurde und inzwischen geschmolzen ist. Zwölf Kilometer vom Ötzi-Fundort entfernt hat sich jedoch auf der 3.518 m hohe Weißseespitze ein Gletscherrest bis heute erhalten. Für seine ältesten Anteile konnten von Pascal Bohleber und seinem Team vom interdisziplinären Institut für Gletscherforschung in Innsbruck ein Alter von etwa 5.900 Jahren festgestellt werden. Etwa zu dieser Zeit begannen die Gletscher wieder zu wachsen. Bis sie zu der Höhe hinuntergewandert waren, wo Ötzi sein Leben aushauchte, vergingen noch einige Jahrhunderte.

Jamtalferner

So wenig wie wir die Auslöser für das holozäne Klimaoptimum kennen, kennen wir auch nicht die Gründe für die Kleine Eiszeit, in der man in den Alpentälern für den Rückzug der Gletscher betete. Heute kann man zynisch sagen: Die frommen Gebete wurden erhört, denn mit den Gletschern geht es rapid zu Ende. Das zeigt sich eindringlich beim Besuch des Jamtalferners im Nordtiroler Teil der Silvrettagruppe. An einem heißen Julitag des Jahres 2022 brachte mich das Wandertaxi von Galtür im Tiroler Paznauntal hinauf zur Jamtal-Hütte (2.165 m), die vor 140 Jahren am Gletscherrand erbaut worden war. Damals war der Gletscher ungefähr drei Mal so groß wie heute. Jetzt ist bei der Hütte vom Gletscher weit und breit nichts mehr zu sehen. Es braucht schon eine mehr als einstündige Wanderung, um zum Jamtalferner vorzustoßen. Der Weg führt durch Moränenfelder, durch die ein Schmelzwasserbach fließt, der in der Mittagssonne zu einem reißenden Fluss anschwillt. Der Gletscher geht im wahrsten Sinn des Wortes den Bach hinunter.

Entlang des Wegs ist mit Signalfarbe auf großen Steinen die Position früherer Gletscherstände markiert. Der Stein mit der Aufschrift 1990 liegt jetzt ungefähr 700 m vom Eisrand entfernt, und seit 2015 hat der Gletscher 80 m Länge eingebüßt. Der Jamtalferner ist nur mehr ein Schatten seiner selbst, obwohl er mit einer aktuellen Fläche von etwa 2 km² und einer maximalen Eisdicke von 60 m noch zu den größten Gletschern der Ostalpen zählt. Trotzdem wird er in spätestens einem Jahrzehnt Geschichte sein, wenn das Klima so warm bleibt wie in den letzten Jahrzehnten.

Beim Wandern durch die Moränenfelder herrschte bis auf das verschwommene Rauschen des Gletscherbachs völlige Stille. Ganz anders am Gletscherrand. Dort umfängt uns eine frappierende, fast schon gespenstisch anmutende Unruhe: Überall tropft, gluckst und plätschert es, in einer kleinen Eishöhle rauscht das Schmelzwasser als armdicker Wasserfall herab und dauernd sind die Geräusche kollernder und aufschlagender Steine zu hören, die auf der Gletscheroberfläche durch das Abschmelzen des Eises in Bewegung geraten sind. Es sind die letzten Zuckungen eines sterbenden Gletschers, die wir hier hören und sehen.

Am Weg zurück zur Hütte, beim Abstieg durch die Moränen längst verschwundener Gletscher, geht mein Blick durch das Tal hinaus, das noch vor

20.000 Jahren mit einer 12 km langen und 400 m dicken Gletscherzunge ausgefüllt war, die sich am Talausgang mit dem großen Paznaun-Gletscher vereinigte, der wieder in den gewaltigen Inn-Gletscher mündete. Der Inn-Gletscher reichte von den Zentralschweizer Alpen bis weit hinaus in das bayerische Alpenvorland. Dieser riesige Eispanzer schmolz innerhalb weniger Jahrhunderte fast vollständig, ohne dass wir wissen, was die Ursache für die Klimaerwärmung vor 19.000 Jahren war, der größten klimatischen Veränderung, mit der der *Homo sapiens* in seiner bisherigen Geschichte konfrontiert gewesen ist.

Frost

Außer den vergletscherten (glazialen) Bereichen gibt es in den heutigen Ostalpen in Höhen ab etwa 2.000 m auch die sogenannten periglazialen Gebiete, in denen Frost bei der Entstehung des Landschaftsbilds eine wichtige Rolle spielt. Ein Beispiel für periglaziale Geländeformen sind Bültenböden. Sie entstehen, wenn Frost tief in einen stark durchfeuchteten Boden eindringt und das im Boden gespeicherte Wasser gefriert. Dabei nimmt sein Volumen zu und es entstehen Linsen aus Bodeneis, deren Form sich bis an die Oberfläche durchpausen kann. Diese Frosthebung der Böden erzeugt eine Geländeoberfläche, die übersät ist mit bis zu halbmeterhohen Buckeln, sogenannten Bülten. Diese bilden sich nur auf ebenen oder schwach geneigten Flächen und sind mit einer geschlossenen Pflanzendecke aus Moosen, Flechten, Gräsern und Zwergsträuchern bewachsen. Der auf dem Foto gezeigte Bültenboden liegt in etwa 2.000 m Seehöhe südlich des Ladinger Spitzes auf der Saualpe in Kärnten.

Bültenboden auf der Saualpe (Kärnten).

Das letzte Kapitel

Zum Abschluss noch ein kurzer Blick auf die Gegenwart und welche Erwartungen wir in die Zukunft haben dürfen. Wird sie rosig oder grau?

Die gute Nachricht

Hierzulande sind sterbende Alpengletscher und schrumpfende Periglazialgebiete zu Symbolen für den Klimawandel geworden. Um den Wandel zu erkennen, braucht es einen Bezugspunkt in der Vergangenheit, mit dem die gegenwärtige Situation verglichen wird. Der Rückgang der Gletscher seit dem vorindustriellen Zeitalter wird meist anhand des Gletschervorstoßes der „Kleinen Eiszeit" in der Mitte des 19. Jahrhunderts demonstriert, der die Menschen in Angst und Schrecken versetzte. Genauso gut könnte man aber auch die mittelalterliche Warmzeit vor der „Kleinen Eiszeit" oder gar das holozäne Klimaoptimum zur Zeit Ötzis als vorindustriellen Standard definieren. Dann gibt die Größe der heutigen Alpengletscher keinen Anlass zur Sorge.

Betrachten wir nicht nur das Klima in den letzten 250 Jahren, sondern während der letzten 250 Millionen Jahre, steht außer Zweifel, dass wir derzeit noch immer in einem „Kühlhaus" Erde leben. Eindrücklich bezeugen das die antarktischen und grönländischen Eisschilde, deren Entwicklung erst vor etwa 35 bzw. 18 Millionen Jahren eingesetzt hat. Davor gab es mehr als 200 Millionen Jahre lang keine oder bestenfalls sehr kleine Inlandvereisungen, und es herrschte ein „Treibhausklima" mit höheren Atmosphärentemperaturen als gegenwärtig. Für die Erde waren diese Treibhausbedingungen keine Katastrophe, sondern über Hunderte Millionen Jahre hinweg der Normalzustand. Geologisch gesehen ist die derzeitige Klimaerwärmung daher nicht ungewöhnlich und von dem in den Medien viel beschworenen Weltuntergang kann keine Rede sein. Das ist die gute Nachricht, es gibt aber auch eine schlechte.

Die schlechte Nachricht

Die schlechte Nachricht betrifft uns selbst. Unsere Art *Homo sapiens* hat sich erst in der Pleistozän-Zeit entwickelt, und die damals herrschenden Kühlhaus-Bedingungen bescherten ihr ein Wohlfühlklima. Durch die Klimaerwärmung könnten große Teile der Erde für uns unbewohnbar werden und es ist ungewiss, ob wir als Art überleben können, wenn sich die Erde wieder in ein Treibhaus verwandelt. Früher oder später wird das sicher geschehen, doch sollten wir diesen Zustand nicht mutwillig selbst herbeiführen. Das tun wir gerade, indem wir in die Atmosphäre riesige Mengen Treibhausgase entlassen, obwohl seit mehr als 120 Jahren bekannt ist (s. S. 151), dass dadurch die Atmosphäre aufgeheizt wird.

Selbst 2021, während der Beschränkungen der Corona-Pandemie, ist nach den vom Weltklimarat veröffentlichten Zahlen (www.ipcc.ch) der Ausstoß von Treibhausgasen auf ein Allzeithoch geklettert. Und er wird weiter steigen, denn im März 2022 waren weltweit so viele Gas- und Kohlekraftwerke in Bau oder Planung, dass diese Sparten der Energieerzeugung in den nächsten Jahren um etwa ein Drittel wachsen werden (www.globalenergymonitor.org). Auch beim Verkehr, der anderen großen Dreckschleuder, ist keine Reduzierung in Sicht. Nur ein Beispiel: Die Statistik des deutschen Umweltbundesamts (www.umweltbundesamt.de) weist für 2022 in Deutschland ein Rekordhoch von 48,5 Millionen zugelassenen PKW aus, um 5 Millionen mehr als ein Jahrzehnt zuvor. Von einer Trendwende ist beim besten Willen nichts zu erkennen. Als kleinen Hoffnungsschimmer kann man die jungen Menschen sehen, die gegen den Autoverkehr protestieren und sich sogar an den Straßen festkleben, weil sie erkannt haben, dass es hirnrissig ist, wenn sich Personen in einer 2.000 kg schweren Blechkiste durch die Gegend bewegen. Egal ob diese Autos mit Benzin oder Strom fahren, ihre Herstellung und ihr Betrieb ist in jedem Fall eine unglaubliche Vergeudung von Energie und Rohstoffen und hat verheerende Folgen für die Umwelt.

Klimaschutz auf Kosten des Naturschutzes

Die oben genannten Zahlen entlarven die Beteuerungen der Politik zum Klimaschutz als realitätsfernes Wunschdenken. Auch in den nächsten Jahrzehnten wird der Ausstoß von Treibhausgasen um Milliarden Tonnen ansteigen und das hat vor allem zwei Ursachen: zum einen die Bevölkerungsexplosion, zum andern die infantile Konsumseligkeit der reichen Länder.

Jährlich wächst die Weltbevölkerung um etwa 80 Millionen Menschen, also um eine Zahl, die der Bevölkerung Deutschlands entspricht. Lebten in meinem Geburtsjahr 1960 noch 3 Milliarden Menschen auf der Erde, sind es gegenwärtig 8 Milliarden und bis zum Ende meiner statistischen Lebenserwartung im Jahr 2038 werden es schon 9 Milliarden sein. Innerhalb der durchschnittlichen Dauer eines Menschenlebens wird sich die Weltbevölkerung verdreifacht haben! Niemand kann bezweifeln, dass die Bedürfnisse und Ansprüche einer derartig riesigen Zahl großer Säugetiere die Umwelt zerstören und für andere Arten unbewohnbar machen. Die Treibhausgase sind dabei nur ein kleiner Teil der Misere, nicht minder bedrohlich sind die riesigen Mengen sonstigen Abfalls, die Zerstörung der Biodiversität, die Vernichtung von Lebensräumen, die Zersiedelung der Landschaft und die Bodenversiegelung. Anders als noch vor 40 Jahren redet aber heute kaum noch jemand von der Bevölkerungsexplosion. Es scheint, dass die Politik vor diesem Problem längst resigniert hat.

Das zweite Grundübel ist die nach dem 2. Weltkrieg entstandene Konsumgesellschaft in den reichen Ländern. Konsum als Selbstzweck ist der Motor unserer Wirtschaft und unseres Wohlstands, der auf ständigem Wirtschaftswachstum beruht. Jeder weiß, dass auf begrenztem Raum kein unbegrenztes Wachstum möglich ist, trotzdem verhalten wir uns so, als gäbe es kein Morgen. Bei diesem verschwenderischen Wirtschaftsmodell gibt es keine Nachhaltigkeit, auch wenn das von Fabrikanten und Politikern gern behauptet wird. Die Nachhaltigkeit, die diese meinen, ist der Fortbestand des gewohnten Lebensstils. Daher wurden bisher nicht einmal so einfache Maßnahmen wie die Einführung von Geschwindigkeitsbeschränkungen für Autos durchgesetzt. Stattdessen wird sogenannter Klimaschutz auf Kosten des eigentlichen Naturschutzes betrieben!

Mit Grausen las ich am 31.10.2022 in einer Presseaussendung der „Grünen" die Pläne der neu bestellten Salzburger Parteivorsitzenden: *„Seit Jahrzehnten bauen wir Seilbahnanlagen und Speicherseen im hochalpinen Gelände und sehen das als Selbstverständlichkeit. Mit der gleichen Selbstverständlichkeit werden wir uns in Zukunft an Windräder gewöhnen."* Von einer Grün-Politikerin würde man nicht erwarten, dass sie die Zerstörung alpiner Landschaften als Selbstverständlichkeit hinnimmt, weder durch Lift- und Seilbahnanlagen, die sich wie metastasierende Krebsgeschwüre immer weiter in die Landschaft fressen, noch durch Kraftwerksbauten. Stattdessen könnten wir uns die naheliegende Frage stellen, ob der Betrieb von Seilbahnen wirklich notwendig ist und ob es nicht wahnsinnig ist, jeden Winter allein in Österreich mit 30.000 Schneekanonen den jährlichen Strombedarf von 60.000 Haushalten zu verpulvern. Aber auch dieser Wahnsinn lässt sich noch steigern, wenn nämlich für den Betrieb der Schneekanonen Windkraftwerke gebaut werden, mit denen die durch den Tourismus ohnehin schon arg gebeutelten alpinen Lebensräume noch weiter ruiniert werden. Und das nur, damit der Spaßgesellschaft nicht langweilig wird!

Was bringt die Zukunft?

Bisher schauten wir in diesem Buch zurück in die Vergangenheit, mit Hilfe der oben aufgezeigten Entwicklung wagen wir einen Blick in die Zukunft: Die Weltbevölkerung wird in den nächsten Jahrzehnten weiterwachsen und die letzten naturbelassenen Gebiete zerstören. Gleichzeitig wird die Klimaerwärmung Teile der Landoberfläche für den Menschen unbewohnbar machen. In fernerer Zukunft könnten das eisfrei gewordene Grönland und die Antarktis als neue Siedlungsräume zur Verfügung stehen, vorher aber wird durch das Abschmelzen des Polareises der Meeresspiegel um ungefähr 60 m ansteigen. Die meisten Siedlungen entlang der heutigen Küsten werden dadurch unbewohnbar und ganze Staaten wie die Niederlande, Bangladesch oder Florida verschwinden im Meer. In den dramatisch geschrumpften Landgebieten machen sich Milliarden von Menschen auf die Suche nach neuen Siedlungsräumen. Man braucht kein Prophet zu sein, um vorauszusehen, dass diese weltweite Völkerwanderung zu verheerenden Kämpfen um das verbliebene Land, fruchtbare Böden und Trinkwasser führen wird. Durchaus fraglich, ob die Menschheit die ökologische Krise und die dadurch ausgelösten Kriege überlebt.

Schon in wenigen Jahrzehnten oder Jahrhunderten, geologisch gesehen innerhalb eines Wimpernschlags, wird die Erde eine völlig andere sein als heute. Bricht damit ein neues Zeitalter an, das Anthropozän? Aufgebracht hat den Begriff vor etwa 20 Jahren der niederländische Chemiker Paul Crutzen. Doch schon lange vorher hat man erkannt, dass der Mensch zu einem geologischen Faktor geworden ist. So schreibt etwa der deutsche Geologe Hans Cloos in seinem 1947 erschienenen Buch „Gespräch mit der Erde": *„In dem Augenblick aber, in dem derselbe Mensch wirksam und folgenschwer in die Gestaltung der Erde selber einbricht, erlischt ihre Gesetzlichkeit, erlischt sie mindestens für ihre oberen, von außen zugänglichen und abhängigen Bereiche. Es zerbricht die bisher niemals durchlöcherte Mauer zwischen der Erd- und der Weltgeschichte."* Cloos spricht sehr konsequent davon, dass damit die „Menschenzeit" auf der Erde begonnen habe.

Anthropozän – nein danke!

Dass derzeit auf der Erde gewaltige ökologische Veränderungen stattfinden, ist unbestritten. Vorgänge, die innerhalb von wenigen Jahrzehnten, Jahrhunderten oder auch Jahrtausenden ablaufen, sind nach den Dimensionen der Erdgeschichte aber kein neues Zeitalter, sondern in der Sprache der Geologie hat sich dafür der englische Begriff „Event" eingebürgert. So bezeichnet auch die hochrangige internationale Geologengruppe um den in Cambridge lehrenden Forscher Philip Gibbard die gegenwärtige Situation. Eine andere Gruppe um den ebenfalls in England lebenden Jan Zalasiewicz möchte dagegen unbedingt das Anthropozän als neues Zeitalter etablieren. Dem ist entgegenzuhalten, dass es nicht möglich ist, im Vorhinein ein Zeitalter zu definieren, von dem niemand weiß, wie es ablaufen wird. Seltsam mutet auch an, dass das neue Zeitalter ausgerechnet Anthropozän heißen soll, obwohl mehr als fraglich ist, ob die Menschen darin noch eine wichtige Rolle spielen werden. Diese schon in der Bibel vertretene anthropozentrische Weltsicht ist ein Rückfall in längst vergangene Zeiten, so als hätte es die naturwissenschaftliche Forschung der letzten zweihundert Jahre nicht gegeben.

Das Bachfeld nördlich von Gänserndorf im Weinviertel, eine der Energieversorgung geopferte Landschaft.

Foto: Friedl Nussbaumer

Hans Egger

wurde 1960 in Elsbethen bei Salzburg geboren und beschäftigt sich seit mehr als 40 Jahren mit der Geologie der Ostalpen. Nach dem Abschluss des Studiums der Geologie und Paläontologie an der Universität Salzburg und beruflichen Aufenthalten in Ägypten und Bulgarien begann er 1990 seine Arbeit an der Geologischen Bundesanstalt in Wien, der er schon seit 1981 als freier Mitarbeiter angehörte. Seine Arbeitsschwerpunkte waren die geologische Kartierung großer Teile der nördlichen Ostalpen und die zeitliche Einstufung der dortigen Gesteine mit Nannofossilien. Später leitete er viele Jahre die Abteilung für Paläontologie und Stratigraphie. In mehreren Büchern und rund 200 weiteren Publikationen in Fachzeitschriften und Massenmedien sind die Ergebnisse seiner wissenschaftlichen Tätigkeit auch einer breiteren Öffentlichkeit zugänglich gemacht. Bisher im Verlag Anton Pustet erschienen: „Lebensräume – Ausflüge in die Erdgeschichte von Salzburg und Oberbayern", „Habitats – Excursions into the Earth History of Salzburg and Upper Bavaria" und „Bunte Steine – Ausflüge in die Erdgeschichte zwischen Ybbs- und Trauntal".

Danksagung

Dieses Buch hat eine so lange Entstehungsgeschichte, dass man beinahe von geologischen Zeiträumen sprechen könnte. Erst im Lauf vieler Jahre nahm das Manuskript nach und nach Form an. Entscheidend daran beteiligt war Markus Kogler, der schon früh einzelne Teile setzte und erste Abbildungen anfertigte. Die gelungene Gesamtform des Buches ist sein Verdienst, daher wird ihm hier an erster Stelle gedankt.

Mit den ersten Entwürfen in der Tasche wurde ich beim Verlag Anton Pustet vorstellig, wo mich Gerald Klonner und Anja Zachhuber ermutigten, mit dem Projekt weiterzumachen. Als Lektorin arbeitete Anja später den ganzen Text Passage für Passage durch und gab viele Anregungen. Ihr und dem ganzen Team vom Verlag gilt mein herzlicher Dank.

Ebenso herzlich bedanke ich mich bei Anna Bieniok, die wichtige Hinweise gab und die Abbildung zahlreicher Sammlungsobjekte aus dem wunderbaren Salzburger Museum „Haus der Natur“ ermöglichte, und bei Norbert Urban, der mir Zugang zu den Sammlungen des Salzburger Erzstifts St. Peter gewährte, die er ehrenamtlich betreut und hervorragend geordnet und inventarisiert hat. Auch Björn Berning vom Schlossmuseum Linz, Robert Darga vom Museum Siegsdorf und Johannes Weidinger vom Museum Gmunden danke ich vielmals für ihre Unterstützung beim Besuch der von ihnen betreuten Sammlungen. Sebastian Krutter danke ich herzlich für die Genehmigung, mehrere Objekte aus dem Museum Burg Golling fotografieren und publizieren zu dürfen.

Für zur Verfügung gestellte Abbildungen schulde ich aufrichtigen Dank Rainer Braunstingl (Salzburg), Johanna Brückl (Wien), Andrea Ebenhöfer (Universität Innsbruck), Ludovic Ferrière (Naturhistorisches Museum Wien), Christa-Charlotte Hofmann (Universität Wien), Thomas Hofmann (Geosphere Austria), Gerhard Mandl (Wien), Franz Pichorner (Kunsthistorisches Museum Wien), Matthias Scheffer (Sölker Marmor Bergbau GmbH), Alice Schumacher (Naturhistorisches Museum Wien), Rouben Surenian (Wien), István Szente (ELTE Tata Geological Garden) und Karl Weiss (Bleiburg).

Ulrich Haas und Klaus Schwerd vom Bayerischen Landesamt für Umwelt gilt mein Dank für fachliche Diskussionen und mehrere Exkursionsführungen in den bayerischen Alpen. Für ihren fachlichen Rat danke ich Rosemarie Baron-Szabo (Smithsonian Institution), Fred Rögl (Naturhistorisches Museum Wien) und Alfred Uchman (Universität Krakau). Raimund Sulz (Wien) wird gedankt für die Übersetzung eines lateinischen Textes und die Hinweise zu dessen Herkunft. Herzlicher Dank geht an Friedl Nussbaumer (Wien) für das Porträtfoto des Autors.

Glossar

A

Ablagerung, Ablagerungsgesteine
Gesteine, die durch die Ablagerung von mineralischem oder organischem Material an der Erdoberfläche entstehen. Die Ablagerung kann durch unterschiedliche Prozesse geschehen (chemische Ausfällung; biologische Entstehung; Ablagerung durch Wasser, Eis oder Wind; Ablagerung nach Transport durch die Schwerkraft).

Abtragung
Durch Wasser, Eis, Wind oder alleine durch die Schwerkraft wird Gesteinsmaterial auf der Erdoberfläche bewegt.

Adriatische Lithosphärenplatte
Ein Mikrokontinent, der sich während der Kreide-Zeit von der Afrikanischen Lithosphärenplatte löste. Nach der Schließung des Penninischen Ozeanbeckens kollidierten die Adriatische und die Europäische Platte in der mittleren Eozän-Zeit und als Folge dieses Zusammenstoßes entstanden die Alpen.

Ammoniten
Am Ende der Kreide-Zeit ausgestorbene Verwandte der Tintenfische. Fast alle Arten dieser Meeresbewohner hatten spiralig aufgerollte Gehäuse. Das größte bisher in Österreich gefundene Ammonitengehäuse wurde in der Nähe des Pass Gschütt entdeckt und hat einen Durchmesser von knapp einem Meter.

Anhydrit
Mineral (Kalziumsulfat), das bei Verdunstung von an Kalziumsulfat übersättigtem Meerwasser bei Wassertemperaturen von mehr als 35 °C entsteht. Unter Wasseraufnahme (und Zunahme des Volumens) wird aus Anhydrit Gips.

Asche
Vulkanische Asche ist kein Verbrennungsprodukt, sondern bezeichnet feinkörnige (<2 mm) vulkanische Ablagerungen, die bei explosiven Vulkanausbrüchen ausgeworfen worden sind.

Asteroid
Kleinplaneten mit Durchmessern zwischen 1 km und 1.000 km werden als Asteroide bezeichnet. Über 600.000 solche die Sonne umkreisende Himmelskörper sind bekannt, ihre tatsächliche Anzahl ist vermutlich wesentlich größer.

Aufschluss
An der Erdoberfläche ist der Felsuntergrund oft mit Lockermaterial oder Boden bedeckt. Orte, an denen das Gestein zugänglich ist, werden Aufschlüsse genannt.

Austroalpin
Die von der Adriatischen Lithosphärenplatte stammenden alpinen Decken werden zum Austroalpin zusammengefasst. Dieses ist die oberste tektonische Großeinheit des alpinen Deckenstapels und baut den Großteil der Fläche der heutigen Ostalpen auf. Unter dem Austroalpin liegen die Decken des Penninikums und darunter die Decken des Helvetikums.

B

Bankung
Ablagerungsgesteine zeigen oft eine deutliche Unterteilung in parallele Abschnitte, die als Bänke bezeichnet werden. Eine Bank kann zwischen einem Zentimeter und mehreren Metern dick sein. Innerhalb der Bänke können oft mm-dicke Lagen auftreten, die als Schichtung bezeichnet werden. Bankung und Schichtung deuten auf Änderungen in den Ablagerungsbedingungen hin.

Basalt
Dunkelgraues bis schwarzes, feinkörniges vulkanisches Gestein. Beim Abkühlen der dünnflüssigen basaltischen Lava bilden sich durch ein regelmäßiges Muster von Schrumpfungsrissen die typischen Basaltsäulen. Basalt ist das häufigste Gestein der Erdkruste, weil es den Großteil der Ozeanböden aufbaut.

Benthos
Alle Organismen, die am Boden von Gewässern leben.

Brekzie
Gestein, das zum überwiegenden Teil aus eckigen Bruchstücken besteht.

D

Decke
Ein ausgedehnter, oft Tausende Quadratkilometer großer Gesteinskörper, der durch tektonische Kräfte kilometerweit auf andere Gesteine überschoben wurde.

Dinoflagellaten
Eine Gruppe pflanzlicher Einzeller (Algen), die vorwiegend im Meer leben und dort in den oberen Wasserschichten einen Teil des Phytoplanktons bilden.

Diskordanz
Trennfläche, die eine Sedimentationsunterbrechung innerhalb einer Gesteinsabfolge belegt. Durch Hebungen der Erdkruste oder durch eine Senkung des Meeresspiegels setzte die Sedimentation aus, gleichzeitig kam es oft zur Abtragung vorher gebildeter Sedimente.

Dolomitstein
Eine Mischung aus Kalzium- und Magnesium-Karbonat.

Dünnschliff
Wenige Hundertstel Millimeter dickes, lichtdurchlässiges Gesteinsplättchen, mit dem der Gesteinsaufbau unter dem Mikroskop analysiert wird.

E

Erdfall
Einsturztrichter an der Erdoberfläche, der durch das Einbrechen eines Hohlraumes im Untergrund entstanden ist.

Erdkruste
Es gibt zwei unterschiedliche Erdkrustentypen. Im Bereich der Ozeanbecken ist die Erdkruste zwischen 5 und 7 km dick und zeigt vorwiegend basaltische Zusammensetzung. Im Bereich der Kontinente ist sie zwischen 30 und 60 km dick und zeigt granitische Zusammensetzung.

Erosion
s. Abtragung

Eruption
Je nach der chemischen Zusammensetzung und dem Gasgehalt des Magmas gibt es verschiedene Arten vulkanischer Eruptionen. Bei effusiven Eruptionen fließt dünnflüssige Lava aus dem Eruptionszentrum. Bei explosiven Eruptionen ist die Lava zähflüssig und hat einen hohen Gasgehalt, der sich durch die plötzliche Druckentlastung stark ausdehnt (ähnlich wie beim Öffnen einer Flasche Sekt der Gasdruck zuerst den gelockerten Korken aus dem Flaschenhals schießt und danach eine Sektfontäne „eruptiert"). Besonders heftige Ausbrüche entstehen, wenn Grundwasser mit dem heißen Magma in Kontakt kommt und schlagartig verdampft.

Exotischer Block
Fremdartig in Bezug auf die Gesteine der Umgebung.

F

Fenster
Tektonische Fenster sind Öffnungen oder Lücken in einer Decke. Innerhalb des Fensters sind von der Decke überschobene Gesteine aufgeschlossen.

Flysch
Historische Bezeichnung für mächtige Turbiditabfolgen. Da es keine gültige Definition des Begriffs gibt, sollte er besser nur im historischen Zusammenhang verwendet werden.

Foraminiferen
Tierische Einzeller, die fast ausschließlich im Meer vorkommen, wo sie sowohl als Benthos am Meeresboden als auch als Plankton in der Wassersäule leben können.

Formation
Eine definierte Gesteinsabfolge, die im Gelände gut erkennbar und verfolgbar ist. Eine Formation sollte solche Ausmaße haben, dass sie zumindest auf einer Karte im Maßstab 1:10.000 darstellbar ist. Formationen können weiter in Sub-Formationen unterteilt sein.

Fossilien
Belege für Leben in der Erdgeschichte vor dem Holozän. Körperfossilien sind die Überreste von Lebewesen, Spurenfossilien entstanden durch die Tätigkeiten von Lebewesen. Der Größe nach kann zwischen Makrofossilien (mit freiem Auge sichtbar), Mikrofossilien (mit einer starken Lupe erkennbar) und Nannofossilien (bei starker Vergrößerung im Lichtmikroskop erkennbar) unterschieden werden.

G

Gips
Mineral (wasserhaltiges Kalziumsulfat), das bei Verdunstung von an Kalziumsulfat übersättigtem Meerwasser entsteht, wenn die Wassertemperatur weniger als 35 °C beträgt.

Gleitscholle
Gesteinskörper, der auf einem untermeerischen Hang abrutscht. Die größte Gleitscholle in den Ostalpen ist ungefähr 100 km² groß und bewegte sich in der späten Jura-Zeit. Sie baut heute das Gebiet des Hohen Raschbergs zwischen Bad Goisern und Altaussee auf.

Gneis
Hochmetamorphes Gestein mit einer deutlichen Bänderung, die durch die parallele Ausrichtung der Minerale entsteht. Dadurch zerbrechen Gneise bevorzugt in zentimeter- bis dezimeterdicke Platten. Ausgangsmaterial für einen Gneis können sowohl magmatische Gesteine (Orthogneis) als auch Sedimentgesteine sein (Paragneis).

Granit
Gestein, das in der Erdkruste durch das langsame Abkühlen und Erstarren einer Gesteinsschmelze (Magma) gebildet wird. Hauptbestandteile eines Granits sind die Minerale Quarz, Feldspat und Glimmer.

Grauwackenzone
Die zum Austroalpin gehörende Grauwackenzone besteht aus altpaläozoischen Vulkan- und Sedimentgesteinen. Während der Variszischen Gebirgsbildung in der Karbon-Zeit wurden sie deformiert und waren längere Zeit der Abtragung ausgesetzt. Ab der Perm-Zeit begann auf dieser Geländeoberfläche die Ablagerung der basalen Schichten der Nördlichen Kalkalpen.

H

Helvetikum
Tektonische Decken, die nach der Schließung des Penninischen Ozeans im Bereich des ehemaligen Schelfmeeres am europäischen Kontinentalrand abgeschert wurden. Die in den helvetischen Decken auftretenden Gesteine wurden zwischen dem Perm und dem späten Eozän gebildet.

Hornsteinknolle
In Kalkschlamm können sich große Mengen von Schwammnadeln und anderen aus Siliziumdioxid bestehenden organischen Resten befinden. Während der Gesteinsbildung wird das Siliziumdioxid mobilisiert und reichert sich in Knollen und Lagen an.

Huminsäure
Gruppe von Säuren, die aus teilweise abgebauten pflanzlichen Stoffen bestehen. Diese bilden im Boden den Humus, eine meist dunkle Masse organischer, schwer abbaubarer Substanzen. Ein Teil der Huminsäuren ist wasserlöslich, daher kommt die braune Farbe des Moorwassers, aber auch des Tees.

I

Impakt
Einschlag eines Metoriten oder Asteroiden auf der Erde.

K

Karbonatgesteine
Gesteine, die aus Karbonatmineralen aufgebaut werden. Kalkstein ist vor allem aus Kalziumkarbonat (Kalzit) aufgebaut, Dolomitstein aus Kalzium-Magnesium-Karbonat (Dolomit).

Karst
Karstlandschaften entstehen, wenn durch die im Niederschlagswasser gelöste Kohlensäure Karbonatgesteine korrodiert werden. Außer den Karbonatgesteinen können auch Sulfatgesteine (Gips, Anhydrit) verkarsten.

Kies
Sediment mit gerundeten Komponenten, die Korngrößen zwischen 2 mm und 63 mm aufweisen.

Kollision
Zusammenstoß kontinentaler Krustenteile zweier Lithosphärenplatten. Die Alpen sind das Ergebnis der Kollision zwischen der Europäischen und Adriatischen Platte vor 42 Millionen Jahren in der Eozän-Zeit.

Konglomerat
Verfestigter Kies

Kontinentalabhang
Untermeerischer Hang zwischen dem Schelfrand und dem Tiefseeboden. Der Kontinentalabhang hat durchschnittlich ein Gefälle von 1–2° und kann bis zu 200 km breit sein.

Korngröße
Begriff, um die Größe der Komponenten eines Sedimentes und Sedimentgesteins zu beschreiben.

L

Lava
Magma, das an der Erdoberfläche austritt.

Lithosphäre
Bis zu 200 km dicke, äußerste Schale der Erde, die aus der Erdkruste und dem obersten Erdmantel besteht.

M

Magma
Bis zu 1.200 °C heiße Schmelze, die durch Abkühlung zu einem magmatischen Gestein erstarrt.

Magmatische Gesteine
Diese Gruppe von Gesteinen wird unterteilt in Vulkanite (Ergussgesteine) und Plutonite (Tiefengesteine). Vulkanite sind meist feinkörnig, weil das Magma an der Erdoberfläche rasch abkühlte und nur wenige Minerale Zeit hatten, aus der Schmelze zu kristallisieren. Diese liegen als Einsprenglinge in einer dichten Grundmasse. Bei langsamer Abkühlung innerhalb der Erdkruste entsteht aus dem gleichen Magma ein plutonisches Gestein, das aus direkt aneinandergrenzenden Mineralkörnern aufgebaut wird.

Mergel
Feinkörniges Sediment oder Gestein (Mergelstein), das sowohl aus Kalk- als auch aus Tonpartikeln besteht. Bei höheren Kalkgehalten spricht man von „Kalkmergel", bei hohem Tongehalt von „Tonmergel".

Metamorphose
Gelangen Gesteine durch tektonische Vorgänge in tiefere Teile der Erdkruste, verändern sie sich durch den dort herrschenden hohen Druck und durch die Temperatur, die mit zunehmender Tiefe um durchschnittlich 30 °C pro Kilometer ansteigt. Unter diesen Bedingungen entstehen neue Minerale und es kann zu Verformungen des Gesteins kommen.

Meteorit
Gesteinsbrocken von weniger als 50 m Durchmesser, die im interplanetaren Raum die Sonne umkreisen, heißen Meteoroide. Kreuzen Meteoroide die Erdbahn, zerbrechen sie meist nach dem Eintritt in die Erdatmosphäre und durch die Reibungswärme verglühen die Bruchstücke. Schafft es ein Brocken dennoch auf der Erdoberfläche, wird er Meteorit genannt.

Molasse
Der Abtragungsschutt eines aufsteigenden Gebirges wird als Molasse bezeichnet. Da die Hebung der Alpen im Eozän begann, setzte auch die alpine Molassesedimentation zu dieser Zeit ein. Die Molasse umfasst sowohl Meeresablagerungen als auch Flussablagerungen.

Moräne
Sediment, das durch die Anhäufung von Gesteinsschutt entstanden ist, der im oder auf dem Gletschereis transportiert wurde. Moränen zeigen keine Korngrößensortierung, große Blöcke und feinkörniges Material kommen gemeinsam vor. Grundmoränen werden unter dem Gletscher gebildet und sind durch die Auflast des Gletschereises verfestigt. Endmorä-

nen entstehen am Gletscherrand und sind umso ausgeprägter, je länger der Gletscherrand ortsfest war.

N

Nagelfluh
Alemannische Bezeichnung für Konglomerate, bei denen die Komponenten als noppenartige Erhebungen aus der Gesteinsoberfläche herauswittern. Diese Noppen erinnern an die Köpfe eingeschlagener Nägel.

Nannoplankton
Vorwiegend Meeresalgen (Phytoplankton), die winzige kalkige Gehäuseelemente besitzen. Diese Algen kommen auch in den heutigen Ozeanen vor, fossil sind sie seit der späten Trias bekannt. Die einzelnen Elemente haben Durchmesser von einigen Tausendstel bis maximal wenige Hundertstel Millimeter.

Nekton
Alle Organismen, die aktiv schwimmend in Gewässern vorkommen.

Nördliche Kalkalpen
Ein bis zu 50 km breiter Teil der nördlichen Ostalpen, der sich vom Alpenrheintal bis zum Wiener Becken erstreckt. Die Schichtfolge besteht fast ausschließlich aus Meeresablagerungen, die vom späten Perm bis in das Oligozän gebildet wurden. Die Hauptmasse dieser Gesteine sind mächtige Kalk- und Dolomitabfolgen aus der Triaszeit.

O

Ophikarbonat
Entsteht durch die Umwandlung von *Serpentinit* durch kohlenstoffdioxidhaltige Lösungen. Ophikarbonate bestehen aus Serpentin- und Karbonatmineralen.

P

Penninikum
Dazu zählen alle alpinen Gesteine, die sich zwischen der frühen Jura- und der mittleren Eozän-Zeit im Bereich des Penninischen Ozeanbeckens befanden.

Penninischer Ozean
Ein östlicher Seitenast des Atlantiks, der sich im frühen Jura zu öffnen begann und im Eozän (Lutetium) wieder geschlossen wurde.

Plankton
Lebewesen, die nicht aktiv schwimmen, sondern in Wasserströmungen triften. Das Plankton besteht sowohl aus Pflanzen (Phytoplankton) als auch aus Tieren (Zooplankton).

Plattentektonik
Diese wissenschaftliche Theorie erklärt die Bewegung der Kontinente und die Entstehung der Ozeane durch Fließbewegungen im Erdmantel, die durch Wärme aus dem Erdinnern angetrieben werden.

Pollen
Der Blütenstaub oder Pollen setzt sich aus einzelnen Pollenkörnern zusammen, die meist Durchmesser von einigen Hundertstel Millimetern haben. Die Pollenkörner sind die Träger der männlichen Keimzellen von Blütenpflanzen.

R

Radiolarien
Tierische Einzeller, die als Plankton ausschließlich im Meerwasser vorkommen. Sie besitzen filigrane Gehäuse aus Siliziumdioxid.

Radiolarit
Ablagerungsgestein, das zu einem großen Teil aus den mikroskopisch kleinen Gehäusen von Radiolarien besteht.

Rhenodanubische Zone
Eine schmale geologische Einheit der nördlichen Ostalpen, die sich vom Rheintal bis zum Donautal verfolgen lässt. Sie stammt aus dem *Penninischen Ozean* und wird fast ausschließlich aus Turbiditen aufgebaut, die zwischen der frühen Kreide-Zeit und dem frühen Eozän gebildet wurden. Mit einem alten Begriff wird die Rhenodanubische Zone auch als Flyschzone bezeichnet.

S

Sandstein
Verfestigter Sand. Sand besteht aus karbonatischen und/oder *siliziklastischen* Komponenten, die einen Durchmesser zwischen 2 mm und 0,063 mm besitzen.

Schelfmeer
Bis zu 200 m tiefes Meer, das den äußeren Rand (= Schelf) von Kontinenten bedecken kann. Im Gegensatz zu „echten" Ozeanbecken besteht die Kruste des Schelfs aus granitischen Gesteinen.

Schichtfolge
Eine Abfolge von Gesteinen.

Schichtlücke
Zeitabschnitte, die innerhalb einer Schichtfolge nicht durch Sedimente dokumentiert sind. Derartige Schichtlücken sind durch Sedimentationsunterbrechungen, oft auch verbunden mit der Abtragung zuvor abgelagerter Sedimente, bedingt.

Schichtung
s. Bankung

Sedimentation
s. Ablagerung

Sedimente, Sedimentgestein
s. Ablagerungsgestein

Seitenverschiebung
Eine mehr oder weniger senkrecht stehende Trennfläche im

Gestein, an der sich zwei Erdkrustenschollen vorwiegend horizontal aneinander vorbeibewegen. Blickt man von der einen Scholle über die Bewegungsfläche hinüber zur anderen Scholle, bewegt sich diese je nach Bewegungssinn entweder nach links oder nach rechts. Das bekannteste Beispiel für eine rechtsseitige Verschiebung ist die San-Andreas-Verwerfung in Kalifornien mit einer jährlichen Bewegung von etwa 6 cm pro Jahr.

Serpentinit
Das meist grüne Gestein Serpentinit besteht im Wesentlichen aus Serpentinmineralen. Diese entstanden durch die Umwandlung (Metamorphose) olivinreicher Gesteine unter Beteiligung heißer wässriger Lösungen.

Siliziklastisch
Wenn Sand, Silt und Ton vor allem aus silikatischen Komponenten (z.B. Quarz, Feldspat, Glimmer) bestehen, werden sie als siliziklastische Sedimente bezeichnet (das griechische Wort klastos bedeutet „in Stücke zerbrochen"), da ihre Komponenten von anderen Gesteinen stammen, die zerstört wurden. Siliziklastische Ablagerungen bilden bei Weitem die Hauptmasse der auf der Erdoberfläche gebildeten Sedimente.

Silizium
Silizium ist nach Sauerstoff das zweithäufigste Element der Erdkruste. In der Natur kommt es in reiner Form nicht vor, sondern immer in Verbindung mit Sauerstoff. Die häufigste Verbindung ist Quarz (Siliziumdioxid). Daneben gibt es die komplizierter gebaute Gruppe der Silikate, die den größten Teil der natürlich vorkommenden Mineralarten bildet (z.B. Feldspäte und Glimmer).

Siltstein
Verfestigter Silt. Silt besteht aus karbonatischen und/oder siliziklastischen Komponenten, die einen Durchmesser zwischen 0,063 mm und 0,02 mm besitzen.

Stratigrafie
Die Stratigrafie („Schichtenkunde") ist die Wissenschaft von der räumlich-zeitlichen Verbreitung von Gesteinen und ihren Beziehungen zueinander. Sie ist das wichtigste Werkzeug, um den Ablauf der Erdgeschichte zu rekonstruieren.

Subduktion
Das Abtauchen einer Lithosphärenplatte (Unterplatte) unter eine andere (Oberplatte).

Suspension
Stoffgemisch aus einer Flüssigkeit und darin in Schwebe befindlichen Hartteilen.

T

Tektonik
Beschreibt die Struktur (= tektonischer Bau) der Lithosphäre und die Bewegungen, die diese Struktur erzeugen.

Terrassenschotter
Während der glazialen Episoden im Pleistozän schütteten die in zahlreiche Rinnen aufgespaltenen Flüsse im Vorfeld der Gletscher weite Schotterebenen auf. Während der wasserreichen interglazialen Episoden schnitten sich die Flüsse in diese Ebenen ein. So entstanden markante Geländestufen (Terrassenkanten) in den mächtigen Talfüllungen.

Tonstein
Ablagerungsgestein, dessen Komponenten kleiner als 0,002 mm sind.

Trübestrom
Eine *Suspension* aus Wasser und Sediment, das sich unter dem Einfluss der Schwerkraft über dem Boden eines stehenden Gewässers nach unten bewegt. Die Bewegung setzt sich auch bei sehr geringen Hangneigungen noch fort. Trübeströme können Geschwindigkeiten von 80 Stundenkilometern erreichen und sich über viele Hunderte Kilometer fortbewegen.

Turbidit
Ablagerung aus einem Trübestrom. In Abhängigkeit von der Geschwindigkeit des Trübestroms und der Korngröße des transportierten Materials entstehen bestimmte Sedimentstrukturen (Abnahme der Korngröße von unten nach oben, Parallelschichtung, Schrägschichtung).

U

Ultrahelvetikum
Tektonische Decken, die nach der Schließung des Penninischen Ozeans im Bereich des ehemaligen nördlichen Kontinentalabhangs abgeschert wurden. Die in den ultrahelvetischen Decken auftretenden Gesteine wurden zwischen der Trias und dem mittleren Eozän gebildet.

V

Verwerfung (Störung)
Grenzfläche, an der es innerhalb des Gesteinskörpers zu *tektonischen* Bewegungen gekommen ist. Gesteine unterschiedlichen Alters und unterschiedlicher Entstehung können an einer Verwerfung aneinandergrenzen.

Orts- und Personenregister

A

Abtenau **143**
Achthal **165**
Adnet **83**, **84**, **86**, **87**
Ainringer Moos **242**
Alland **255**
Allentsteig **16**, **17**
Allgäu **100**, **160**, **179**, **180**, **194**
Alpstein **2**
Altaussee **57**, **83**, **87**, **93**, **94**, **269**
Altmann **2**
Altmühltal **19**
ALVAREZ, Luis **143**
ALVAREZ, Walter **142**, **143**
Ammer **168**, **176**, **177**
ANAXAGORAS **46**
Anthering **163**, **165**
Antonshöhe **92**, **93**
Appenzell **2**
Arnoldstein **248**
Arosa **32**, **89**
ARRHENIUS, Svante **151**
ASARO, Frank **143**

B

Bad Aussee **251**
Baden **171**
Bad Gleichenberg **220**
Bad Goisern **94**, **269**
Bad Ischl **57**
Bad Mitterndorf **61**
Bad Reichenhall **9**, **57**, **144**, **202**
BARRANDE, Joachim **41**, **116**
BART, Georg **13**
Bayerisch Gmain **252**
Bayern **11**, **13**, **23**, **84**, **94**, **127**, **144**, **161**, **168**, **176**, **180**, **181**, **190**, **194**, **216**, **231**, **237**, **239**, **240**, **243**
BECK-MANNAGETTA, Peter **109**
BEETHOVEN, Ludwig van **49**
BEHRINGER, Wolfgang **229**
BEQUEREL, Antoine Henri **15**
Bernreith **80**
BERTRAND, Marcel **24**
Bisamberg **215**
Bleiberg-Kreuth **45**
Bludenz **254**
Bodensee **2**, **20**, **190**, **240**, **248**
BOHLEBER, Pascal **261**
BÖHME, Madelaine **216**
BOLTZMANN, Ludwig **46**
BRAUMANN, Sandra **233**
BREDOW, Bernard **237**, **238**
Bregenz **190**, **192**, **194**, **215**
Brenner **203**, **206**
BRIX, Friedrich **135**
Brocken **13**, **14**, **46**, **56**, **86**
BRÜCKL, Ewald **163**
BUCH, Leopold von **165**
Bühlach **181**
Bullendorf **237**
Burgenland **210**, **213**, **220**
Bürserberg **254**

C

CAVENDISH, Henry **28**
CHAMBORD, Henri de **41**
Chur **224**, **248**
COLONNA, Fabio **19**
CUVIER, Georges **20**, **41**, **217**

D

Dachstein **68**, **69**, **70**, **175**
DARWIN, Charles **23**
Davidgraben **84**
Devinska Nova Mes **208**, **209**
Dienten **40**, **44**
Dobratsch **45**, **202**, **248**, **249**
DOLOMIEU, Déodat Gratet de **65**
Donau **84**, **129**, **197**, **200**, **215**, **216**, **217**, **231**
DRASCHE, Heinrich von **217**
Drau **62**
Drusenfluh **117**, **118**
Dunkelsteiner Wald **36**, **38**, **184**
Dürnstein **184**
Dürrnberg **74**
DZULINSKI, Stanislaw **84**

E

Echelsbacher Brücke **176**, **177**, **181**
Egelsee-Moor **242**, **243**
Eggenburg **183**, **186**, **187**, **188**, **190**
EINSTEIN, Albert **15**
Eisenerz **44**, **56**, **61**, **160**
Elendgraben **143**, **144**
Ennstal **109**, **230**, **231**
EPPENSTEINER, Walter **221**
Ernstbrunn **117**
Erzberg **44**
ESCHIG, Manfred **146**
ETTINGSHAUSEN, Constantin von **173**, **174**
EWING, Maurice **121**

F

Falkenstein **95**, **96**, **117**
Figerhorn **90**
Fischauer Berge **113**
Flims **246**
FLOUDAS, Dimitrios **53**
FLURL, Mathias **158**
Fohnsdorf **172**
Fränkische Alb **11**, **19**
Freiwandspitze **90**, **91**
FRIEDL, Gertrude **16**
FUGGER, Eberhard **88**, **137**
FURRER, Heinz **66**
Fürstenbrunn **114**, **115**, **117**, **162**, **163**
Fusch **139**, **140**
Füssen **127**

G

Gafalljoch **117**
Gail **5**, **202**, **248**, **249**
Gailtaler Alpen **53**, **62**
Galtür **261**
Gaming **27**
Gams **144**, **146**, **147**
Gänserndorf **265**
Garmisch-Partenkirchen **63**, **257**
Gartnerkofel **59**
Gastein **207**
GAWLICK, Hans-Jürgen **94**
GEBAUER, Dieter **16**
Gertrusk **106**, **107**
Geschriebenstein **89**

GHEGA, Carl Ritter von **102**
GIBBARD, Philip **264**
Glarus **24**
Glasenbachklamm **22**, **88**, **110**
Gloggnitz **172**
Gmünd **46**, **154**
Gmunden **81**, **128**, **141**
GOETHE, Johann Wolfgang von **46**
Golling **66**, **84**, **100**, **240**
Gölsental **80**
Gosau **114**, **136**, **137**, **144**
Gosausee **144**
GRANT-MACKIE, Jack **74**
Graubünden **32**, **65**
Graz **22**, **45**, **109**, **114**, **174**, **222**
Greifenstein **137**
Griesmauerkogel **61**
Grögener Weiher **252**
Groß Gerungs **47**
Großglockner **89**, **90**
Großraming **80**, **165**
Großvenediger **38**
Grünau **126**
Grünbach **111**
Grund im Weinviertel **200**
Grünten **160**
Gschliefgraben **81**
Gubbio **142**
GÜMBEL, Carl Wilhelm von **23**, **197**, **239**
Günser Bergland **89**

H

Hagengebirge **70**, **238**
HAGN, Herbert **156**, **175**, **176**
Hainburger Berge **226**
Hallein **57**, **67**, **72**, **74**, **84**
Hallstatt **57**, **72**
HAQ, Bilal U **95**
Häring **172**, **173**, **174**
Harzgebirge **46**
HAUER, Franz **40**, **72**
HAUER, Joseph von **211**
Haunsberg **150**
Hauskirchen **236**
HAÜY, René-Just **107**
HEEZEN, Bruce **121**
HEILMANN-CLAUSEN, Claus **163**
Heuberg **157**
HEUSS, Theodor **23**
Hinterhör **158**
Hocharn **204**
Hochfilzen **44**
Hochgrat **180**
Hochkönig **67**, **260**
Hochschwab **257**
Hochstaufen **202**
Hochstegen **26**
HOCHSTETTER, Ferdinand **54**, **73**
HOFMANN, Christa-Charlotte **152**
Höglwörth **244**
Hoher Göll **67**
Hohe Tauern **207**
Hollabrunn **200**, **215**, **216**
Höllengebirge **34**, **254**
HOLSER, William **59**
Holzgau **231**
HÖRNES, Moriz **200**
HORNUNG, Thomas **67**
HUCKRIEDE, Reinhold **75**
HUSEN, Dirk van **252**
HUTTON, James **47**

I

Iller **179**, **180**
IMHOF, Karl **206**
Innsbruck **26**, **53**, **104**, **172**, **174**, **203**, **227**, **261**
Inntal **173**, **175**, **203**, **254**
Innviertel **13**
Irrsee **230**
Ischgl **81**

J

Jamtalferner **260**, **261**
JANCIK, Rudolf **88**
JARAMILLO, Carlos **150**

K

Kainach **114**
KAMPTNER, Erwin **135**
Kapfenstein **29**, **221**
Karnische Alpen **45**, **59**
Kärnten **5**, **45**, **53**, **59**, **62**, **89**, **90**, **107**, **108**, **114**, **152**, **157**, **248**, **260**, **262**
Kasberg **75**
KASTNER, Carl **88**, **137**
Kessiloch **252**, **254**
KIESLINGER, Alois **129**
Kindberg **14**
KIRCHNER, Elisabeth **13**, **163**
Klagenfurt **152**, **238**
KLAUS, Wilhelm **58**, **59**
Klöch **222**, **223**
Kojenmoos **241**
Königsstuhl **53**
Koralpe **109**
Korneuburg **132**
Kötschach-Mauthen **53**
KRAHULETZ, Johann **187**
KRAINER, Karl **53**
Krakau **84**, **131**, **139**, **162**
Krappfeld **114**, **152**, **157**
Krems **183**, **184**, **226**, **236**
Kressenberg **160**, **161**
KRISAI, Robert **242**
Kroisbach **150**
Kuchl **100**
KUKULA, Dieter **147**

L

Laa an der Thaya **200**
Laas **53**
Ladinger Spitze **106**, **107**
LAHODYNSKY, Roman **144**
Landshut **196**
Langkawi **61**
Lanzenkirchen **41**
Lassing **251**
Lattengebirge **9**, **144**
Laussa **80**
Lavanttal **109**
Lechtaler Alpen **123**
Leithagebirge **210**
Leoben **56**, **89**, **94**
Leopoldsberg **127**
Liesing **92**, **93**
Lilienfeld **64**
Limberg **186**, **188**, **189**
Linthal **24**
Linz **13**, **153**, **182**, **183**
Lochsite **24**, **25**, **27**
Lofer **94**
Loibersdorf **187**
Loisachtal **257**
Losenstein **65**
Ludwig XVI. **41**
Lünersee **117**
Lunz **64**

M

MACH, Ernst **46**
Madagaskar **45**
Mangbachtal **257**
March **84**, **208**
Maria Alm **40**, **44**
Mattsee **156**
Mauerkirchen **13**, **14**
Mauthausen **129**
MAYR, Michael **252**
MEIERL, Helmut **61**
MEIXNER, Heinz **107**
Metnitz **108**
METTERNICH, Clemens Lothar Wenzel **72**
MEURERS, Joseph **46**
MICHEL, Helen **143**
Mikulov **115**, **117**
Mistelbach **215**

Mixnitz **238**
MOJSISOVICS, Edmund von **70**
Mondsee **83**
Monte San Giorgio **62**
Mühlbach **42**
Mühlviertel **31**, **38**, **76**, **153**
München **23**, **115**, **176**, **180**, **226**, **229**, **239**, **256**, **257**
Muntigl **137**
MUSIL, Robert **49**
Muthmannsdorf **111**, **113**
Muttekopf **122**, **147**

N

Naarntal **38**
Nenzing **252**
Neubeuern **156**, **158**
Neukaledonien **51**, **161**
Neulengbach **129**
Neuseeland **22**, **73**, **74**, **75**, **143**
Nexing **212**
Niederösterreich **36**, **39**, **47**, **64**, **72**, **102**, **105**, **111**, **120**, **128**, **129**, **132**, **140**, **154**, **170**, **171**, **172**, **181**, **183**, **184**, **194**, **196**, **200**, **203**, **212**, **215**, **216**, **231**, **235**
NOBEL, Alfred **188**
Nördlingen **197**, **202**
Nötsch **45**
NUSSBAUMER, Leopold **141**
Nußdorf **208**

O

OBERHAUSER, Rudolf **95**
Oberösterreich **13**, **34**, **38**, **57**, **65**, **68**, **72**, **75**, **81**, **95**, **110**, **114**, **124**, **126**, **128**, **129**, **137**, **138**, **141**, **144**, **165**, **166**, **218**, **230**, **240**
Oberschütt **248**, **249**
Ochsentaler Gletscher **233**
Ofenpass **65**, **66**
Öhningen **20**
OMELANOWSKY, Robert **237**
Orbigny, Alcide Dessalines d' **211**
Osterhorn-Gruppe **83**
Ötztaler Alpen **93**

P

PAPP, Adolf **211**
Parisdorf **188**, **189**
Partnachklamm **63**
Pass Gschütt **138**
PATTERSON, Clair Cameron **16**
Pauliberg **220**, **221**
Paznauntal **81**, **261**
Pechgraben **80**, **165**
Peißenberg **181**
Peiting **181**
Peking **60**
PENCK, Albrecht **230**, **239**
PERESSON, Herwig **203**
Pernecker Kogel **124**
Pfänder **194**
Pforzen **216**
PICCOLOMINI, Enea Silvio (Papst Pius II.) **129**
Pinsdorfberg **128**, **141**
PITTRICH, Franz **13**
PLÖCHINGER, Benno **94**
Pollauer Berge **117**
Pollereswand **102**
POLO, Marco **153**
Polster **61**, **256**
Präbichl **56**
Prägraten **89**
Prambachkirchen **13**
Prättigau **118**, **119**
PREISINGER, Anton **146**
PREMOLI-SILVA, Isabella **143**
PROBA, Faltonia Betitia **19**
Prochenberg **13**
Pronebenalm **42**
Pucking **182**, **183**
Purkersdorf **140**

R

RABEDER, Gernot **238**
RASUMOFSKY, Andrej Kyrillovic **49**
Rätikon **95**
Rauris **206**, **207**
Rax **102**
Rechberg **76**, **154**
Rechnitz **89**
Reichraminger Hintergebirge **110**
Rhein **2**, **224**, **248**
Riegersburg **221**, **223**
RODRÍGUEZ-TOVAR, Francisco **162**
RÖGL, Fred **28**
Rorschach **190**
Rosental **126**
Rote Wand **249**
Röthenbachtal **127**
Rottenbuch **176**
ROYDEN, Leigh **171**, **202**
Ruinaulta-Schlucht **248**
Rußbach **138**, **139**, **144**
RUTHERFORD, Ernest **14**, **15**

S

SÄGMÜLLER, Josef **139**
Salzach **84**, **206**, **240**, **244**
Salzburg **13**, **22**, **40**, **44**, **46**, **52**, **53**, **58**, **72**, **74**, **83**, **84**, **86**, **87**, **88**, **94**, **95**, **100**, **110**, **114**, **115**, **137**, **138**, **139**, **144**, **150**, **156**, **157**, **160**, **161**, **162**, **163**, **165**, **172**, **173**, **174**, **203**, **204**, **206**, **207**, **218**, **238**, **240**, **242**
Salzkammergut **58**, **72**, **75**, **86**, **94**
Saualpe **107**, **262**
Schafberg **83**
Scheibum **168**, **176**, **177**
Scheidegg **194**
SCHEUCHZER, Johann Jakob **20**
SCHMIDT, Walter Josef **89**
SCHMITZ, Birger **163**
Schneegattern **216**
Schönbühel **36**
SCHÖNLAUB, Hans-Peter **48**
Schöpfl **129**
Schoppernau **128**
Schrems **46**
Schwanden **24**
Schwarzwald **38**, **215**
Schweiz **20**, **22**, **49**, **66**, **117**, **118**, **176**, **180**, **229**, **232**
Schweizertor **117**
Schwertberg **153**, **154**
Seefeld **67**
SEILACHER, Adolf **141**
Semmering **101**, **102**
Sibratsgfäll **250**
Siegsdorf **237**, **238**
Sievering **131**
Silvrettagruppe **259**, **261**
SMITH, William **20**, **22**
SODDY, Frederick **14**
Sölkbachtal **109**
Solnhofen **19**
Sonnblick **38**
Sonthofen **160**
Sparbach **146**
Spitz **183**, **184**
SPÖTL, Christoph **227**
Staatz **115**, **117**
St. Andrä-Wördern **120**
Stangalpe **52**, **53**
STAN-LOTTER, Helga **58**
Starzlach-Klamm **160**
Steiermark **22**, **44**, **52**, **53**, **61**, **72**, **83**, **93**, **105**, **108**, **109**, **144**, **146**, **147**, **172**, **226**, **251**, **256**
Steinbach am Ziehberg **124**
STEINBACHER, Hilda **161**
STENO, Nicolaus **17**, **19**, **20**
Stetteldorf **231**
St. Margarethen **210**, **213**
St. Pankraz **160**, **161**
St. Pölten **80**
STRADNER, Herbert **28**, **95**, **135**, **147**

St. Veit an der Glan **114**
SUESS, Eduard **73**, **101**, **114**, **116**, **197**, **239**
Sulzfluh **95**, **98**, **99**, **117**, **180**
SUMMESBERGER, Herbert **137**
SUTTNER, Bertha von **188**
SZENTE, István **61**

T

Tauglbach **84**
Teisendorf **160**, **165**, **244**
Tennengebirge **70**
TERMIER, Pierre **25**
Tessin **62**
THOMSON, William (Lord Kelvin) **15**
TICHY, Gottfried **72**
Timor **50**, **73**
Tirol **44**, **173**, **203**, **231**
TOLLMANN, Alexander **101**
Totes Gebirge **254**
Troppberg **140**
Tschingelhörner **24**
Turracher Höhe **52**, **53**

U

UCHMAN, Alfred **139**, **162**
Unken **87**
Untersberg **137**
Üntschenspitze **128**
Urmannsau **27**
USSHER, James **20**

V

Versam-Safien **246**, **248**
Villach **45**, **62**, **248**
Virgental **89**
Vorarlberg **95**, **98**, **100**, **117**, **118**, **128**, **180**, **190**, **194**, **232**, **241**, **250**, **252**, **254**

W

Wachau **183**, **184**, **185**, **190**, **226**, **236**
Wägital **119**
Wagram **231**
Waidhofen an der Ybbs **29**
Waldviertel **17**, **38**, **39**, **46**, **47**, **154**
WEBER, Gerhard **236**
Wechsel **104**, **105**
Weinviertel **95**, **96**, **115**, **186**, **189**, **198**, **200**, **212**, **215**, **218**, **219**, **226**, **234**, **236**, **237**, **265**
Weißenbach **231**
WEISS, Karl **62**
WERNER, Ernst **197**
Wien **12**, **13**, **18**, **19**, **25**, **28**, **30**, **48**, **49**, **54**, **58**, **59**, **60**, **73**, **92**, **93**, **94**, **95**, **104**, **115**, **116**, **126**, **127**, **128**, **129**, **131**, **135**, **136**, **137**, **146**, **152**, **153**, **163**, **173**, **174**, **175**, **183**, **188**, **208**, **211**, **213**, **214**, **215**, **217**, **219**, **221**, **226**, **230**, **234**, **236**, **237**, **238**, **239**, **242**, **256**, **257**
Wienerwald **129**
Wiestal **66**, **67**
Wildendürnbach **198**, **200**
Willendorf **236**
Windischgarsten **138**
Wolayersee **5**
Wolfgangsee **83**
Wolfsthal **212**
Woodside Creek **143**
Wörgl **173**
Wurbauerkogel **138**

Y

Ybbsitz **12**, **13**

Z

ZALASIEWICZ, Jan **264**
Zernez **66**
ZETTER, Reinhard **152**
Zillertal **26**
Zimbaspitze **98**
Zöbing **39**
Zogelsdorf **188**
Zugspitze **63**

Literaturauswahl

1. Teil – Einleitung

Ammon, L. (1899): Wilhelm von Gümbel – Ein Nekrolog. Geognostische Jahreshefte 11. Jahrgang, 1–37, München.

Bertrand, M. (1884): Rapports de structure des Alpes de Glaris et du bassin bouiller du Nord. Société Géologique de France Bulletin 12, 318–330.

Brandstätter, F. et al. (1985): Der Meteorit von Ybbsitz: Petrologie und Mineralchemie. Annalen des Naturhistorischen Museums 87, 11–20.

Brandstätter, F. | Ferrière, L. | Köberl, C. (2012): Meteoriten – Zeitzeugen der Entstehung des Sonnensystems. 263 S. (Naturhistorisches Museum Wien).

Egger, H. (2017): Lebensräume, Ausflüge in die Erdgeschichte von Salzburg und Oberbayern. 144 S., Salzburg (Pustet).

Egger, H. (2020): Bunte Steine, Ausflüge in die Erdgeschichte zwischen Ybbs- und Trauntal. 156 S., Salzburg (Pustet).

Egger, H. | Wessely, G. (2014): Wienerwald. Geologie, Stratigraphie, Landschaft und Exkursionen. 205 S., Stuttgart (Gebrüder Borntraeger).

Frisch, W. | Meschede, M. | Blakey, R. (2011): Plate Tectonics. Continental Drift and Mountain Building. 212 S. (Springer).

Gebauer, D. | Friedl, G. (1994): A 1.38 Ga protolith age for the Dobra orthogneiss (Moldanubian Zone of the southern Bohemian Massif, NE-Austria): evidence from ion-microprobe (SHRIMP) dating of zircon. Journal of the Czech Geological Society 39, 34–35.

Gerth, R. | Homberger, R. | Pfiffner, A. (2018): Tektonikarena Sardona. Faszination UNESCO-Welterbe. 125 S. (AS Verlag).

Grotzinger, J.P. | Jordan, T.H. (2014): Understanding Earth (Seventh Edition). 723 S., New York (W.H. Freeman and Company).

Hofbauer, G. (2015): Die geologische Revolution. Wie die Entdeckung der Erdgeschichte unser Denken veränderte. 128 S., Darmstadt (Wissenschaftliche Buchgesellschaft).

Kolbert, E. (2015): Das sechste Sterben. Wie der Mensch Naturgeschichte schreibt. 313 S. (Suhrkamp).

Kröll, A. | Wessely, G. (1967): Neue Erkenntnisse über Molasse, Flysch und Kalkalpen auf Grund der Ergebnisse der Bohrung Urmannsau 1. Erdoel-Erdgas-Zeitschrift 83, 342–353.

Lagally, U. (2012): Hundert Meisterwerke. Die schönsten Geotope Bayerns. 287 S., Augsburg (Bayerisches Landesamt für Umwelt).

Mutschlechner, G. (1956): Über das Alter des Hochstegenkalkes bei Mayrhofen (Zillertal). Mitteilungen Geologische Gesellschaft Wien 48, 155–165.

Nield, T. (2011): Superkontinent. Das geheime Leben unseres Planeten: eine abenteuerliche Reise durch die Erdgeschichte. 287 S. (Verlag Antje Kunstmann).

Raab, H. | Reiter, E. (2017): Zum 250. Jahrestag des Meteoritenfalles von Mauerkirchen, Oberösterreich. Oberösterreichische Geonachrichten 32, 3–24.

Rutherford, E. | Soddy, F. (1903): The radioactivity of uranium. The London, Edinburgh, and Dublin Philosophical Magazine and Journal of Science 5, 441–445.

Schadler, J. | Rosenhagen, J. (1935): Der Meteorsteinfall von Prambachkirchen (Oberösterreich) am 5. November 1932. Jahrbuch des Oberösterreichischen Musealvereines 86, 99–164.

Schnabel, W. (1985): Fund- und Entdeckungsgeschichte des Meteorits von Ybbsitz. Annalen des Naturhistorischen Museums 87, 1–9.

Schwerhoff, G. (2021): Die Geschichte der Blasphemie. 521 S., Frankfurt (S. Fischer).

Sperling, T. (Hrsg.), (2001): Carl Wilhelm von Gümbel (1823–1898), Leben und Werk des bedeutendsten Geologen Bayerns. 204 S., München (Pfeil).

Termier, P. (1904): Les nappes des Alpes Orientales et la synthese des Alpes. Société Géologique de France Bulletin 3, 711–765.

Thenius, E. | Vavra, N. (1996): Fossilien im Volksglauben und im Alltag. Bedeutung und Verwendung vorzeitlicher Tier- und Pflanzenreste von der Steinzeit bis heute. 179 S., Frankfurt (Senckenberg).

Weiß, A. (1982): Die Anfänge der geologischen Erforschung der Steiermark. Mitteilungen der Geologie- und Bergbaustudenten Österreichs 28, 201–214.

Winchester, S. (2003): Eine Karte verändert die Welt: William Smith und die Geburt der modernen Geologie. 336 S., München (Albrecht Knaus Verlag).

2. Teil – Präkambrium bis Trias

Biddle, K.T. (1984): Triassic sea level change and the Ladinian-Carnian stage boundary. Nature 308, 631–633.

Briggs, D.E.G. | Clarkson, E.N.K. | Aldridge, R.J. (1983): The conodont animal. In: Lethaia 16, 1–14.

Butler, R.J. et al. (2019): Description and phylogenetic placement of a new marine species of phytosaur (Archosauriformes: Phytosauria) from the Late Triassic of Austria. Zoological Journal of the Linnean Society 187, 198–228.

Dal Corso, J. et al. (2020): Extinction and dawn of the modern world in the Carnian (Late Triassic). Science Advances 6, DOI: 10.1126/sciadv.aba 0099.

Dojen, C. | Kandutsch, G. | Weiss, K. (2020): Zwei neue fossile Meeres-Reptilien aus Kärnten für das Landesmuseum. Rudolfinum. Jahrbuch des Landesmuseums für Kärnten 2019, 276–288.

Ebner, F. et al. (2000): Mineral Resources in the Eastern Alps and adjoining areas. Mitteilungen Österreichische Geologische Gesellschaft 92, 157–184.

Egger, H. (Hrsg.), (2010): Selected type specimens in the collections of the Geological Survey of Austria. Jahrbuch der Geologischen Bundesanstalt 150, 1–318.

Floudas, D. (2012): The Paleozoic origin of enzymatic lignin decomposition reconstructed from 31 fungal genomes. Science 336, 1715–1719.

Finger, F. | Schubert, G. (2015): Die Böhmische Masse in Österreich: Was gibt es Neues? Abhandlungen der Geologischen Bundesanstalt 64, 167–179.

Furrer, H. | Lozza, H. (2008): Neue Funde von Dinosaurierfährten im Schweizerischen Nationalpark. Cratschla 1, 17–21.

Girardi, M. (1937): Das Palais Rasumofsky. 56 S. (Verlag Buchhandlung Ludwig Auer).

Gorjanović-Kramberger, K. (1905): Die obertriadische Fischfauna von Hallein bei Salzburg. In: Beiträge zur Paläontologie und Geologie Österreich-Ungarns und des Orients. Mitteilungen des Geologischen und Paläontologischen Institutes der Universität Wien 18, 193–224.

Grant Mackie, J.A. (2015): Taxonomy of the Late Triassic bivalve Monotis. New Zealand Journal of Geology and Geophysics 58, 244–251.

Hauer, F. (1846): Die Cephalopoden des Salzkammergutes aus der Sammlung seiner Durchlaucht des Fürsten von Metternich: Ein Beitrag zur Paläontologie der Alpen. 47 S., Wien (Braumüller).

Hauer, F. (1847): Versteinerungen von Dienten. Berichte und Mitteilungen der Freunde der Naturwissenschaften 1, 187–189, Wien.

Hochstetter, F. (1865): Paläontologie von Neu-Seeland: Beiträge zur Kenntnis der fossilen Flora und Fauna der Provinzen Auckland und Nelson. Reise der österreichischen Fregatte Novara um die Erde in den Jahren 1857, 1858, 1859. Geologischer Theil 2, 318 S., Wien (k.k. Hof- und Staatsdruckerei).

Hochstetter, F. (1873): Geologische Bilder der Vorwelt und der Jetztwelt – zum Anschauungs-Unterricht und zur Belehrung in Schule und Familie, 37 S. und 24 Tafeln, Eßlingen (Schreiber).

Holser, W.T. et al. (1989): A unique geochemical record at the Permian/Triassic-boundary. Nature 337, 39–44.

Hornung, T. | Haas, U. (2017): Geologische Karte von Bayern 1:25.000. Erläuterungen zu den Blättern 8531/8631 Zugspitze und 8532/8632 Garmisch Partenkirchen. 152 S., Augsburg (Bayerisches Landesamt für Umwelt).

Hornung, T. et al. (2019): The Norian fish deposits of Wiestal („Seefeld Member", Northern Calcareous Alps, Salzburg, Austria) – taxonomy and palaeoenvironmental implications. Austrian Journal Earth Sciences 112, 125–165.

Huckriede, R. (1958): Die Conodonten der mediterranen Trias und ihr paläontologischer Wert. Paläontologische Zeitschrift 32, 141–175.

Johnston, M. | Nolden, S. (2011): Travels of Hochstetter and Haast in New Zealand 1858–1860. 336 S., Nelson (Nikau).

Klaus, W. (1963): Sporen aus dem südalpinen Perm (Vergleichsstudie für die Gliederung nordalpiner Salzserien). Jahrbuch Geologische Bundesanstalt 106, 229–363.

Klötzli, U.S. et al. (2003):
The „Bozener Quarzporphyr" (Southern Alps, Italy): Single zircon U/Pb age evidence for 10 million years of magmatic activity in the Lower Permian? Mitteilungen Österreichische Mineralogische und Petrographische Gesellschaft 145, 187–188.

Kothe, J. | Krainer, K. (2014): Exkursionspunkt 3: Die verkieselten Baumstämme von Laas. Berichte der Geologischen Bundesanstalt 105, 30–32.

Krainer, K. | Stingl, V. (1985): Alluviale Schuttfächersedimente im ostalpinen Perm am Beispiel der Präbichlschichten an der Typuslokalität bei Eisenerz/Steiermark (Österreich). Mitteilungen der Österreichischen Geologischen Gesellschaft 78, 231–249.

Krause, S. et al. (2012): Microbial nucleation of Mg-rich dolomite in exopolymeric substances under anoxic modern seawater salinity: New insight into an old enigma. Geology 40, 587–590.

Mojsisovics, E. (1893): Die Cephalopoden der Hallstätter Kalke. Abhandlungen der Geologischen Reichsanstalt 6/2, 835 S.

Neubauer, F. | Handler, R. (2000): Variscan orogeny in the Eastern Alps and Bohemian Massif: How do this units correlate? Mitteilungen der Österreichischen Geologischen Gesellschaft 92, 35–59.

Playfair, J. (1805): Biographical account of the late D. James Hutton. Royal Society of Edinburgh Transactions 5, 39–99.

Pott, C. | Kerp, H. | Krings, M. (2007): Morphology and epidermal anatomy of Nilssonia (cycadalean foliage) from the Upper Triassic of Lunz (Lower Austria). Review of Palaeobotany and Palynology 143, 197–217.

Schönlaub, H.-P. (1979): Das Paläozoikum in Österreich. Abhandlungen der Geologischen Bundesanstalt 33, 142 S.

Schönlaub, H.-P. (1982): Die Grauwackenzone in den Eisenerzer Alpen (Österreich). Jahrbuch Geologische Bundesanstalt 124, 361–423.

Schönlaub, H.-P. (1985): Das Karbon von Nötsch und sein Rahmen. Jahrbuch Geologische Bundesanstalt 127, 673–692.

Stan-Lotter, H. et al. (2007): Lebensfähige Halobakterien aus permischem Steinsalz – und im Weltraum? Denisia 20, 313–322, Linz (Oberösterreichisches Landesmuseum).

Szente, I. (2020): A remarkable invertebrate fossil assemblage from the Lower Triassic Werfen Formation of the Totes Gebirge (Styria, Austria). Jahrbuch der Geologischen Bundesanstalt 160, 227–239.

Tichy, G. (1995): Ein früher, durophager Ichthyosaurier (Omphalosauridae) aus der Mitteltrias der Alpen. Geologisch-paläontologische Mitteilungen Innsbruck 20, 349–369.

Tichy, G. | Urbanek, E. (2004): Bissspuren eines Sauriers an *Pinacoceras parma* MOJSISOVICS, ein Ammonit der Halleiner Obertrias. Alpine Geology 1, 87–90.

Vogeltanz, R. (1969): Fischfunde aus der Salzburger Obertrias. Der Aufschluss, 20, 96–99.

3. Teil – Jura bis mittleres Eozän

Alvarez, L.W. et al. (1980): Extraterrestrial cause for the Cretaceous-Tertiary extinction. Science 208, 1095–1108.

Arrhenius, S. (1896): On the Influence of Carbonic Acid in the Air upon the Temperature of the Ground. The London, Edinburgh and Dublin Philosophical Magazine and Journal of Science 41, 237–276.

Beck-Mannagetta, P. (1951): Die Auflösung der Mechanik der Wolfsberger Serie, Koralpe, Kärnten. Jahrbuch Geologische Bundesanstalt 94, 127–157.

Behringer, W. (2015): Tambora und das Jahr ohne Sommer. 398 S. München (C.H. Beck).

Bernoulli, D. | Jenkyns, H. (1970): A Jurassic Basin: The Glasenbach Gorge, Salzburg. Austria. Verhandlungen der Geologischen Bundesanstalt, Jahrgang 1970, 504–531.

Carvalho, M.R. et al. (2021): Extinction at the end-Cretaceous and the origin of modern neotropical rainforests. Science 372, 63–68.

Egger, H. | Heilmann-Clausen, C. | Schmitz, B. (2000): The Palaeocene/Eocene-boundary interval of a Tethyan deep-sea section and its correlation with the North Sea Basin. Société Géologique de France Bulletin 171, 207–216.

Egger, H. | Brückl, E. (2006): Gigantic volcanic eruptions and climatic change in the early Eocene. International Journal of Earth Sciences 95, 1.065–1.070.

Egger, H. | Heilmann-Clausen, C. | Schmitz, B. (2009a): From shelf to abyss: Record of the Paleocene/Eocene-boundary in the Eastern Alps (Austria). Geologica Acta 7, 215–227.

Egger, H. et al. (2009b): The Cretaceous-Paleogene (K/Pg) boundary at Gams, Austria: Nannoplankton stratigraphy and geochemistry of a bathyal northwestern Tethyan setting. Stratigraphy 6, 333–345.

Egger, H. | Schwerd, K. (2008): Stratigraphy and sedimentation rates of Upper Cretaceous deep-water systems of the Rhenodanubian Group (Eastern Alps, Germany). Cretaceous Research 29, 405–416; Amsterdam.

Flurl, M. (1792): Beschreibung der Gebirge von Baiern und der oberen Pfalz. 642 S., München (Joseph Lentner).

Fugger, E. | Kastner, C. (1885): Naturwissenschaftliche Studien und Beobachtungen aus und über Salzburg. 131 S., Salzburg (H. Kerber).

Gawlick, H.-J. et al. (2010): Tiefwasser-Beckengenese und Initiierung einer Karbonatplattform im Jura des Salzkammergutes (Nördliche Kalkalpen, Österreich. Journal of Alpine Geology 53, 63–136.

Haflidason, H. et al. (2004): The Storegga Slide: architecture, geometry and slide-development. Marine Geology 231, 201–234.

Hagn, H. | Darga, R. (1989): Zur Stratigraphie und Paläogeographie des Helvetikums im Raum von Neubeuern am Inn. Mitteilungen Bayerische Staatssammlung für Paläontologie und historische Geologie 29, 257–275.

Hagn, H. | Wellnhofer, P. (1972): Der Kressenberg – eine berühmte Fossillagerstätte des bayerischen Alpenvorlandes. Jahrbuch des Vereins zum Schutze der Alpenpflanzen und -tiere 38, 1–37.

Hagn, H. et al. (1981): Die Bayerischen Alpen und ihr Vorland in mikropaläontologischer Sicht. Geologica Bavarica 82, 408 S., München.

Haq, B.U. | Hardenbol, J. | Vail, P.R. (1988): Mesozoic and Cenozoic chronostratigraphy and cycles of sea-level change: Society of Economic Paleontologists and Mineralogists Special Publication 42, 71–108.

Haüy, R.-J. (1822): Traité de Minéralogie. Seconde Edition. 4 Bände. Paris.

Heezen, B.C. | Ewing, M. (1952): Turbidity currents and submarine slumps, and the 1929 Great Banks earthquake. American Journal of Science 250, 849–873.

Herm, D. | Hillebrandt, A. | Perch-Nielsen, K. (1981): Die Kreide/Tertiärgrenze im Lattengebirge (Nördliche Kalkalpen) in mikropaläontologischer Sicht. Geologica Bavarica 82, 319–344.

Jancik, R. (1972): Ichthyosaurier-Funde bei Salzburg (Glasenbachklamm, Oberostalpiner Lias). Berichte Haus der Natur Reihe B, 24–28.

Jaramillo, C. (2019): 140 million years of tropical biome evolution. In: Gómez, J. | Pinilla-Pachon, A.O. (Hrsg.): The Geology of Colombia, Volume 2 Mesozoic. Servicio Geológico Colombiano, Publicaciones Geológicas Especiales 36, 28 S., Bogotá.

Karl, H.-V. (1996): Einige Bemerkungen über die fossilen Schildkröten (Reptilia, Testudines) des Bundeslandes Salzburg, Österreich. Mitteilungen der Gesellschaft für Salzburger Landeskunde 136, 389–426, Salzburg.

Kieslinger, A. (1938): Zur Geschichte des Wiener Sandsteins. Mitteilungen der Deutschen Steinbruch-Kartei, Zweigstelle Österreich, Heft 1, 46 S.

Kieslinger, A. (1964): Zur Geschichte der Steinverfrachtung auf der Donau. Österreichische Ingenieur-Zeitschrift 109/7, 253–260.

Kieslinger, A. (1964): Die nutzbaren Gesteine Salzburgs. 436 S., Salzburg/Stuttgart (Bergland-Buch).

Kleberger, J. | Sägmüller, J.J. | Tichy, G. (1981): Neue Fossilfunde aus der mesozoischen Schieferhülle der Hohen Tauern zwischen Fuschertal und Wolfbachtal (Unterpinzgau, Salzburg). Geologisch-Paläontologische Mitteilungen Innsbruck 10, 275–288.

Lahodynsky, R. (1988): Lithostratigraphy and sedimentology across the Cretaceous/Tertiary Boundary in the Flyschgosau (Eastern, Alps, Austria). Revista Espanola Paleontologia Special Volume, 73–82.

Mandl, G.W. (2013): Zur Geologie des Raumes Hütteneckalm–Sandlingalm–Blaa-Alm (Salzkammergut, Österreich) mit kritischen Anmerkungen zur Sandlingalm-Formation. Jahrbuch Geologische Bundesanstalt 153, 33–74.

Miller, C. | Frank, W. (1983): Das Alter der Metamorphose von Metabasiten und Eklogiten in Kor- und Saualpe. Jahresberichte 1982 Hochschulschwerpunkte, 229–246, Graz.

Pfiffner, O.A. (2015): Geologie der Alpen. 397 S., Bern.

Plöchinger, B. (1976): Die Oberalmer Schichten und die Platznahme der Hallstätter Masse in der Zone Hallein – Berchtesgaden. Neues Jahrbuch für Geologie und Paläontologie Abhandlungen 151, 304–324.

Preisinger, A. et al. (1986): The Cretaceous/Tertiary boundary in the Gosau Basin, Austria. Nature 322, 797–799.

Rampino, M.R. (2002): Supereruptions as a Threat to Civilizations on Earth-like Planets. Icarus 156, 562–569.

Schmidt, W.J. (1956): Die Schieferinseln am Ostrand der Zentralalpen. Mitteilungen der Geologischen Gesellschaft in Wien 47, 360–365.

Seilacher, A. (1977): Pattern analysis of Paleodictyon and related trace fossils. In: Crimes, T.P. | Harper, J.C.: Trace Fossils 2. Geological Journal, Special Issue 9, 289–334.

Sengör, A.M.C. (2014): Eduard Suess and Global Tectonics: An Illustrated ‚Short Guide'. Austrian Journal Geosciences 107, 6–82.

Skelton, P. (Hrsg.), (2003): The Cretaceous world. 360 S., Cambridge University Press.

Spindler, K. (1993): Der Mann im Eis. Neue sensationelle Erkenntnisse über die Mumie aus den Ötztaler Alpen. 405 S., München (Goldmann).

Steinbacher, H. (1978): Die Geschichte der Schildkrötenfunde am Haunsberg. Jahresberichte Haus der Natur 8, 140–142, Salzburg.

Suess, E. (1875): Die Entstehung der Alpen. 168 S., Wien (Wilhelm Braumüller).

Suess, E. (1885): Das Antlitz der Erde. 1. Band. 778 S., Prag-Wien-Leipzig (Tempsky-Freytag).

Suess, E. (1888): Das Antlitz der Erde. 2. Band. 704 S., Prag-Wien-Leipzig (Tempsky-Freytag).

Thiedig, F. (2010): Eklogit. Ein interessantes Kärntner Gestein – Geschichte seiner Entdeckung, Verbreitung und Entstehung. Carinthia II, 7–48.

Tollmann, A. (1977): Geologie von Österreich. Band 1, Zentralalpen. 766 S. Wien (Deuticke).

Tollmann, A. (1985): Geologie von Österreich. Band 2, Außerzentralalpiner Anteil. 710 S. Wien (Deuticke).

Tollmann, A. (1986): Geologie von Österreich. Band 3, Gesamtübersicht. 718 S., Wien (Deuticke).

Tollmann, A. (1998): Das Weltenjahr geht zur Neige: Mythos und Wahrheit der Prophezeiungen. 512 S., Wien (Böhlau).

Uchman, A. | Egger, H. | Rodríguez-Tovar, F.J. (2019): Changes in the composition of trace fossil assemblages across the Paleocene-Eocene transition in the north-western Tethys (Untersberg section, Austria). Geologica Carpathica 70, 3–13.

Wagreich, M. et al. (2009): Cretaceous oceanic red beds (CORBS) in the Austrian Eastern Alps: Passive-margin vs. active-margin depositional settings. Society for Sedimentary Geology Special Publication 91, 69–84.

Wegerer, E. | Suzuki, H. | Gawlick, H.-J. (2003): Zur stratigraphischen Einstufung von Kieselsedimenten südöstlich des Plassen (Nördliche Kalkalpen, Österreich). Jahrbuch Geologische Bundesanstalt 143/2, 323–335.

Zetter, R. | Hofmann, C.-C. (2001): New aspects of the palynoflora of the lowermost Eocene (Krappfeld area, Carinthia). Österreichische Akademie der Wissenschaften Schriftenreihe der Erdwissenschaftlichen Kommissionen 14, 473–508.

4. Teil – Spätes Eozän bis Pliozän

Balogh, K. | Ebner, F. | Ravasz, C. (1994): K/Ar-Alter tertiärer Vulkanite der südöstlichen Steiermark und des südlichen Burgenlandes. In: Jubiläumsschrift 20 Jahre Geologische Zusammenarbeit Österreich-Ungarn, 55–72, Wien (Geologische Bundesanstalt).

Böhme, M. et al. (2019): A new Miocene ape and locomotion in the ancestor of great apes and humans. Nature. 575, 489–493.

Bojar H.-P. et al. (2013): K/Ar-Geochronology of igneous amphibole phenocrysts in Miocene to Pliocene volcaniclastics, Styrian Basin, Austria. Geological Quarterly, 57, 405–416.

Brix, F. (1970): Die Entstehung der Steine und der Landschaft (Geologie, Geomorphologie und Geophysik). In: Starmühlner, F. | Ehrendorfer, F., (Red.): Naturgeschichte von Wien Band 1, 27–190.

Brix, F. | Schultz, O. (Red.), (1993): Erdöl und Erdgas in Österreich. 688 S., Wien (Naturhistorisches Museum Wien).

Butzmann, R. | Gregor H.J. (2002): Die oligozäne Flora von Bad Häring (Tirol) – Teil 1. Documenta naturae 140, 1–117.

Egger, H. (1997): Das sinistrale Innsbruck-Salzburg-Amstetten-Blattverschiebungssystem: ein weiterer Beleg für die miozäne laterale Extrusion der Ostalpen. Jahrbuch Geologische Bundesanstalt 140, 47–50.

Egger, H. | Peresson, H. (1997): The 300 km-long Innsbruck-Salzburg-Amstetten (ISAM) fault system: A major displacement line in the northern Eastern Alps. Przeglad Geologiczny (Pancardi), 1.072–1.073 (Krakow).

Egger, H. (Hrsg.), (2010): Selected type specimens in the collections of the Geological Survey of Austria. Jahrbuch Geologische Bundesanstalt 150, 1–318.

Egger, H. | Briguglio, A | Rögl, F. (2017): Eocene stratigraphy of the Reichenhall Basin. Newsletter on Stratigraphy 50, 341–362.

Eppensteiner, W., (2006): Vulkanite im Burgenland, Vorkommen – Abbau – Verwendung. Archiv für Lagerstättenforschung 25, 5–34, Wien (Geologische Bundesanstalt).

Ettingshausen, C. (1853): Die Tertiär-Floren der österreichischen Monarchie: Die tertiäre Flora von Häring in Tirol. Abhandlungen k.k. Geologische Reichsanstalt, 118 S. (Wien).

Gregorova, R. et al. (2009): A giant Early Miocene sunfish from the North Alpine Foreland Basin (Austria) and its implication for molid phylogeny. Journal Vertebrate Paleontology 29, 359–371.

Hagn, H. (1972): Über kalkalpine paläozäne und untereozäne Gerölle aus dem bayerischen Alpenvorland. Mitteilungen der bayerischen Staatssammlung für Paläontologie und historische Geologie 12, 113–124, München.

Hagn, H. (1989): Über einige bedeutsame Kreide- und Alttertiärgerölle aus der Faltenmolasse des Allgäus. Geologica Bavarica 94, 5–47, München.

Holzer, H.-L. (Hrsg.), (1994): Wandertagung Bad Gleichenberg der Österreichischen Geologischen Gesellschaft, 79 S. (Graz)

Hörnes, M. (1856): Die fossilen Mollusken des Tertiärbeckens von Wien. Abhandlungen der K.K. Geologischen Reichsanstalt, 795 S. (Wien).

Husen, D. van | Egger, H. (2014): Geologische Karte der Republik Österreich 1:50.000 – Erläuterungen zu Blatt 65 Mondsee. 145 S. (Wien).

Jenisch, V. | Tichy, G. (1977): Neue Funde von Mastodonten-Molaren aus den Schottern des südlichen Kobernaußer Waldes (Oberösterreich). Jahrbuch des oberösterreichischen Musealvereins 122, 193–200.

Koeberl, C. et al. (1988): Moldavites from Austria. Meteoritics, 23, 325–332.

Kovar-Eder, J. (1997): Constantin Freiherr von Ettingshausen – Begründer paläobotanischer Kollektionen und Ausstellungen. Mitteilungen Geologie und Paläontologie Landesmuseum Joanneum 55, 15–24 (Graz).

Kovar-Eder, J. (1997): Vor hundert Jahren – Kurioses und nachdenklich Stimmendes. Mitteilungen Geologie und Paläontologie Landesmuseum Joanneum 55, 25–32 (Graz).

Neubauer, T. A. | Harzhauser, M. | Kroh, A. (2013): Phenotypic evolution in a fossil gastropod species lineage: Evidence for adaptive radiation? Palaeogeography, Palaeoclimatology, Palaeoecology 370, 117–126.

Paar, W. | Günther, W. | Gruber, F. (2006): Das Buch vom Tauerngold. 568 S., Salzburg (Pustet).

Papp, A. | Rögl, F. | Schmid, M.E. (1977): Zur Kenntnis des Originalmaterials HAUER-d'ORBIGNY 1846. Verhandlungen der Geologischen Bundesanstalt Jg. 1977, 69–77.

Papp, A. | Schmid, M.E. (1985): Die fossilen Foraminiferen des tertiären Beckens von Wien. Revision der Monografie von Alcide d'Orbigny (1846). Abhandlungen der Geologischen Bundesanstalt 37, 311 S.

Piller, W.E. | Decker, K. | Haas, M. (1996): Sedimentologie und Beckendynamik des Wiener Beckens. Berichte der Geologischen Bundesanstalt 33, 1–41.

Piller, W.E. | Harzhauser, M. (2005): The myth of the brackish Sarmatian sea. Terra Nova 17, 450–455.

Rögl, F. (1998): Palaeogeographic considerations for Mediterranean and Paratethys Seaways (Oligocene to Miocene). Annalen des Naturhistorischen Museums Wien 99A, 279–310.

Royden, L.H. (1985): The Vienna Basin: A thin-skinned pull-apart basin. Society of Economic Paleontologists and Mineralogists Special Publication 37, 319–338.

Sachsenhofer, R.F. | Kuhlemann, J. | Reischenbacher, D. (2001): Das Miozän der östlichen Norischen Senke. Arbeitstagung 2001 der Geologischen Bundesanstalt, 135–145.

Schaffer, F. (1898): Der marine Tegel von Theben-Neudorf in Ungarn. Jahrbuch k.k. Geologische Reichsanstalt 47, 533–548.

Schiemenz, S. (1960): Fazies und Paläogeographie der Subalpinen Molasse zwischen Bodensee und Isar. Beihefte Geologisches Jahrbuch 38, 119 S. (Hannover).

Schwerd, K. | Freudenberger, W. (1996): Erläuterungen zur Geologischen Karte von Bayern 1:500.000. 329 S., München (Bayerisches Geologisches Landesamt).

Ströbitzer, M. (1999): Die fossile Blattvergesellschaftung von Lintsching (Tamsweger Becken, Salzburg; Miozän). Beiträge zur Paläontologie von Österreich 24, 91–153.

Tucker, R.P. et al. (2018): Environmental Histories of the First World War. 320 S. (Cambridge University Press).

Unger, H.J. | Fiest, W. | Niemeyer, A. (1990): Die Bentonite der ostbayerischen Molasse und ihre Beziehungen zu den Vulkaniten des Pannonischen Beckens. Geologisches Jahrbuch D96, 67–112.

Villinger, E. (2003): Zur Paläogeografie von Alpenrhein und oberer Donau. Zeitschrift der deutschen geologischen Gesellschaft 154, 193–253.

Weber, L. | Weiss, A. (1983): Bergbaugeschichte und Geologie der österreichischen Braunkohlevorkommen. Archiv für Lagerstättenforschung 4, 317 S.

Werner, E. (1904): Das Ries in der schwäbisch-fränkischen Alb. Blätter des schwäbischen Albvereins 16, 153–167.

Winterberg, S. | Willett, S.D. (2019): Greater alpine river network evolution, interpretations based on novel drainage analysis. Swiss Journal of Geosciences 112, 3–22.

5. Teil – Pleistozän und Holozän

Abel, O. | Kyrle, G. (1931): Die Drachenhöhle bei Mixnitz. Speläologische Monographien 7–8, Wien (Speläologisches Institut).

Behringer, W. (2015): Tambora und das Jahr ohne Sommer. Wie ein Vulkan die Welt in die Krise stürzte. 398 S., München (C.H. Beck).

Bohleber, P. et al. (2020): New glacier evidence for ice-free summits during the life of the Tyrolean Iceman. Nature Scientific Reports 10. https://doi.org/10.1038/s41598-020-77518-9

Braumann, S.M. et al. (2020): Holocene glacier change in the Silvretta Massif (Austrian Alps) constrained by a new ^{10}Be chronology, historical records and modern observations. Quaternary Science Reviews 245. https://doi.org/10.1016/j.quascirev.2020.106493

Cloos, H. (1954): Gespräch mit der Erde: Welt- und Lebensfahrt eines Geologen. 352 S., München (Piper).

Crutzen, P.J. (2002): Geology of mankind. Nature 415, 23.

Darga, R. (2009): Auf den Spuren des Inn-Chiemsee-Gletschers – Übersicht. Wanderungen in die Erdgeschichte 26, 175 S., München (Dr. Friedrich Pfeil).

Darga, R. | Wierer, J.F. (2009): Auf den Spuren des Inn-Chiemsee-Gletschers – Exkursionen. Wanderungen in die Erdgeschichte 27, 191 S., München (Dr. Friedrich Pfeil).

Egger, H. | Husen, D. van (2003): Geologische Karte der Republik Österreich 1:50.000, Blatt 64 Straßwalchen. Wien (Geologische Bundesanstalt).

Egger, H. | Husen, D. van (2009): Erläuterungen zu Blatt 64 Straßwalchen. 87 S., Wien (Geologische Bundesanstalt).

Ehrenberg, K. (1929): Die Ergebnisse der Ausgrabungen in der Schreiberwandhöhle am Dachstein. Paläontologische Zeitschrift 11, 261–268, Berlin.

Fiebig, M. | Herbst, P. (2012): Quartärgeologische Exkursion um Salzburg. Exkursionsführer Pangeo 2012, 12 S. (Universität Salzburg).

Gibbard, P. et al. (2022): The Anthropocene as an Event, not an Epoch. Journal of Quaternary Science 37, 395–399.

Gradstein, F.M. et al. (2012): The Geological Time Scale 2012 – Volume 2. 1.144 S., Amsterdam (Elsevier).

Hammerl, C. (1994): The earthquake of January 25th, 1348: discussion of sources. In: Albini, P. | Moroni, A. (eds.). Materials of the CEC project „Review of Historical Seismicity in Europe", CNR 2, 225–240 (Milano).

Henniges, N. (2017): Die Spur des Eises: eine praxeologische Studie über die wissenschaftlichen Anfänge des Geologen und Geographen Albrecht Penck (1858–1945). Beiträge zur regionalen Geographie 69. 556 S., Leipzig (Leibniz-Institut für Länderkunde).

Husen, D. van (1987): Die Ostalpen in den Eiszeiten. Populärwissenschaftliche Veröffentlichungen der Geologischen Bundesanstalt. 24 S., Wien.

Husen, D. van | Mayr, M. (2007): The hole of Bad Aussee. An unexpected overdeepened area in NW Steiermark, Austria. Austrian Journal Earth Sciences 100, 128–136.

Husen, D. van | Reitner, J. (2011): An outline of the Quaternary stratigraphy of Austria. E&G Quaternary Science Journal 60, 366–387.

Krisai, R. | Leeuwen, J.F.N. van | Knaap, W.O. van der (2016): Present-day vegetation and the Holocene and recent development of Egelsee-Moor, Salzburg province, Austria. Vegetation History and Archaeobotany 25, 555–568.

Morscher, W. | Mrugalska, B. (2010): Salzburger Sagen. 160 S., Innsbruck (Haymon).

Poschinger, A. von (2020): Großrutschungen im Flysch der bayerischen Alpen – Charakteristika, Maßnahmen, Beispiele. Geologica Bavarica 118, 57 S., Augsburg (Bayerisches Landesamt für Umwelt).

Poschinger, A. von | Haas, U. (1997): Der Flimser Bergsturz, doch ein warmzeitliches Ereignis? Bulletin für angewandte Geologie 2, 35–46.

Schadler, J. (1921): Die Phosphatgewinnung aus der Drachenhöhle bei Mixnitz in Steiermark. Berichte der staatlichen Höhlenkommission 2, 25–29.

Spötl, C. | Plan, L. | Christian, E. (Hrsg.), (2016): Höhlen und Karst in Österreich. 752 S., Linz (Oberösterreichisches Landesmuseum).

Thiede, J. et al. (2011): Millions of years of Greenland Ice Sheet history recorded in ocean sediments. Polarforschung 80, 141–159.

Weber, G.W. et al. (2022): The microstructure and the origin of the Venus of Willendorf. Nature Scientific Reports 12. https://doi.org/10.1038/s41598-022-06799-z

Zalasiewicz, J.A. et al. (Hrsg.), (2019): The Anthropocene as a geological time unit: A guide to the scientific evidence and current debate. 382 S., Cambridge (University Press).

Ära	System	Serie	Mio. Jahre
KÄNOZOIKUM	Quartär	Holozän	0,01
		Pleistozän	2,6
	Neogen	Pliozän	5,3
		Miozän	23,0
	Paläogen	Oligozän	33,9
		Eozän	56,0
		Paläozän	66,0
MESOZOIKUM	Kreide	Oberkreide	100,5
		Unterkreide	145,0
	Jura	Oberjura	161,5
		Mitteljura	174,7
		Unterjura	201,4
	Trias	Obertrias	237,0
		Mitteltrias	247,2
		Untertrias	251,9

Ära	System	Serie	Mio. Jahre
PALÄOZOIKUM	Perm	Lopingium	259,5
		Guadalupium	273,0
		Cisuralium	298,9
	Karbon	Pennsylvanium	323,2
		Mississipium	358,9
	Devon	Oberdevon	382,7
		Mitteldevon	393,3
		Unterdevon	419,2
	Silur	Pridoli	423,0
		Ludlow	427,4
		Wenlock	433,4
		Llandovery	443,8
	Ordovizium	Oberordovizium	458,4
		Mittelordovizium	470,0
		Unterordovizium	485,4
	Kambrium	Furongium	497,0
		Miaolingium	509,0
		2. Serie	521,0
		Terreneuvium	538,8
PRÄKAMBRIUM			

Quelle: Internationale Stratigrafische Kommission (www.stratigraphy.org)

Hans Egger: Geologie zum Ansehen!

Lebensräume

Ausflüge in die Erdgeschichte von Salzburg und Oberbayern

Geologie ist nichts für schwache Nerven: Ozeanbecken reißen auf und verschwinden wieder, Kontinente bewegen sich und stoßen zusammen, Gebirgsketten wachsen empor und werden wieder abgetragen, ein steigender Meeresspiegel setzt weltweit Land unter Wasser, vulkanische Supereruptionen führen zu globalen Temperaturstürzen, Asteroide kollidieren mit der Erde und löschen dabei den Großteil des Lebens aus. Die Geologie erzählt die lange Geschichte der Erde, sie zeigt uns, was auf unserem Planeten geschehen ist und was alles noch passieren kann. Die Gesteine sind das einzige Archiv, in dem diese Geschichte aufgezeichnet ist!

Der Geologe Hans Egger lädt ein zum Stöbern in den Gesteinsarchiven rund um Salzburg: 38 Exkursionen führen durch 260 Millionen Jahre Erdgeschichte von Salzburg und Oberbayern. So lange brauchte es, dieser Landschaft ihr heutiges Aussehen zu geben. Zahlreiche Farbfotos und topografische Karten helfen, die markantesten geologischen Zeugnisse in der Salzburger Umgebung mühelos zu finden. Auf öffentliche Verkehrsverbindungen wird besonders hingewiesen.

ISBN 978-3-7025-0870-8, € 25,–

Englische Ausgabe:

Habitats

Excursions into the Earth History of Salzburg and Upper Bavaria

ISBN ISBN 978-3-7025-0881-4, € 25,–

Impressum

Die Deutsche Nationalbibliothek verzeichnet diese Publikation in der Deutschen Nationalbibliografie;
detaillierte bibliografische Daten sind im Internet über http://dnb.d-nb.de abrufbar.

Grafik, Satz und Produktion:
Markus Kogler

Lektorat:
Anja Zachhuber

Druck und Bindung:
FINIDR, s.r.o.
gedruckt in der EU

ISBN: 978-3-7025-1084-8

www.pustet.at

Bilder auf der vorderen Umschlagseite:
Ausblick auf die Vorarlberger Alpen vom Weg auf die Sulzfluh. Darunter der Wasserfall im Davidgraben bei Hallein im Land Salzburg.

Bildnachweis:
Wenn nicht anders angegeben, stammen die Abbildungen vom Autor.

Aus Gründen der besseren Lesbarkeit wird auf die gleichzeitige Verwendung der Sprachformen männlich, weiblich und divers (m/w/d) verzichtet. Sämtliche Personenbezeichnungen gelten gleichermaßen für alle Geschlechter.

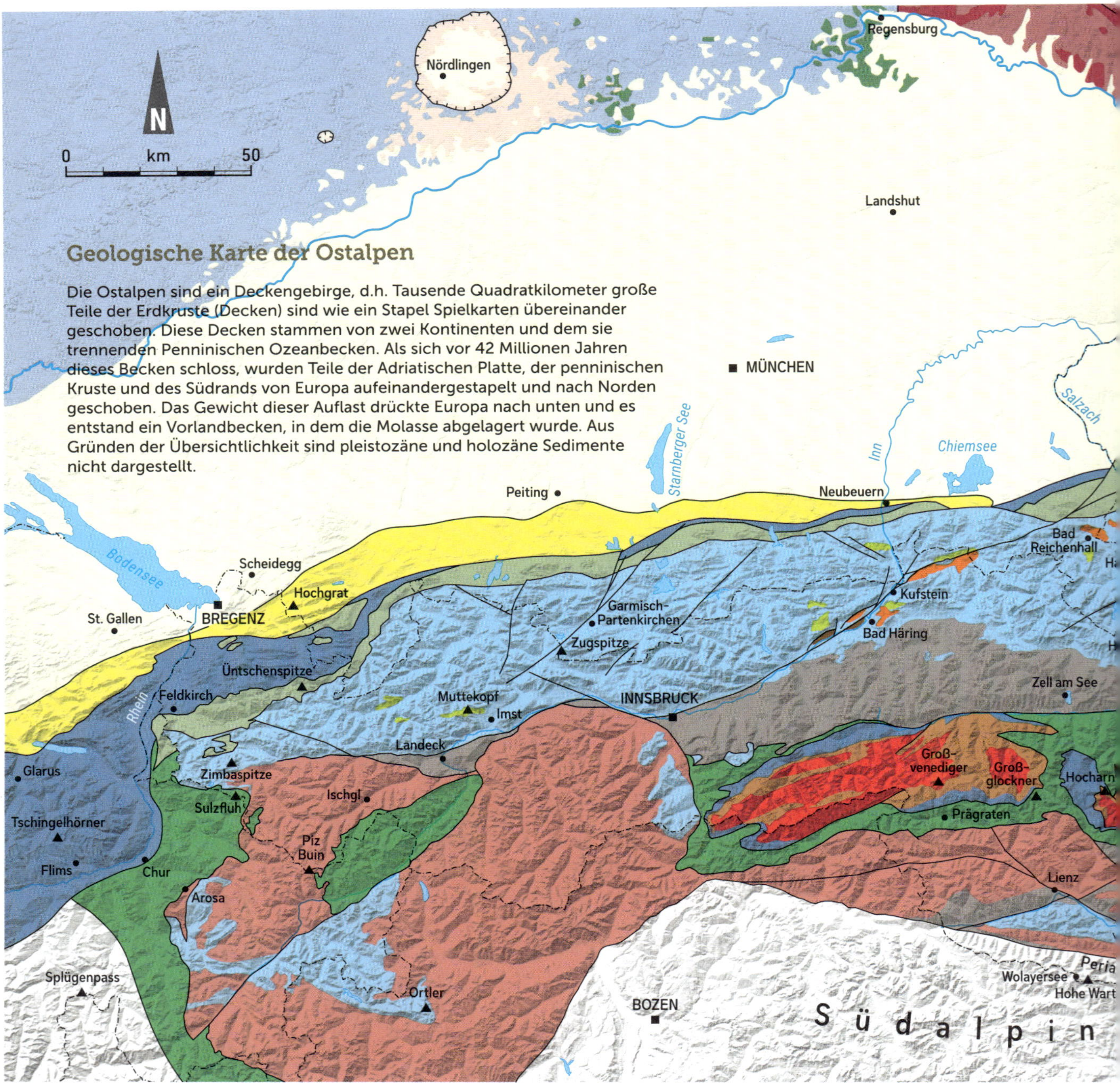

Geologische Karte der Ostalpen

Die Ostalpen sind ein Deckengebirge, d.h. Tausende Quadratkilometer große Teile der Erdkruste (Decken) sind wie ein Stapel Spielkarten übereinander geschoben. Diese Decken stammen von zwei Kontinenten und dem sie trennenden Penninischen Ozeanbecken. Als sich vor 42 Millionen Jahren dieses Becken schloss, wurden Teile der Adriatischen Platte, der penninischen Kruste und des Südrands von Europa aufeinandergestapelt und nach Norden geschoben. Das Gewicht dieser Auflast drückte Europa nach unten und es entstand ein Vorlandbecken, in dem die Molasse abgelagert wurde. Aus Gründen der Übersichtlichkeit sind pleistozäne und holozäne Sedimente nicht dargestellt.

Ostalpiner Deckenstapel

Austroalpin (Gesteine der Adriatischen Platte):

- Oberes Eozän – oberes Oligozän (Inntal-Gruppe)
- Oberkreide – mittleres Eozän (Gosau-Gruppe)
- Perm – Unterkreide
- Präkambrium – unteres Karbon
- Grundgebirge (mittel- bis hochmetamorphes Präkambrium und Paläozoikum)

Penninikum (Gesteine des penninischen Ozeanbeckens und der mittelpenninischen Schwelle):

- Unterkreide – unteres Eozän (Rhenodanubische Supergruppe)
- Jura – Eozän (ozeanische Kruste, Bündnerschiefer, Prättigau-Gruppe, Jura-Kalke der mittelpenninischen Schwelle)